Große Hufeisennase (Rhinolophus ferrum-equinum) im Winterquartier. Freihängend zwischen Stalaktiten an der Decke einer Tropfsteinhöhle, ist das Tier fast völlig in seine Flughäute eingehüllt.

Faszination des Fluges. Hier kurvt eine Große Hufeisennase (Rhinolophus ferrumequinum) geschickt durch rankende Efeuzweige.

Klaus Richarz
Alfred Limbrunner

FLEDER-MÄUSE

Fliegende Kobolde der Nacht

FRANCKH-KOSMOS

Umschlaggestaltung von Jürgen Reichert, Stuttgart, unter Verwendung zweier Aufnahmen von A. Limbrunner. Die Aufnahmen zeigen eine Breitflügelfledermaus *(Eptesicus serotinus)* und ein Graues Langohr (*Plecotus austriacus*, rechts oben).

Die Deutsche Bibliothek – CIP-Einheitsaufnahme

Fledermäuse : fliegende Kobolde der Nacht / Klaus Richarz. Alfred Limbrunner. – Stuttgart : Franckh-Kosmos, 1992
ISBN 3-440-05916-2
NE: Richarz, Klaus; Limbrunner, Alfred

ISBN 3-440-05916-2
Lektorat: Bärbel Oftring
Herstellung: Heiderose Stetter
Printed in Germany/Imprimé en Allemagne
Satz: G. Müller, Heilbronn
Druck und buchbinderische Verarbeitung: Chemnitzer Verlag und Druck GmbH, Zwickau

Unseren Frauen
Annette und Annirose
– und für Elise

Fliegen, um zu jagen. Ein Braunes Langohr (Plecotus auritus) verfolgt einen Nachtfalter.

INHALT

Anpassungen. Die Nachtflieger erschlossen sich zahllose Nahrungsnischen, die vom Nektartrinken bis zum Fischen reichen. Spitzmaus-Langzüngler (Glossophaga soricina, links) und Großes Hasenmaul (Noctilio leporinus, rechts).

Die Schreie der Fledermäuse

Während sie in der Dämmerung durch die Luft schnellen, hierhin, dorthin, schreien sie laut, aber ihr Schreien wird nur von ihresgleichen gehört. Baumkronen und Scheunen, verfallende Kirchentürme werfen ein Echo zurück, das sie im Fluge vernehmen und das ihnen meldet, was sich an Hindernissen vor ihnen erhebt und wo ein freier Weg ist. Nimmt man ihnen die Stimme, finden sie keinen Weg mehr; überall anstoßend und gegen Wände fahrend, fallen sie tot zu Boden. Ohne sie nimmt, was sonst sie vertilgen, überhand und großen Aufschwung: das Ungeziefer.

GÜNTER KUNERT

Faszination der Formen. Fuchsgesichtiger Flughund (Pteropus mariannus) von der Mariannen-Insel Guam (links), Graues Langohr (Plecotus austriacus, rechts).

Faszination der Masse. Von den Insekten abgesehen, bilden manche Fledertierarten in ihren Quartieren die größten bekannten Tieransammlungen mit Kopfzahlen bis zu mehreren Millionen. Hier hängen zigtausende junger Hufeisennasen (Rhinolophus rouxi) in ihrem „Wochenstubenabteil“ an der Wand einer ceylonesischen Höhle.

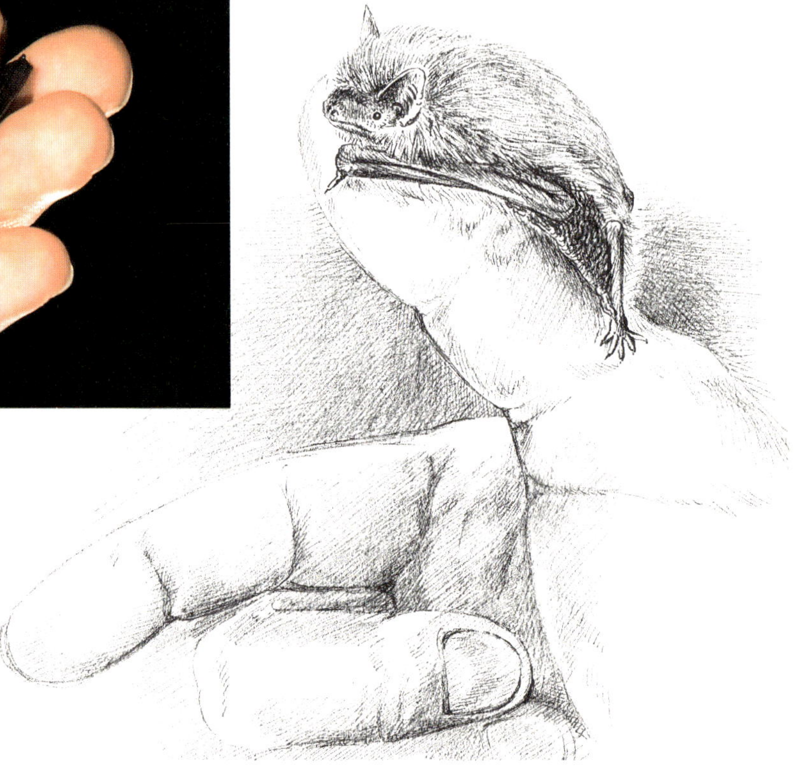

Faszination der Winzigkeit. Hummelfledermaus (Craseonycteris thonglongyai, oben), die Allerkleinste. Unser „Däumling“, die Zwergfledermaus (Pipistrellus pipistrellus, rechts).

Faszination der Größe. Hier ein Lyle-Flughund (Pteropus lylei, unten).

Breitflügelfledermaus (Eptesicus serotinus) vor dem Abflug.

Massenausflug. Wenn die Mexikanischen Freischwanzfledermäuse (Tadarida brasiliensis) eines ihrer Höhlenquartiere in der Abenddämmerung zu Millionen verlassen, brodelt der Himmel.

FLIEGENDE SÄUGER MIT DUNKLER VERGANGENHEIT

Dreimal und unabhängig voneinander entwickelten Wirbeltiere das aktive Fliegen. Bei den Vögeln wird das verhältnismäßig kurze Flügelskelett durch lange Schwungfedern ergänzt. Die längst ausgestorbenen Flugsaurier besaßen dagegen eine Flughaut. Von einem einzigen, sehr stark verlängerten Finger spannte sie sich über das Bein bis zum Schwanz.

Die Fledertiere schließlich sind echte Handflügler (Chiroptera), bei denen sich ebenfalls eine Flughaut (Patagium) zwischen den extrem verlängerten Fingern und dem Bein und bei den meisten Arten bis zum Schwanz erstreckt. Mit ihrer Stellung im zoologischen System hatte man lange Zeit Schwierigkeiten. „Die Fledermauß ist ein Mittelthier zwischen dem Vogel und der Mauß, also, daß man sie billich eine fliegende Mauß nennen kann, wiewohl sie weder unter die Vögel noch unter die Mäuß kann gezehlet werden, dieweil sie beyder Gestalt an sich hat", schreibt im 16. Jahrhundert der Züricher Naturforscher CONRAD GESNER in seiner „Historia Animalium". CARL VON LINNÉ ordnete als „Papst der zoologischen Systematik" 1765 die Fledermäuse in die Verwandtschaft der Affen ein, wobei der große Schwede die bruständigen Milchdrüsen beider Tiergruppen als wichtigstes Merkmal einschätzte.

Die nach den Nagetieren artenreichste Säugetierordnung der Fledertiere wird heute von den Systematikern in 18 Familien unterteilt. Der Artenreichtum der Fledertiere steht zweifellos mit ihrer Flugfähigkeit und ihrer Spezialisierung in Zusammenhang. Ihr Flatterflug ist nicht nur innerhalb der Säugetiere beispiellos. Alle übrigen flugfähigen Säuger sind ausschließlich Gleitflieger, wie Riesengleiter, Flughörnchen und Flugbeutler. Mit ihren seitlichen Flughäuten, der Armflughaut (Plagiopatagium), können sie mehr oder minder weite Strecken im Gleitflug überbrücken, beherrschen aber nicht den Steigflug. Die Fledertiere haben neben der Armflughaut auch Flughäute (Chiro- oder Dactylopatagium) zwischen den stark verlängerten zweiten bis fünften Fingern ausgebildet. Lediglich ihr Daumen blieb kurz, bekrallt und ohne Flughaut. Bei vielen Fledertierarten ist auch der Schwanz fast völlig in eine Flughaut einbezogen. Der Rand dieser Schwanzflughaut (Uropatagium) wird zusätzlich noch durch einen Sporn versteift und gestützt. Einige Gattungen (zum Beispiel *Nyctalus*) besitzen am Sporn einen steifen Hautlappen, das Epiblema.

Über welche Zwischenschritte sich die großen Hautflügelflächen der Fledertiere entwickelt haben, liegt noch völlig im dunkeln ihrer stammesgeschichtlichen Vergangenheit. Weder durch Fossilformen noch über die ontogenetische Entwicklung der Arten sind den Forschern „Zwischenformen" bekannt, die als Ausgangsmodelle des Fledertierfluges dienen könnten. Den aktiven Flug und sogar die Echoortung beherrschen die Fledermäuse seit mindestens 50 Millionen Jahren. Das verraten die gut erhaltenen Versteinerungen aus der berühmten Grube Messel bei Darmstadt. Die im Ölschiefer hervorragend erhaltenen Fossilien erlauben den Forschern Untersuchungen zum Bau von Innenohr und Kehlkopf, die beweisen, daß sich *Palaeochiropteryx, Cecilionycteris* und *Archaeonycteris* bereits echoortend orientierten. Das hatten die Urahnen unserer heutigen Fledertiere auch nötig. Denn aus den ebenfalls gut erhaltenen Mageninhalten der Messeler Fledermäuse zeigte sich, daß sie schon in eozäner Epoche nachtaktive Fluginsekten jagten. Auch der allerälteste bisher bekanntgewordene Fledermausahn, *Icaronycteris* aus dem Alt-Eozän Nordamerikas, war ein aktiver Flieger. Weil er einige Merkmale der Flughunde (Megachiroptera, Großfledertiere) und Fledermäuse (Microchiroptera, Kleinfledermäuse) in sich vereint, sehen Stam-

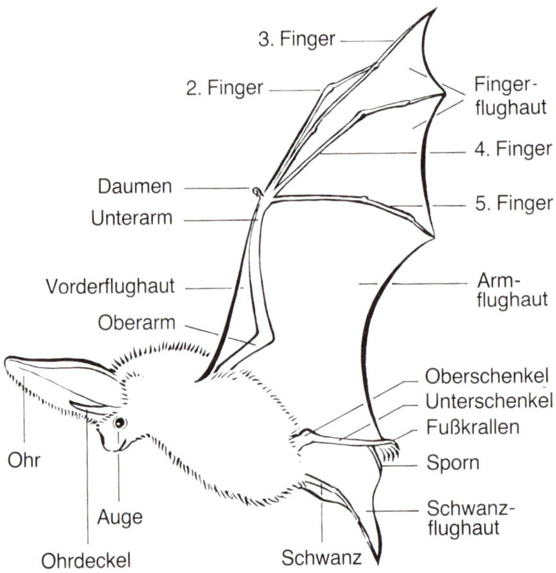

Anatomie einer Fledermaus (unten). Braunes Langohr (Plecotus auritus) beim Rüttelflug im Profil.

mesgeschichtler in ihm einen Beweis für die gemeinsame Herkunft der Fledertiere. Für eine einzige Stammart spricht auch *Archeopteropus* aus dem Oligozän Italiens. Dieser Fossilfund wurde ursprünglich als Flughund eingeordnet. Man stellt ihn jetzt aber mit dem amerikanischen Fledermausahn in die gemeinsame Wurzelgruppe der Eochiroptera. Neben den verschiedenen Körperbaumerkmalen sprechen auch gemeinsame Schmarotzer, die Fledermaus-

Fossile Fledermaus (Palaeochiropteryx tupaiodon) aus der Ölschiefergrube Messel bei Darmstadt.

fliegen, für die Verwandtschaft aller Fledertiere.

Dagegen plädieren manche, vor allem der australische Zoologe JOHN PETTIGREW, für eine zweifache Entstehung der Fledertiere. Die Flughunde verfügen nämlich über eine Reihe von Merkmalen, die sie zwar mit den Primaten, nicht aber mit den Fledermäusen teilen. Hierzu zählen Baumerkmale des Gehirns und des Zentralen Nervensystems, der Muskulatur, des Skeletts, des Kreislauf- und Fortpflanzungssystems und sogar der Bezahnung. Wenn man dieser Ansicht folgt, dann wären die nächsten Verwandten der Flughunde nicht etwa die Fledermäuse, sondern die Halbaffen und Affen.

Als älteste beschriebene Flughundgattung gilt derzeit *Propotto* aus dem Miozän Ostafrikas. Die Flughunde haben sich vermutlich in den Tropen der Alten Welt (Paläotropis) entwickelt und von dort bis in den westlichen Pazifik ausgebreitet. Trotz ihres Flugvermögens haben sie die Neue Welt nie erreicht. Ihre ökologische Planstelle wird dort von Fledermäusen besetzt.

Wie der Vorfahre der Fledertiere ausgesehen haben mag, muß noch hypothetisch bleiben. Nachdem die Gehörregion des ältesten gefundenen Fledermausfossils *Icaronycteris* Ähnlichkeiten mit jener von Igelartigen hat, dürften als Stammform der Fledertiere primitive Insektenfresser in Frage kommen. Man stellt sich heute vor, daß sich die Fledertiere aus solchen baumbewohnenden Ur-Insektenfressern entwickelt haben, wobei wohl zunächst Formen entstanden, die sich mit Hilfe von Flughäuten am Körper und zwischen den immer länger werdenden Fingergliedern gleitfliegend fortbewegten. Erst als sie eine bestimmte Tragflächengröße erreicht hatten, war der Zeitpunkt für die Eröffnung einer neuen „Fluglinie" reif, die anders als alle anderen sein sollte, eben die der Fledertiere.

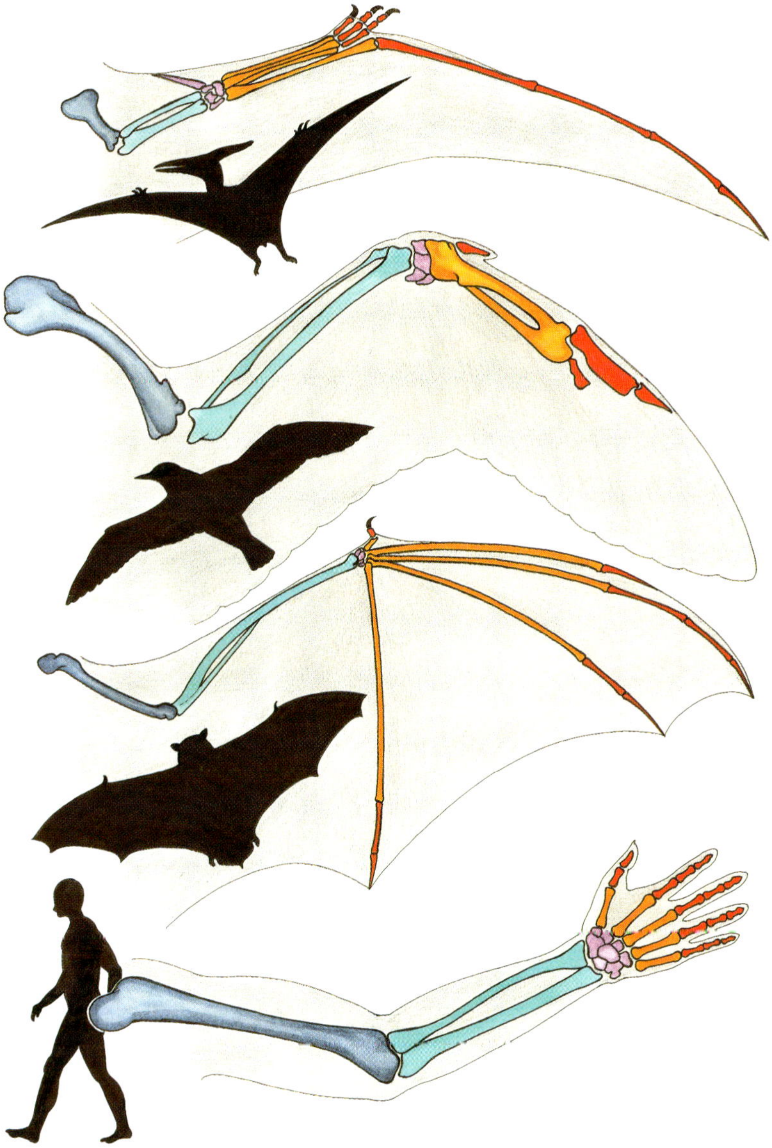

Flugsaurier spannen ihre Armflughaut zwischen nur einem verlängerten Finger und dem Bein (oben). Den Vogelflügel bilden Federn am zurückgebildeten Flügelskelett. Die Fledertiere bleiben auch beim Flügelbau dem Grundbauplan der Säuger treu. Nur änderten sich die Proportionen (Vergleich Fledermausflügel – Menschenarm). Sich entsprechende Knochen sind gleichfarbig angelegt: Oberarm blau, Unterarm hellblau, Handwurzel violett, Mittelhand orange, Finger rot.

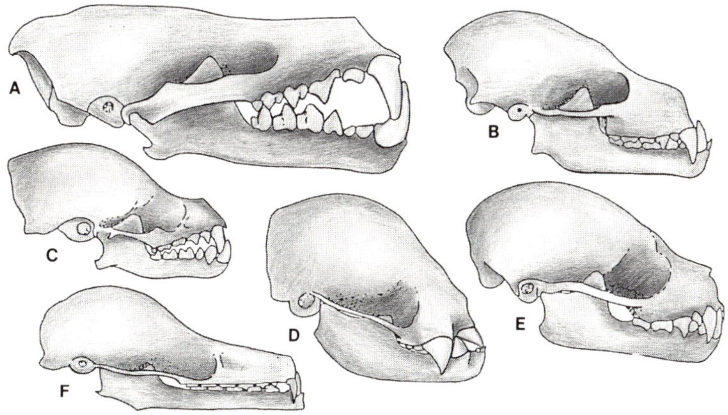

Die Form folgt der Funktion (rechts). Vom „Panzerknacker" bis zum „Trinkhälmchen"; im Vergleich geben Schädel- und Gebißformen amerikanischer Blattnasen (Phyllostomidae) preis, wovon die Arten leben: **A** *Vampyrum (Fleisch),* **B** *Phyllostomus (Fleisch und Früchte),* **C** *Tonatia (Insekten),* **D** *Desmodus (Blut),* **E** *Artibeus (Früchte),* **F** *Anoura (Nektar und Pollen).*

Flügelschlagsequenz einer Hufeisennase beim vorwärts gerichteten Ruderflug (nach NACHTIGALL 1986).

DER FLEDERTIERFLUG

Aktives Fliegen erfordert mehr als nur Flügel mit den aerodynamischen Eigenschaften von Tragflächen. Dazu gehört auch die Entwicklung einer Vortriebs-„Technik“ zur Vorwärtsbewegung in der Luft, wobei der Energieaufwand für den Flieger noch „wirtschaftlich“ tragbar sein muß. Wie gut die Rechnung aufging, beweisen die Fledermausflieger mit ihrem „50-Millionen-Jahre-Jubiläum“.

Trotz aller erforderlichen „Umbauten“ blieben sie dabei im Grunde dem Säugetierbauplan treu. Aus Stabilitätsgründen besteht der stark verlängerte Unterarm hauptsächlich aus der kräftigen Speiche (Radius), sind die Bewegungen in den Gelenken zur Handwurzel ebenfalls eingeschränkt. Enorme Längen weisen der zweite und fünfte Mittelhandknochen und die damit gelenkig verbundenen Finger auf. Nur der Daumen bleibt kurz und krallenbewehrt. Er wird zum Klettern und Hangeln benötigt. Eine weitere Kralle am zweiten Finger vieler Flughunde ist klein und weitgehend funktionslos. Die zart wirkenden Flughäute sind Doppelmembranen mit Blutgefäßen, Nerven und kleinen Muskeln, die vor allem zum Verspannen der Flügel dienen, damit sie im Luftstrom nicht flattern. Elastische Fasern verleihen den Flughäuten hohe Dehnbarkeit und Festigkeit. Verletzungen der Flughäute verheilen erstaunlich schnell, so zum Beispiel innerhalb von 28 Tagen Löcher in Flughund-Flughäuten von zwei Zentimetern Durchmesser.

Die Flugmembran entsteht während der Embryonalentwicklung aus Hautfalten an den Körperseiten. Die Fledertiere kommen mit Miniflügelchen zur Welt, die erst ihre endgültigen Proportionen während der Jugendentwicklung erreichen.

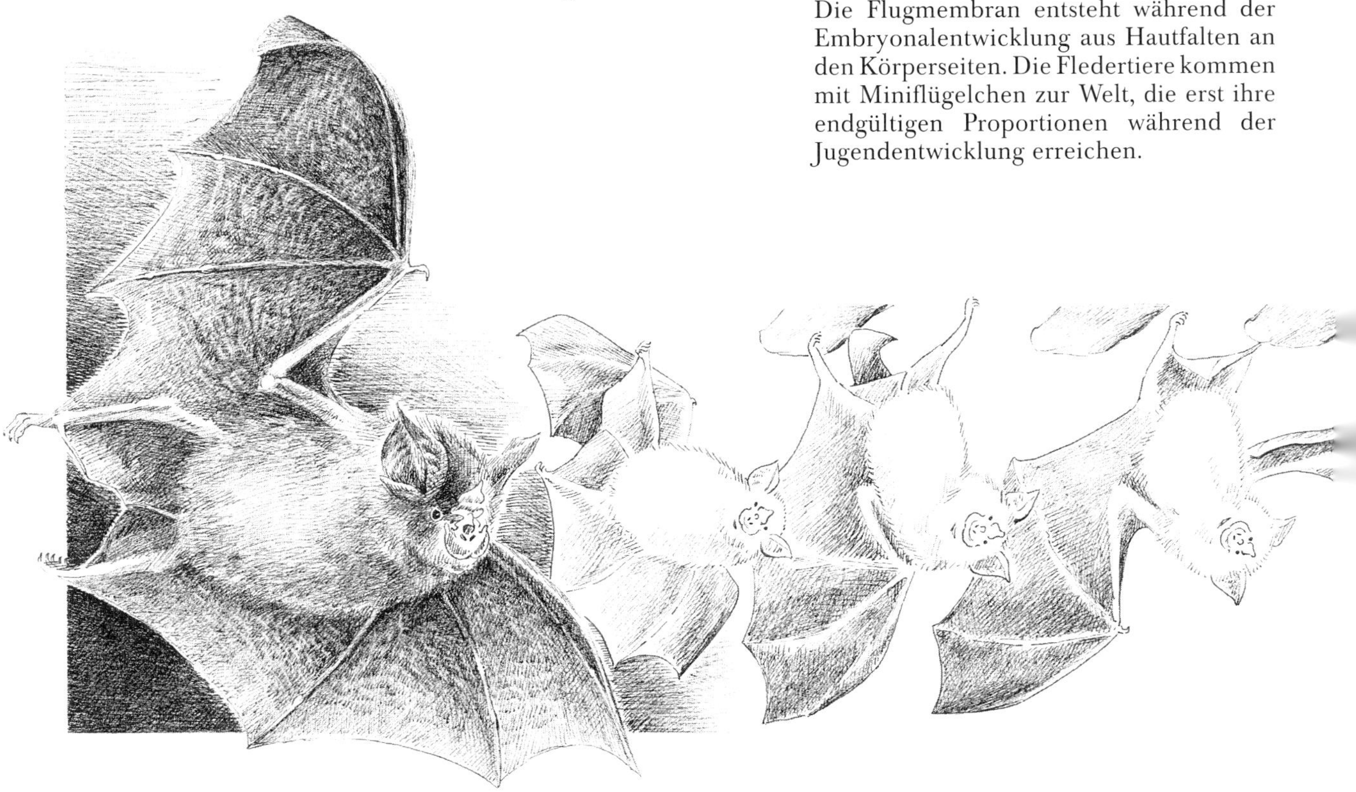

Flügelschlagsequenz eines Langohrs beim Rüttelflug auf der Stelle (nach SCHOBER 1983).

Schnell fliegende Fledermausarten bilden lange, schmale Flügel aus, während die wendigen Langsamflieger auf breite Flügelflächen setzen. Die mächtige Flugmuskulatur findet Ansatz am kräftigen Brustkorb mit Brustbeinkamm.
Während die körpernahen Flughautpartien im wesentlichen als Auftriebsflächen dienen, weiß man aus Filmaufnahmen mit extremer Zeitdehnung, daß die Flügelspitzen wie Propeller wirken. Sie schaffen im wesentlichen den Vortrieb. Die bei vielen Fledertieren ausgebildete Schwanzflughaut kann die Auftriebsfläche noch vergrößern und arbeitet dann zusammen mit der Flankenflughaut; sie läßt sich genausogut aber auch als „Bremsfallschirm" in der Luft einsetzen.
Schon MARTIN EISENTRAUT konnte in den dreißiger Jahren durch Filmaufnahmen die verschiedenen Flugtechniken der Fledermäuse belegen. Neben dem Ruderflug beherrschen einige noch den Rüttelflug auf der Stelle. Hierbei wird der Vortrieb für einige Sekunden aufgehoben. Die Tiere richten sich dazu steil auf und schlagen bei rotierenden Flügelspitzen mit ihren Flügeln vor und zurück. So unterschiedlich wie die Flugstile sind auch Starts und Landungen. Am Boden jagende Arten starten von dort mit kräftigen Flügelschlägen. Arten, die von einer erhöhten Warte aus starten, beginnen mit dem ersten Flügelschlag, bevor ihre Fußkrallen die Unterlage loslassen. Die Landung an Ästen, Decken oder Wandvorsprüngen wird bei vielen zur „artistischen Einlage" mit Körperdrehung, Fußhochschwung und Abbremsung mit halbentfalteten Flügeln. Doch was beispielsweise Hufeisennasen in Perfektion zelebrieren, geht auch einfacher, dafür allerdings weniger elegant. Viele Flughunde landen einfach mit der Bauchseite auf den Ästen ihrer Schlafbäume, erfassen dann rasch mit Fuß- und Daumenkrallen die Zweige, um in die übliche Kopf-abwärts-Stellung überzugehen. Solcherart Aufhängung an Ästen und dergleichen ist erst durch eine nach Oben-Außen-Drehung der Hintergliedmaßen möglich, wobei der Fuß nach hinten gerichtet ist.
Dank einer „Zehenzange" kostet Kopfunterhängen keine Energie und funktioniert sogar bis in den Tod.

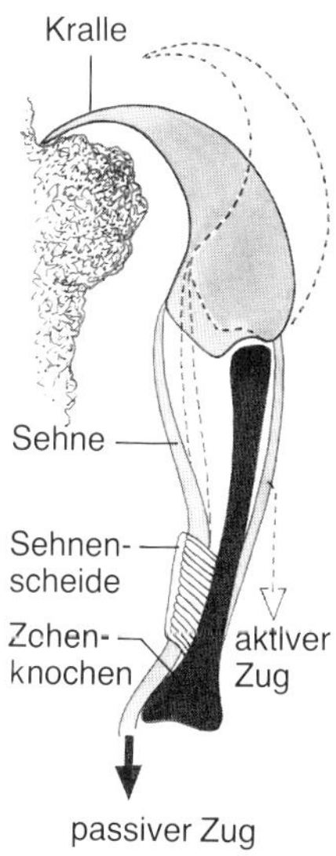

Scheinbare Schwerstarbeit, die keinen Kraftaufwand kostet – das Hängen der Fledermäuse in Ruhehaltung. Durch das eigene Körpergewicht erfolgt das Anklammern passiv über Sehnen ohne Muskelarbeit.

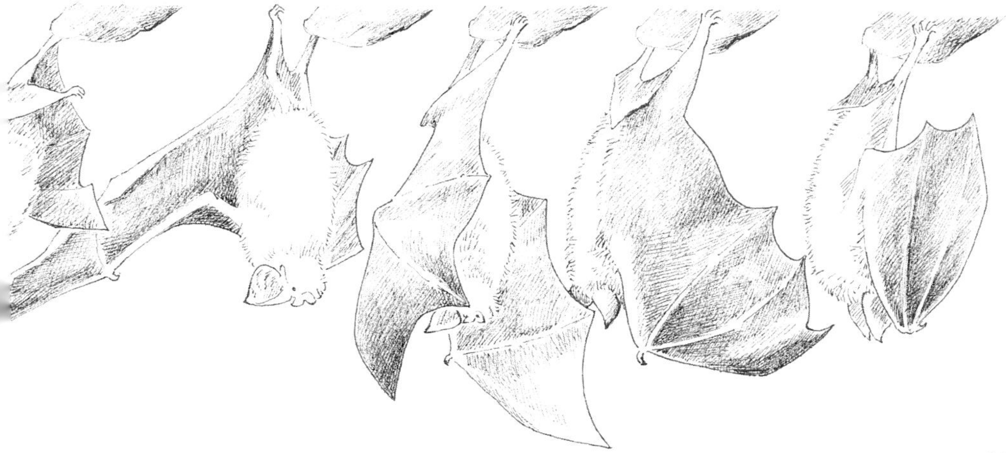

Landemanöver einer Großen Hufeisennase (Rhinolophus ferrumequinum) – ein Kunststück für sich: Schon vor der Landung werden unter einer Körperdrehung die Füße zum „Landeplatz" hochgeschwungen (nach SCHOBER 1983).

ÖKOLOGISCHE NISCHE NACHT

Höhlendecke in Ceylon mit Tausenden von Hufeisennasen (Rhinolophus rouxi) und Höhlenflughunden (Rousettus leschenaulti seminudus), von denen man nur die im Licht aufleuchtenden Augen sieht.

Ob wir Lust hätten, einmal nach Ceylon mitzufahren und tropische Fledertiere „live" zu erleben, fragte uns eines Tages WALTER METZNER vom Zoologischen Institut der Universität München. In der Arbeitsgruppe von GERHARD NEUWEILER beschäftigte er sich damals im Rahmen seiner Doktorarbeit mit Echoortungsleistungen von Fledermäusen. Natürlich wollten wir, und so begleiteten wir die Münchner Zoologen zu „ihrer" Fledermaushöhle. Den Anblick der vielen tausend ausfliegenden Tiere beschreibt WALTER METZNER so: „Jeden Augenblick müßten sie kommen! Wir warteten auf die ersten von mehr als einer Viertelmillion Fledermäuse, die sich die große Höhle am Rande des ceylonesischen Zentralgebirges als Tagesquartier und Wochenstube ausgesucht hatten.
Da waren sie! Kaum war die Sonne untergegangen, flogen sie auch schon heraus aus dem dunklen Loch vor uns, hinein in den gerade erst dämmrigen Abend. Es waren Hufeisennasen, deretwegen wir eigens aus dem fernen Deutschland hierher gereist waren, um ihre Lebensgewohnheiten kennenzulernen. Völlig lautlos flogen sie nun, einzeln und im schnellen Flug dicht über dem Boden, jeder Bodenwelle folgend. Minütlich quollen Abertausende von Hufeisennasen und andere Arten von Fledermäusen aus den Höhlenöffnungen. Beglei-

tet wurde dieses Schauspiel nur von einem unermüdlich brodelnden Geräusch, das aus den teils langgezogenen, wie Trichter wirkenden Höhlenschächten hervordrang. Luftwirbel, durch viele Flügelschläge hervorgerufen, brachen sich an den Höhlenwänden, um so vielfach verstärkt zu diesem eigentümlichen, dumpfen Brausen anzuschwellen. Auch das Klicken echoortender Höhlenflughunde (*Rousettus seminudus*) war ab und zu mit bloßem Ohr gerade noch wahrnehmbar. Aber welch ein Getöse, als wir unsere Bat-Detektoren anschalteten, kleine Geräte, mit deren Hilfe die Ultraschall-Ortungslaute hörbar werden. Plötzlich umgab uns ein fast unbeschreibliches Gepiepse und Geknattere. Es erschien uns beinahe wie ein kleines Wunder, daß sich die Tiere in diesem Geschrei zurechtfinden konnten. Dennoch flogen sie unbeirrt und jedem Hindernis geschickt ausweichend aus der Höhle hinaus in die Nacht.

Inzwischen war es finster geworden, und wir mußten unsere Taschenlampen einschalten. Eindrucksvoll rötlichgelb leuchteten die reflektierenden Netzhäute in den großen Augen der Flughunde im Schein der Lampen. Vom Hunger getrieben, flogen sie rasant zu ihren Futterbäumen, wo sie sich an deren Früchten satt fressen würden.

Plötzlich spürte ich einen äußerst heftigen Schlag an meiner Schläfe und sah gerade noch einen Höhlenflughund ins Tal verschwinden. Er war über die unvermutete Kollision mindestens ebenso verdutzt wie ich. Irgend jemand aus unserer Gruppe hatte sich an den rötlich glühenden Augen dieses *Rousettus* ergötzt und ihn dabei mit dem Licht der Taschenlampe so verstört, daß dem Tier Hören und Sehen verging. Dieses Ereignis zeigte mir eindrücklich, daß es mit der Echoortung bei den Flughunden offensichtlich nicht zum allerbesten bestellt ist. Die Höhlenflughunde der Gattung *Rousettus* sind die einzigen Flughunde, die mit der Zunge erzeugte Klicklaute zur Orientierung benutzen. Sie tun dies aber meist nur in ihren dunklen Schlafhöhlen.

Die Mängel ihrer Echoortung gleichen sie mit hervorragend an das Nachtsehen angepaßten großen Augen aus. Da sie allesamt ausschließlich in den Tropen als Fruchtfresser leben, sind die Augen zusammen mit einem gut ausgebildeten Geruchssinn für diese Großgruppe der Fledertiere völlig ausreichend... Flughunde können sich an den in den Tropen stets reichlich mit Früchten gedeckten Tisch setzen beziehungsweise hängen – sofern ihnen das nicht ein Plantagenbesitzer mißgönnt."

Klickend und sehend orientieren sich die ceylonesischen Höhlenflughunde (Rousettus leschenaulti seminudus, oben) beim nächtlichen Ausflug aus der Quartierhöhle.

Junger Fettschwalm (Steatornis caripensis, links) auf seinem Nest in einer Höhle in Ekuador. Mit ölhaltigen Palmfrüchten von den Elternvögeln ernährt, wird er unglaublich fett.

ECHOORTUNG ALS MEHRFACHERFINDUNG

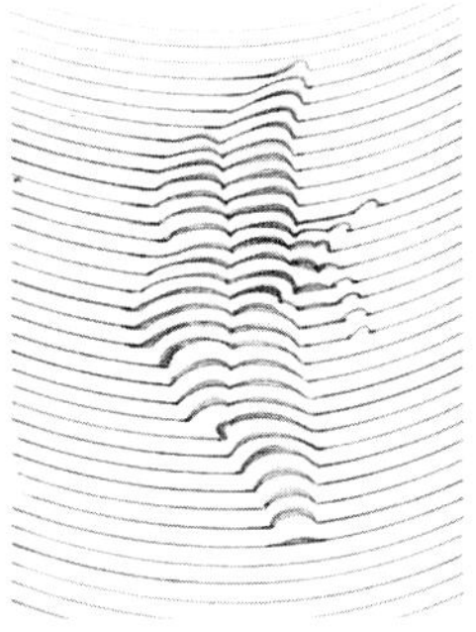

So oder ähnlich könnte das „Hörbild" eines Falters (oben) aussehen, das eine Fledermaus nach Aussenden ihrer Peilrufe als Echo erhält.

Die Fledermäuse sind nicht die einzigen „Erfinder" der Echoortung. Auch einige höherentwickelte Wirbeltiere, Vögel und Säuger wie Spitzmäuse, Tenreks, Wale, einige Riesengleiter, Beutel- und Nagetiere, bedienen sich einer solchen Orientierung. Die Methode muß sich mehrfach und völlig unabhängig voneinander entwickelt haben. Beachtliche Orientierungsleistungen mit Hilfe von Peillauten vollbringen beispielsweise die Zahnwale und Seerobben. Der Gangesdelphin, ein Süßwasserdelphin, der nur in den Flüssen Ganges und Indus vorkommt, hat sich völlig auf das Schwimmen im Trüben eingestellt. Weil durch zahlreiche Schwebstoffe die Sichtweite auf wenige Zentimeter begrenzt ist und deshalb eine optische Orientierung nicht ausreicht, hat der Gangesdelphin im Laufe seiner Evolution ganz auf die akustische Raumorientierung „gesetzt" und dabei sein Augenlicht verloren.

Unter den Vögeln beherrschen die zu den Nachtschwalben gehörenden Fettschwalme (*Steatornis*) im nördlichen Südamerika sowie in Südostasien und Australien die Salanganen (*Collocalia*) aus der Ordnung der Segler die Echoortung. Für beide Vogelgattungen ist ebenso wie für die Höhlenflughunde die Echoortung beim Nahrungs-

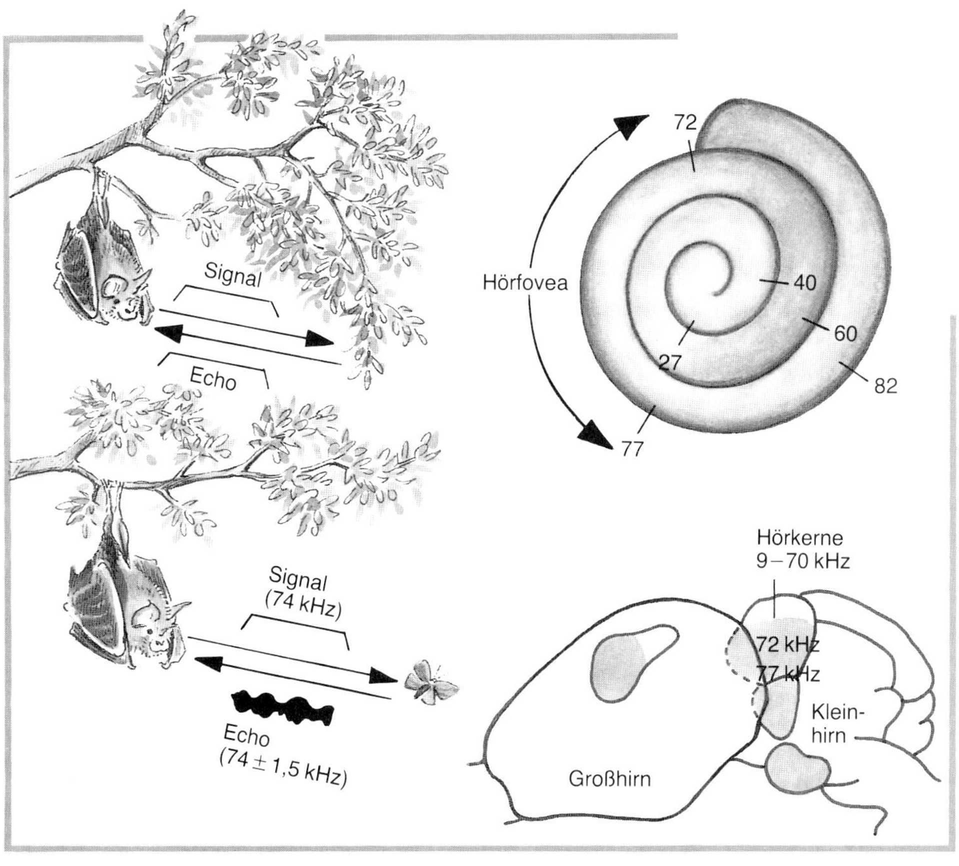

Links: Hufeisennase bei der Ansitzjagd. Während sich das von dichter Vegetation zurückgeworfene Echo ihres Peilrufes kaum vom ausgesandten Signal unterscheidet, werden die Flügelschläge eines Insekts im Echo als periodisch wiederkehrende Frequenz- und Intensitätsmodulationen hörbar.
Rechts: Das Hufeisennasengehör ist ganz auf den Empfang der persönlichen Trägerfrequenz spezialisiert. Im Innenohr ist das schmalbandige Filter, das der persönlichen Sendefrequenz entspricht (74-79 kHz bei der Ceylon-Hufeisennase), überrepräsentiert. Auch gut die Hälfte aller Neuronen (Hörkerne) im Hörgehirn der Hufeisennase reagieren besonders empfindlich auf kleinste Veränderungen in diesem engen Frequenzbereich (nach NEUWEILER 1990).

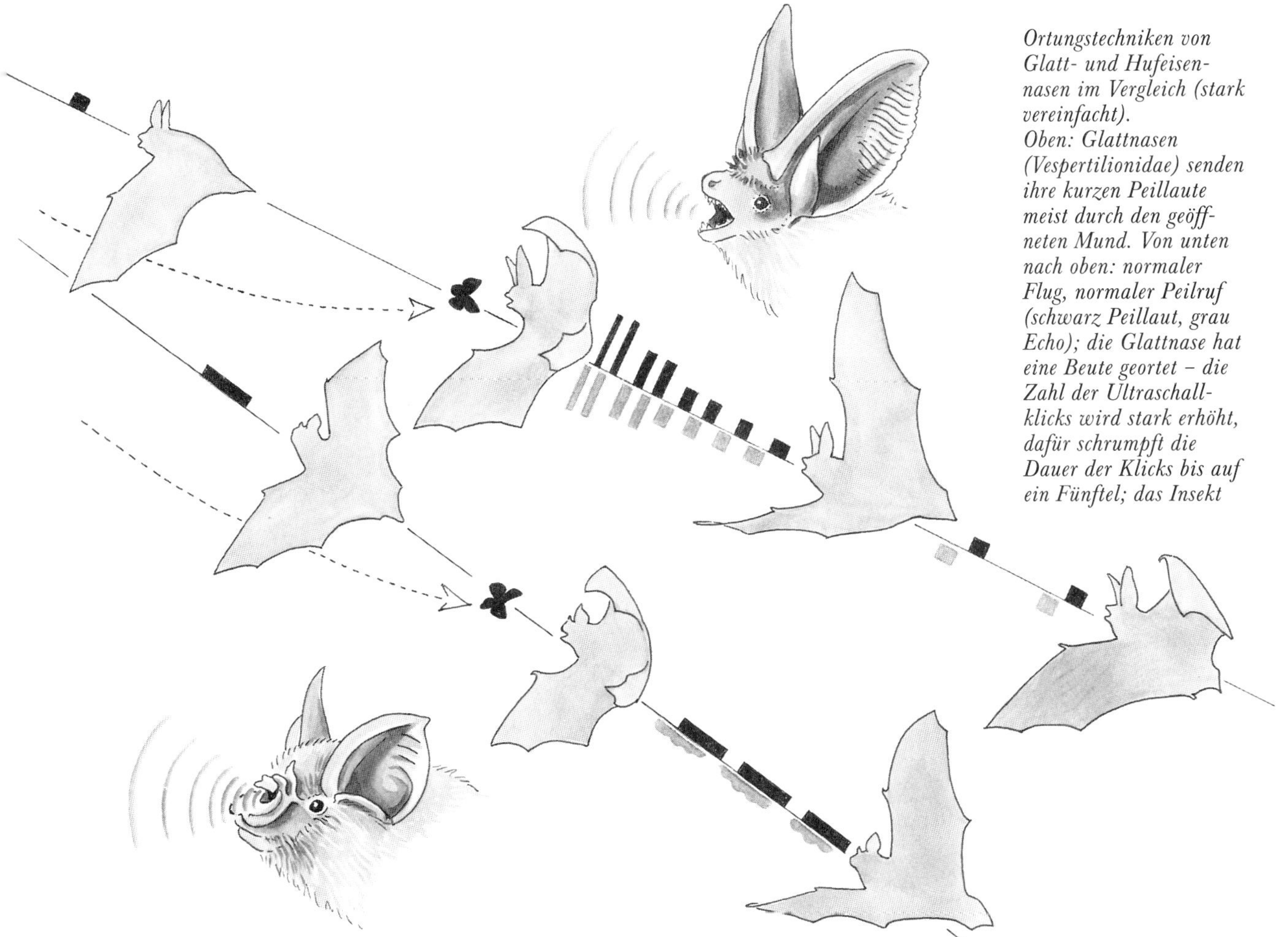

Ortungstechniken von Glatt- und Hufeisennasen im Vergleich (stark vereinfacht). Oben: Glattnasen (Vespertilionidae) senden ihre kurzen Peillaute meist durch den geöffneten Mund. Von unten nach oben: normaler Flug, normaler Peilruf (schwarz Peillaut, grau Echo); die Glattnase hat eine Beute geortet – die Zahl der Ultraschallklicks wird stark erhöht, dafür schrumpft die Dauer der Klicks bis auf ein Fünftel; das Insekt wird ergriffen; normale Ortungslaute im Weiterflug.
Unten: Bei allen Hufeisennasenarten wirkt der Nasenaufsatz beim Ausstoßen der langen Peillaute durch die Nase wie ein Megaphon. Von unten nach oben: normaler Flug, normaler Peilruf; die Hufeisennase ortet eine vorbeifliegende Beute und schickt nun ständig Peillaute aus.

erwerb ohne Bedeutung. In stockdunklen Höhlen jedoch können sie sich mit Hilfe des Echos ihrer Klicklaute zurechtfinden. Sicher vor vielen Freßfeinden, nisten Fettschwalme und Salanganen dort in großen Kolonien. Lediglich der Mensch kann ihnen an diesem Ort gefährlich werden.
Guacharos – „Schreier" – nennt man die Fettschwalme Südamerikas wegen des gewaltigen Lärms, den sie beim Eindringen von Menschen in ihr dunkles Reich veranstalten. Pacharos del Aceite heißen sie auf spanisch auch – „Ölvögel". ALEXANDER VON HUMBOLDT beobachtete als erster Wissenschaftler den Fettschwalm (*Steatornis caripensis*) in der Felsenhöhle von Caripe in Venezuela. Die bis zu 55 Zentimeter großen Vögel haben ein hartes Gefieder und den für Nachtschwalben typischen breiten Mundspalt. Der krumme Oberschnabel erinnert an einen Greifvogel. Doch im Gegensatz zu ihren Verwandten, den Schwalben, gehen die dämmerungs- und nachtaktiven Fettschwalme nicht auf Insektenjagd, sondern ernähren sich von Früchten. Diese werden im Flug abgerissen, wobei die Vögel kolibrigleich durch schwirrendes Flügelschlagen und Auf- und Abbewegen des Schwanzes in der Luft stehenbleiben können. Die nesthockenden Jungen füttern sie mit den ölhaltigen Palmenfrüchten. Davon werden die Jungtiere unglaublich fett. Nach rund zehn Monaten bringen sie gut das anderthalbfache Gewicht ihrer Eltern auf die Waage und sind dann begehrte Öllieferanten für die Indianer. Das am Feuer ausgelassene Guacharoschmalz oder -öl dient als Lampen- und Speisefett.
Die napfförmigen Speichelnester der Salanganen werden als asiatische Delikatesse gehandelt. Sammler riskieren dafür in turmhohen Höhlen auf schwankenden Lianen- und Bambusgerüsten ihr Leben. Im Gegensatz zum „Weißen Gold" der Salanganen sind Fettschwalmnester nicht zum menschlichen Verzehr geeignet. Die jahrelang benutzten pyramidenförmigen Nester bestehen aus Erde, ausgewürgten Futterkernen und vor allem aus Kot.

DIE ECHOORTUNG – EIN WISSENSCHAFTSKRIMI

Mausohr (Myotis myotis). Unsere größte einheimische Art ortet beim Ausflug aus ihrem Quartier in typischer Glattnasenmanier mit offenem Mund.

Nicht etwa die Exklusivität, sondern der konsequente Einsatz des Systems zur Orientierung und zum Beuteerwerb zeichnet die Fledermäuse unter allen Echoortern aus.

Fledermäuse hätten den Teufel im Leib und verfügten so über magische Kräfte – diese Erklärung genügte den Menschen bis zum Ende des 18. Jahrhunderts für die Orientierungsleistungen der Nachtjäger im Dunkeln. Erst LAZZARO SPALLANZANI (1729–1799), Mathematiker, Naturforscher, Logiker und Bischof von Padua, wollte sich mit abergläubischen Vorstellungen nicht zufriedengeben. Das Multitalent begann mit Nachtfliegern zu experimentieren. Während Eulen, die er im völlig abgedunkelten Arbeitsraum fliegen ließ, gegen Gegenstände prallten, umkurvten Fledermäuse bei gleichen Versuchsbedingungen selbst ausgespannte Fäden. Erst als der Forscher ihnen undurchsichtige Kappen überstülpte, war ihre Geschicklichkeit zu Ende. Doch auch mit durchsichtigen Kappen klappte es nicht besser. Als SPALLANZANI weiterexperimentierte und den Tieren die

Augen verschloß oder sie blendete, behielten sie zu seinem Erstaunen ihre Flugsicherheit. Der Logiker setzte jetzt noch ein Freilandexperiment drauf, fing Fledermäuse in einer Höhle und nahm einigen davon ihr Augenlicht. Alle wurden markiert und wieder freigelassen. Als der clevere Forscher nach einigen Tagen die Fledermäuse dort wieder fing und ihre Mageninhalte untersuchte, erkannte er, daß die Blinden genauso erfolgreich beim Insektenfang gewesen waren wie ihre sehenden Kollegen. Darauf schrieb SPALLANZANI europäischen Forscherkollegen als Schlußfolgerung, daß Fledermäuse bei der Orientierung und Insektenjagd nicht auf den Gesichtssinn angewiesen sind. Der Genfer Naturforscher LOUIS JURINE las davon und experimentierte weiter. Als er Fledermäusen die Ohren mit Wachs verschloß, verloren sie ihr Orientierungsvermögen. SPALLANZANI wiederum führte dieses Experiment fort, indem er den Fledermäusen kleine Blechröhrchen in die Ohren steckte, die er verstöpseln konnte. Während sich seine Tiere mit den offenen Röhrchen in den Ohren normal bewegten, verloren sie mit dem Verstöpseln auch ihre Sicherheit. JURINE und SPALLANZANI kamen so gemeinsam zum Ergebnis, daß Hören für die nächtliche Orientierung von Bedeutung sein mußte. „Kann man mit den Ohren sehen?“ beendete SPALLANZANI kurz vor seinem Tod die Notizen, die lange in der Versenkung verschwinden sollten, nachdem GEORGES CUVIER (1769–1832), französischer Naturforscher-Papst, kraft seines Ansehens feststellte, hier hätten wohl beide geirrt, die Orientierung der Fledermäuse erfolge über einen sehr feinen Berührungssinn ihrer Körperoberfläche und Flughäute.

Erst eine rein technische Errungenschaft sollte den Schall als Orientierungshilfe wieder ins Gespräch bringen. Nach dem tragischen Untergang der Titanic erfand HIRAM MAXIM, Erfinder des Maschinengewehres, 1912 ein Schallwarnsystem. MAXIM vermutete, daß auf ähnliche Art auch Fledermäuse Hindernissen im Dunkeln ausweichen könnten, lag aber mit seiner Annahme schwer daneben, daß die Tiere dazu niederfrequente Laute durch Flügelbewegungen erzeugten. 1920 stieß der englische Neurophysiologe HARTRIDGE auf die alten Arbeiten SPALLANZANIs und JURINEs und folgerte, daß die Schallsignale eher hoch- als niederfrequent sein müßten. Die endgültige Klärung des 200jährigen Wissenschaftsstreits sollte dem jungen Biologen DONALD GRIFFIN vorbehalten bleiben. Als der Harvard-Student mit einem Käfig voller Fledermäuse den Physiker G. W. PRIECE besuchte, der in seinem Labor mit Hilfe eines Hochfrequenzdetektors hohe Insektenlaute analysierte, wollte GRIFFIN eigentlich die schrillen, hörbaren Fledermauslaute untersuchen lassen. Doch vor dem Aufnahmegerät verschlug es zunächst den Fledertieren und dann den Forschern die Sprache. Als aus dem Aufnahmegerät intensive Lautäußerungen der scheinbar stummen Tiere kamen, hatte man endlich den Schlüssel zum geheimnisvollen Hörreich der Nachtjäger. Wenn die Zeit reif ist für Entdeckungen, gelingen sie oft zweimal und unabhängig voneinander: Fast zeitgleich mit GRIFFIN, PRIECE und GALAMBOS, der sich den Harvard-Forschungen anschloß, stellte der Niederländer DIJKGRAAF dank seines ausgezeichneten Gehörs fest, daß Fledermäuse zur Orientierung Laute aussenden und sich desorientieren lassen, wenn man ihnen Sender (Mund) oder Empfänger (Ohr) ausschaltet.

Große Hufeisennase (Rhinolophus ferrumequinum). Hufeisennasen sind Nasenorter. Ihr arttypischer, häutiger Nasenaufsatz wirkt dabei wie ein Megaphon.

Graues Langohr (Plecotus austriacus). Mit ihren extrem langen Ohren sind die beiden heimischen Langohrarten innerhalb der Glattnasen-Familie unverwechselbar.

Ortung, ganz individuell

Mit immer feineren und trickreicheren Methoden kam man den echoortenden Fledermäusen auf die Spur. Man stellte fest,

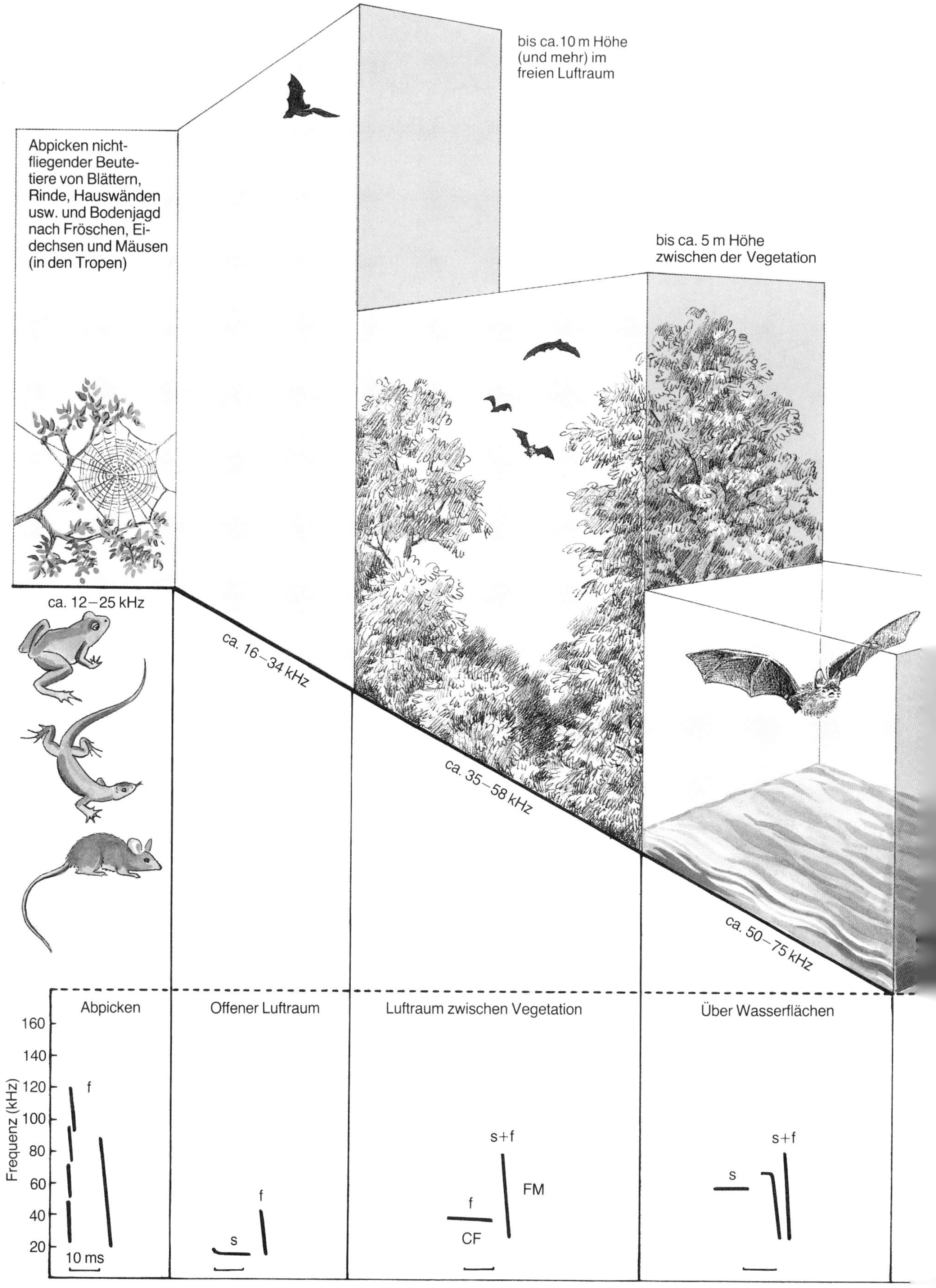
bis ca. 10 m Höhe (und mehr) im freien Luftraum
Abpicken nichtfliegender Beutetiere von Blättern, Rinde, Hauswänden usw. und Bodenjagd nach Fröschen, Eidechsen und Mäusen (in den Tropen)
bis ca. 5 m Höhe zwischen der Vegetation
ca. 12–25 kHz
ca. 16–34 kHz
ca. 35–58 kHz
ca. 50–75 kHz
Abpicken
Offener Luftraum
Luftraum zwischen Vegetation
Über Wasserflächen
Frequenz (kHz)
160
140
120
100
80
60
40
20
10 ms
f
s
s+f
FM
CF

daß die Tiere eine Vielzahl im Detail recht unterschiedlicher Lauttypen benutzen, die meist von Art zu Art variieren und oft sogar noch eine individuelle Note tragen. Fledermäuse scheinen sogar „Dialekte“ auszubilden. So rufen Zwergfledermäuse in Skandinavien anders als jene in Süddeutschland oder Griechenland. Die Ortungsrufe lassen sich aber grob in einige wenige Lautgruppen aufteilen.

Von vielen Arten werden kurze Peilrufe ausgesandt, die sehr schnell über einen weiten Bereich von hohen zu niedrigen Tonhöhen hin abfallen. In gleicher Weise ändern sich die Frequenzen, die Peilrufe sind damit stark frequenzmoduliert (FM). Ihre Erzeuger nennt man deshalb FM-Fledermäuse. Hierzu gehört zum Beispiel unser Großes Mausohr (*Myotis myotis*). Ein solch großer Frequenzbereich kann auch in vielen kleinen Einzelschritten durchlaufen werden, die immer in gleichen Abständen zum Grundton zueinanderstehen. Solche harmonischen Lauttypen erzeugen beispielsweise die Großblattnasen (Megadermatidae) und Blattnasen-Fledermäuse (Phyllostomidae). Die sehr kurzen Laute (etwa eine Millisekunde) mit mehreren Obertönen bezeichnet man als HF-Laute. Daneben erzeugen andere Fledermausarten Laute, die mit einer mehr oder minder gleichbleibenden Frequenz am Ende abschließen. Unsere Zwergfledermäuse der Gattung *Pipistrellus* oder die Europäische Bulldogg-Fledermaus *Tadarida teniotis* senden auf diese Weise.

Eine ganz andere Sendeform haben die Hufeisen- und Rundblattnasen (Rhinolophidae, Hipposideridae) entwickelt. Ihre Ortungsrufe bestehen aus einem gleichbleibend hohen Frequenzanteil und werden am Lautbeginn und -ende von frequenzmodulierten Teilen begrenzt. Folgerichtig werden sie als CF/FM-Fledermäuse bezeichnet, wobei CF für constant frequent steht. Weil hier ein Großteil der Energie, die für die Lautproduktion aufgewendet werden muß, nur in ein sehr begrenztes Frequenzband einfließt, können sich die Hufeisennasen Peilrufe erlauben, die zum Teil hundertmal länger sind als die Laute von FM-Fledermäusen.

Die meisten Lautäußerungen der Fledermäuse liegen oberhalb unserer menschlichen Hörschwelle. Die niederfrequenten Anteile einiger Fledermausrufe sind jedoch für uns wahrnehmbar. Die Peilrufe etwa der Bulldogg-Fledermaus kann auch unser Gehör noch verarbeiten. Ebenso wie das menschliche Gehör auf den Frequenzgehalt unserer Sprache abgestimmt ist, können die einzelnen Fledermausarten jeweils die Laute am besten empfangen, die sie auch aussenden. Wie alle Säugetiere bringen die Fledermäuse ihre Peilrufe im Kehlkopf hervor. Was auf uns Menschen an Fledermausgesichtern oft so grotesk wirkt, sind die beeindruckenden Ausprägungen des schalleitenden Apparates und der Empfangsorgane (Ohren).

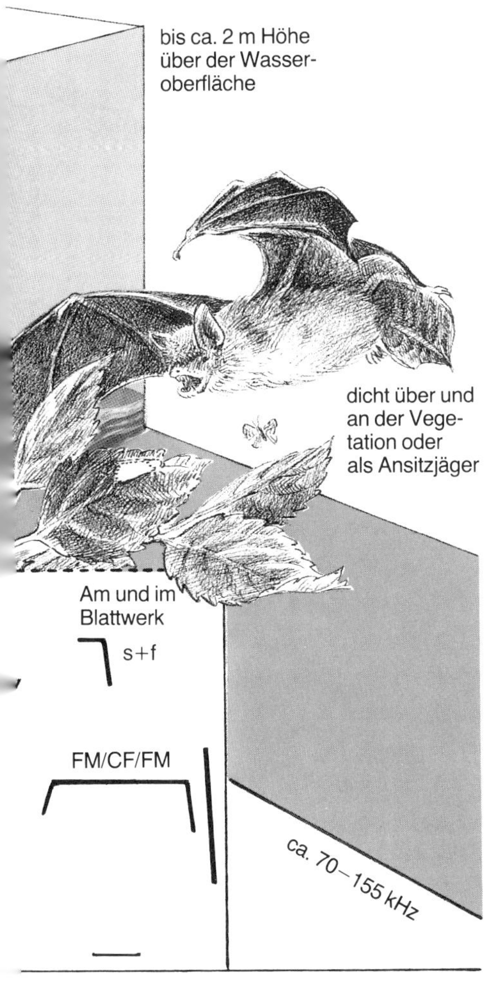

Ortungslauttypen, ihre Zuordnung zu Jagdweisen und Jagdbiotopen sowie die empfindlichsten Hörbereiche der verschiedenen Fledermausjägertypen. Die schematischen Sonagramme (unten) zeigen die Ortungslauttypen, die in den verschiedenen Biotopen während der Beutesuche (s) und beim Beutefang (f) häufig benutzt werden. Die Zeitbalken markieren 10 Millisekunden. FM frequenzmodulierter Laut bzw. Lautanteil, CF konstantfrequenter Laut bzw. Lautanteil (nach NEUWEILER *1990).*

Sende- und Empfangssysteme

Während die meisten Fledermäuse ihre Rufe durch den geöffneten Mund ausstoßen, benutzen zum Beispiel die Hufeisen- und Rundblattnasen ihre Nasen als schallaussendende Organe. Ihre bizarren Nasenaufsätze wirken dabei wie Megaphone. Nasenorten hat übrigens handfeste Vorteile: Während die anderen Fledermäuse mit der Beute im Mund Sendepause haben, können sich die Nasenorter selbst beim Fressen weiterorientieren. Auch die Schallempfänger der Fledermäuse sind sehr unterschiedlich gebaut. Die Ohrformen und -größen sowie Ausbildung und Form von Ohrdekkeln sind oft so charakteristisch, daß man sie zur Artbestimmung benutzt. Über ihre besonderen Funktionen herrscht noch längst keine Klarheit. Nach Forschermeinung dienen die Ohrdeckel höchstwahrscheinlich der Richtungsunterscheidung in der Senkrechten. Große Ohren dienen dem Abhören von Beutetiergeräuschen und -lauten.

Leben in Momentaufnahmen

Die mittelamerikanische Schnurrbartfledermaus (Pteronotus parnellii, links) hat ein ähnliches Ortungssystem wie die Hufeisennasen entwickelt, ohne mit ihnen näher verwandt zu sein. Sie sendet aber ihre Peillaute durch das Maul aus, das megaphonartig wie ein Hufeisennasen-Nasenaufsatz wirkt.

Die ceylonesische Rundblattnase (Hipposideros lancadiva, rechts) trägt ihren Namen nach ihrem Nasenaufsatz, den sie wie die Hufeisennasen zum Orten einsetzt.

Im Gegensatz zur optischen Orientierung bekommt ein Echoorter nur einen kleinen, durch die Echodauer zeitlich begrenzten Ausschnitt aus seiner Umwelt dargestellt. Während wir bei offenen Augen ein ständiges, kontinuierliches Bild unserer Umgebung geliefert bekommen, erhält die Fledermaus quasi „Momentaufnahmen“. Durch eine erhöhte Wiederholrate von Einzelbildern kann solch ein Abbildungssystem, ähnlich wie beim Projizieren eines Films, auch ein annähernd kontinuierliches Abbild liefern. Und so verfahren die Nachtjäger auch immer dann, wenn es spannend wird. Bei Annäherung an ein Beuteobjekt oder Hindernis erhöht sich die Wiederholrate ihrer Ortungsrufe zum Teil drastisch. Das Problem ist dabei, daß ein zurückkehrendes Echosignal dem zugehörigen Ortungsruf zugeordnet werden muß. Die Fledermaus kann sich in der Schlußphase eines Anfluges auf ein Objekt die drastische Rufratenerhöhung nur erlauben, weil der Abstand so klein ist und das Echo schon kurzzeitig nach Aussendung des Peilrufes wieder bei ihr angekommen ist und sich nicht mit dem gleich darauf ausgesandten Laut überschneidet.

Zeitfenster und Stoppuhren

Außerdem besitzen Fledermäuse eine Art „Zeitfenster“, das nur bestimmte Zeit nach Aussendung des Peillautes offen ist. Alles, was später zurückkommt, stößt quasi auf taube Ohren. Damit können uninteressante oder störende Echos von Hintergrundsobjekten geschickt ausgeblendet werden. Das Unterdrücken und Herausfiltern nicht erwünschter Signale ist ein Problem, mit dem alle informationsverarbeitenden Systeme zu kämpfen haben. Die Fledermäuse haben dafür unterschiedliche, für ihre besondere Situation jeweils am besten passende Problemlösungen „gefunden“, die zudem den technischen Lösungen verblüffend ähneln.

Vor den Lösungen jedoch noch ein weiteres Problem, das Dämpfung heißt. Durch die Dämpfung in der Luft werden besonders die sehr hohen Frequenzen der Ortungsrufe bereits nach wenigen Dutzend Metern so stark abgeschwächt, daß sie im Echo nicht mehr wahrgenommen werden können. Deshalb arbeiten die Insektenjäger des freien Luftraums mit möglichst niedrigen Frequenzen, um trotz großer Schallabsorption ihre Beute möglichst weit detektieren zu können. Die Zeit bis zur Rückkehr des Echos wird als Maß der Entfernung genutzt, der Schall ist Transportmittel für die Information. Das Fledermausgehirn arbeitet dabei wie eine Stoppuhr, die durch den Peilruf zum Laufen gebracht wird und die Zeit bis zum Eintreffen des Echosignals mißt. Die dafür zuständigen Nervenzellen, die bestimmte Zeitabstände im Bereich von Tausendstel Sekunden messen, wurden bei der amerikanischen Fledermausart *Pteronotus parnellii* und bei Hufeisennasen gefunden. Das entspricht Entfernungen von etwa 30 Zentimetern bis zu einigen Metern. Weil sich der Schall bekanntlich mit einer Schallgeschwindigkeit von 331 Metern pro Sekunde in der Luft fortpflanzt, ist beispielsweise ein Fledermausschrei, der in zehn Meter Entfernung ein Beutetier trifft, bereits nach 60 Millisekunden wieder zurück im Ohr des Erzeugers. Doch selbst Echos von weniger als einer Millisekunde muß das Fledermausgehirn noch messen können. Damit besitzen die Nachtflieger seit 50 Millionen Jahren eine biologische Uhr, mit der erst unsere modernsten Quarzuhren in puncto Präzision vergleichbar sind. Radaringenieure, für die Entfernungsmessungen durch Peilungen zum täglichen Brot gehören, haben interessanterweise berechnet, daß das Idealsignal dafür von hohen zu niedrigen Frequenzen hin erst schnell und gegen Ende zu langsam abfallen sollte, was genau dem Frequenzverlauf vieler Fledermausortungsrufe entspricht.

Doch nicht nur die Zeit als Entfernungsmaß, sondern gleichzeitig noch die Richtung des Geräusches (= der Beute) muß der Nachtjäger möglichst genau messen können. Die Laufzeitunterschiede werden von den Präzisionslauschern der Ultraschalljäger aufgefangen. So kommt zum Beispiel ein Echo von rechts erst am rechten Ohr der Fledermaus an und ist zudem noch lauter als am linken Ohr. Der Zeitunterschied hängt allein vom Abstand der Ohren zueinander und damit vom Kopfdurchmesser ab. Er liegt bei Fledermäusen im Bereich von 40 Mikrosekunden, also 40 millionstel Sekunden! Für unsere Ohrwatscheln ist er einhundertmal größer. Neben den Zeit- und Lautstärkeunterschieden treten auch richtungsabhängige Veränderungen im Frequenzgehalt der Echos auf. Der gehörte Gegenstand wechselt mit der Richtung, aus der er wahrgenommen wird, quasi seine „Farbe".

Zweifarbfledermaus (Vespertilio murinus, links). Sie lebt als einzige von drei Arten der Gattung Vespertilio in Europa.

Kleiner Abendsegler (Nyctalus leisleri, rechts). Die Ohrmuschel und der Ohrdeckel dieser mittelgroßen Art sind wie beim Großen Abendsegler geformt.

Fliegende Materialprüfer

Wie aber wissen die Nachtjäger, ob sie etwas Freßbares oder bloß ein Hindernis vor sich haben? Daß sich mit Hilfe von Ultraschall Strukturunterschiede erkennen lassen, ist uns vor allem aus der medizinischen Diagnostik bekannt. Dort und in der Materialprüfung finden möglichst kleine Wellenlängen Verwendung, um Strukturen bis zu einem tausendstel Millimeter auflösen zu können. Unseren fliegenden Materialprüfern setzt dagegen die Schallabsorption der Luft Grenzen in puncto Frequenzhöhen. Wie sie trotz dieser Handicaps auf ihre Kosten kommen, sei an der Hufeisennasen-Methode gezeigt.

Ihr Echoortungssystem funktioniert ähnlich dem Rundfunk, wobei sie Sender und Empfänger in sich vereinen. Der Kehlkopf als Radiostation produziert eine bestimmte individuelle Sendefrequenz, die vom Gehör als Radioempfänger aufgenommen wird. Während wir beim Radio jedoch verschiedene Sender (verschiedene Empfangsfrequenzen) einstellen können, hört die Hufeisennase immer den eigenen Sender. Sie hat damit den Vorteil, daß alle Informationen über ihre Beute auf ihrer Frequenz deutlich ankommen, während weniger Wichtiges sich als Hintergrundrauschen äußert. Hufeisennasen (und Rundblattnasen) umgehen damit als Buschjäger das Problem des „Echosalates" in verrauschter Umgebung. Die Jagdmethode durch „Ansitzen" erlaubt den „Strauchrittern" sogar volle Konzentration auf die Beute.

Ein Langohr (Plecotus) mit aufgestellten (oben) und mit halbgefalteten Ohren (Mitte). Im Winterschlaf sind die Ohren ganz unter die Flügel geklemmt, nur der Tragus steht noch und erscheint wie ein Ohr (unten).

Flügelschlag – Musik für Hufeisennasenohren

Trifft der hohe Ortungston einer Hufeisennase auf ein flügelschlagendes Insekt, so enthalten die zurückgeworfenen Echos akustische Glanzlichter im Rhythmus des Flügelschlags. Die sogenannten „glints" sind kurze Intensitäts- und Frequenzmodulationen des Ortungslautes, die beim Durchführen der Flügel durch den Lautstrahl der Fledermaus entstehen. Sie interessiert sich schließlich ebensowenig für ihre Sendefrequenz wie wir für die Trägerfrequenz beim Rundfunk. Erst die Frequenzmodulationen der flatternden Beute sind im wahrsten Sinne des Wortes „Musik" im Fledermausohr. Um die geringen Modulationen auch gut zu hören, hat die Hufeisennase ein Hörfilter im Innenohr, das ihr Frequenzband stark überpräsentiert. Allerdings hat das abgestimmte System noch einen Haken. Wenn die Fledermaus losfliegt, bewegen sich Sender und Empfänger mit der Fluggeschwindigkeit der Fledermaus, was zu Dopplereffekten führt. Nach seinem Erfinder CHRISTIAN DOPPLER genannt, ist das Phänomen uns allen gut bekannt: Das Geräusch einer beweglichen Schallquelle, beispielsweise ein Motorrad oder Zug, klingt bei Annäherung immer höher und bei Entfernung immer tiefer. Auf die Beutejagd der Hufeisennase übertragen, müßte das Beuteecho aus dem Hörfilterbereich fallen. Die Tiere können den Effekt jedoch kompensieren, indem sie den nächsten Ortungslaut jeweils um den Betrag absenken, um den das zuvor gehörte Echosignal über der Hörfilterfrequenz lag. Damit koppeln sie ihr Ortungssystem von der eigenen Reisegeschwindigkeit ab, so wie das auch bei mittransportierten Radargeräten geschieht.

Richtantennen und Verstärker

Die Bodenjäger unter den Fledermäusen detektieren und lokalisieren dagegen ihre Beute oft gar nicht mehr anhand von Echos. Sie sind mit ihren meist riesigen Ohrmuscheln, die als präzise Richtantennen und Verstärker gleichzeitig funktionieren, auf typische Beutetiergeräusche fixiert. So kann die froschfressende Fledermaus *Trachops cirrhosus* eßbare von giftigen Fröschen am Ruf unterscheiden. Aus Experimenten weiß man, daß die australische Gespensterfledermaus *Macroderma gigas* selbst Tonbandgeräte angreift, die Vogelgezwitscher abspielen. Im Gehirn einiger dieser Lauschjäger fand man geräuschspezifische Neuronen, die unglaublich empfindlich reagieren. Bei der Vampirfledermaus, die von Wirbeltierblut lebt und dazu sich vor allem an schlafende Säuger heranpirscht, reagierten die Neuronen bevorzugt auf lang anhaltende Geräusche, wie sie beim ruhigen Ein- und Ausatmen im Schlaf entstehen. Selbst die Atmung des Experimentators bekam das Versuchstier noch mit.

Sogar verschiedene Insektenarten werden unterschieden

Zu welch phantastischen Leistungen das Echoortungssystem von Fledermäusen in der Lage ist, zeigen auch die neuen Untersuchungen an Großen Hufeisennasen. In Dressurexperimenten konnte GERHARD VON DER EMDE an der Universität Tübingen nachweisen, daß die Hufeisennasen verschiedene Insektenarten an der Frequenz des Flügelschlages unterscheiden. Die Flügelschlagfrequenz, die im zurückkehrenden Echo abgebildet wird, gibt ihnen einen Hinweis darauf, ob sich die Jagd nach einem angepeilten Insekt lohnt. Die Schlagfrequenz hängt nämlich hauptsächlich von der Größe des Insekts ab. Hufeisennasen-Leckerbissen wie Nachtfalter, große Käfer und Schnaken schlagen alle 40- bis 70mal in der Sekunde mit ihren Flügeln.

VON DER EMDE spielte nun seinen Fledermäusen computersimulierte Ultraschallechos vor: von der einen Seite das einer fliegenden Kohlschnake mit 50 Flügelschlägen in der Sekunde, auf das die Hufeisennasen dressiert waren, von der anderen ein digital errechnetes Echo, wie es eine Schnake mit langsameren Flügelbewegungen hervorrufen würde. Der Wissenschaftler ließ die beiden Signale immer ähnlicher werden, bis sich die zwei fiktiven Insekten nur noch um vier Flügelschläge pro Sekunde unterschieden. Trotzdem konnten die Hufeisennasen diese problemlos auseinanderhalten.

Weitere Experimente deuten an, daß die Schlagfrequenz potentieller Beutetiere nicht der einzige „Lockruf für Fledermäuse" ist. Jeder Insektenflügel hat, über das gleichmäßige Stakkato kräftiger Lautstärke- und Frequenzspitzen im Schlagrhythmus hinaus, einen eigenen „Klang" im Ultraschall-Peilstrahl. Oberflächenstruktur und die Schlagbahn des Flügels bedingen diese unauffälligeren Modulationen im zurücklaufenden Schall, deren sich die

Hufeisennasen zusätzlich zu bedienen wissen. Wie so ein „Hörbild" eines Falters aussehen könnte, zeigt eine Abbildung auf Seite 24.

Das Raumgedächtnis der „Kurzsichtigen"

Doch was im Nahbereich so perfekt funktioniert, eignet sich nicht für die Fernorientierung. Als Ausgleich für die begrenzte Reichweite ihrer Peilrufe besitzen die Fledermäuse ein hervorragend ausgebildetes Raumgedächtnis. Das hilft ihnen in ihren bekannten Fluggebieten, sich auf das Wesentliche zu konzentrieren, den Beutefang. Wie fest sich Flugrouten einprägen, zeigt die Tatsache, daß Fledermäuse auch dann noch ihre gewohnten Jagdrouten um Bäume drehten, als diese bereits gefällt waren. Auch am traditionellen Ein- und Ausflug aus den Tagesquartieren verlassen sie sich oft ganz aufs Raumbild. Es gibt Beobachtungen, wo plötzlich die Super-Echoorter gegen neu eingesetzte Bretter und Scheiben knallten, wo sie es gewohnt waren, „freie Bahn" zu haben und die Hindernisse in ihrem Raumgedächtnis folglich noch keinen Platz hatten.

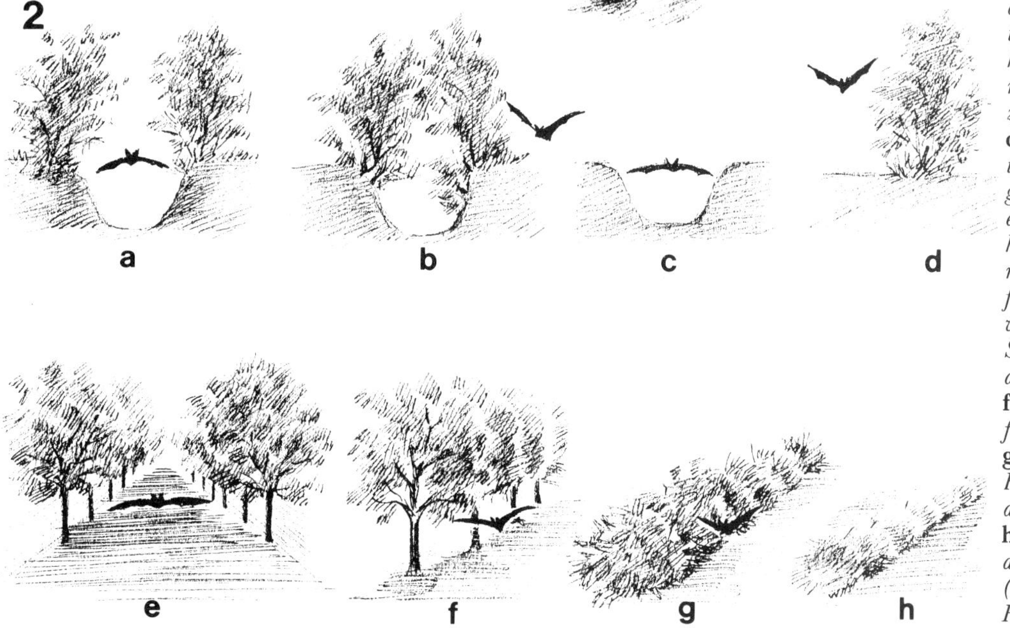

1. *Flugrouten von Fledermäusen in einer offenen Agrarlandschaft. Stacheldrahtzäune werden nicht als Flugroute benutzt. Die Fledermäuse brauchen also mehr als eine Linie, um sich orientieren zu können. Fledermäuse bevorzugen bestimmte linienförmige Landschaftselemente.*
2. *Einige lineare Landschaftselemente und ihre Nutzung als Flugwege der Fledermäuse.* **a:** *(optimaler) Hohlweg, häufig als Flugweg genutzt;* **b:** *Hohlweg mit zu dichter Vegetation;* **c:** *Hohlweg ohne Vegetation, selten als Flugweg genutzt;* **d:** *dichte, voll entwickelte Gehölzreihe, häufig als Flugweg genutzt, die Fledermäuse fliegen immer an der vom Wind abgeneigten Seite;* **e:** *Allee, häufig als Flugweg genutzt;* **f:** *Einzelbaumreihe, liefert kleine Hohlräume;* **g:** *voll entwickelte Hecke, nur gelegentlich als Flugweg genutzt;* **h:** *gestutzte Hecke, selten als Flugweg genutzt (nach Zeichnungen von* HELMER *und* LIMPENS*).*

Die Fransenfledermaus (Myotis nattereri) hat relativ lange Ohren und breite Flughäute. Ihr langsamer Flug und schwirrender Flügelschlag ermöglichen Manöver auf engstem Raum.

DIE INSEKTENJÄGER

In fast allen Teilen der Welt treten Insekten in Vielfalt und Vielzahl auf. Sie weisen zudem einen hohen Nährstoffgehalt auf und werden deshalb von Wirbeltieren zu Land und im Wasser als Nahrungsreservoir genutzt. Sogar eine ganze Säugetierordnung wird nach dieser Vorzugsspeise benannt: die Insektenfresser mit den Familien der Spitzmäuse, Igel, Maulwürfe, Schlitzrüßler, Tanreks und Goldmulle. Das Heer nachtaktiver Fluginsekten gab den Anstoß zur Entstehung des Jägertyps „Fledermaus" und war Motor für die Entwicklung der Kleinfledermäuse (Microchiroptera) in ihrer heutigen Formenfülle. Ein bis dahin ungenutztes Nahrungspotential forderte die Entwicklung eines fliegenden Nachtjägers mit entsprechenden Orientierungseinrichtungen geradezu heraus.
Ungefähr 70 Prozent der heutigen Fledermäuse leben von Insekten und Spinnen. Die Palette der Nahrungstiere umfaßt praktisch die ganze Insektenwelt. Am häufigsten verzehren die Nachtjäger Käfer (Coleoptera), Falter (Lepidoptera) sowie Fliegen und Stechmücken (Diptera). Dazu kommen noch Schaben (Blattoidea), Termiten (Isoptera), Netzflügler (Neuroptera), Heuschrecken und Grillen (Orthoptera), Zikaden (Homoptera), Wanzen (Hemiptera) und nachtfliegende Ameisen (Hymenoptera). Die Beutegröße reicht dabei von winzigen Mücken mit wenigen Millimetern Flügelspannweite und einem fünftel Milligramm Gewicht bis hin zu über 200 Milligramm schweren Nachtschmetterlingen mit 50 und mehr Millimetern Flügelspannweite. Man schätzt, daß eine jagende Fledermaus pro Nacht etwa ein Viertel bis die Hälfte ihres Körpergewichts an Insekten verdrückt. Eine 20 Gramm schwere Fledermaus kommt demnach in einer Nacht auf fünf bis zehn Gramm Insekten. Der Zoologe ERWIN KULZER sammelte und wog in zwei aufeinanderfolgenden Jahren den von einer großen baden-württembergischen Mausohrkolonie produzierten Kot. 1987 wogen die gesammelten Kotkrümel 93 Kilogramm, 1988 90 Kilogramm. Verglichen mit Laboruntersuchungen, in denen Mehlkäferlarven verfüttert worden waren, mußten die Mausohren jeweils mehr als eine Tonne an lebenden Insekten verzehrt haben.
Während sich die Fledermäuse der kühlgemäßigten Klimazone dem jahreszeitlichen Insektenangebot anpassen und den Nahrungsmangel im Winter überbrücken müssen, ist das Insektenangebot in den warmen Gebieten der Erde weniger saisonabhängig. Hier konnten sich Fledermauspopulationen entwickeln, die noch bis vor wenigen Jahrzehnten in die Millionen gingen. Eine in Texas lebende Kolonie der Mexikanischen Freischwanzfledermäuse (*Tadarida brasiliensis*) schätzte man zu dieser Zeit auf 50 Millionen Tiere. Bei einem Gewicht von 20 Gramm pro Tier hat diese Kolonie in einer Saison etwa 6700 Tonnen Insekten vertilgt. Um der unterschiedlichen Lebensweise der einzelnen Fledermausarten auf die Spur zu kommen, ist es wichtig zu wissen, welche Insekten den Fledermäusen bevorzugt als Nahrung dienen. Da alle einheimischen Fledermäuse streng geschützt sind, scheidet eine Untersuchung des Mageninhalts getöteter Tiere aus.
Fledermausspeisepläne lassen sich über Nahrungsreste am Freßplatz und Kotanalysen rekonstruieren, denn ungenießbare Teile größerer Insekten werden fallen ge-

Die Große Hufeisennase (Rhinolophus ferrum-equinum) jagt im langsamen, schmetter-lingsartigen Flug geschickt durch Gezweig.

Die Breitflügelfleder maus (Eptesicus sero-tinus) fliegt langsam und jagt in großen Kurven um Baumgruppen.

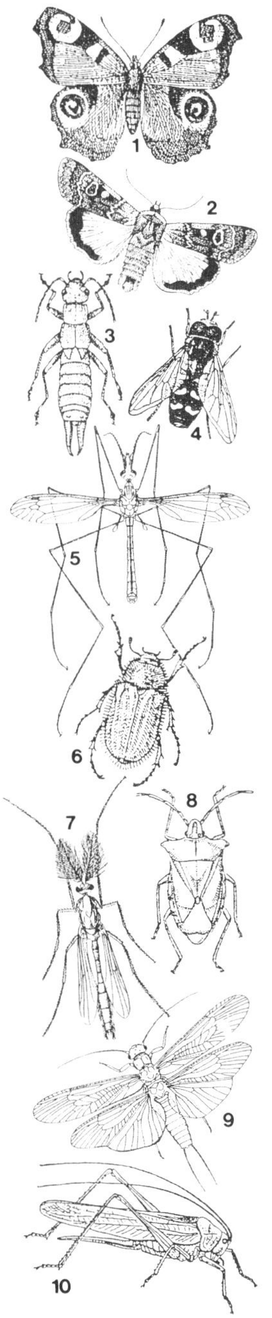

Nahrungstiere heimischer Fledermäuse: 1 *Tagpfauenauge,* 2 *Hausmutter,* 3 *Gemeiner Ohrwurm,* 4 *Schwebfliege,* 5 *Kohlschnake,* 6 *Junikäfer,* 7 *Zuckmücke,* 8 *Baumwanze,* 9 *Große Steinfliege,* 10 *Großes Heupferd.*

lassen und unverdauliche Chitinteile mit dem Fledermauskot ausgeschieden. Obwohl dies echte detektivische Kleinarbeit ist, hat die Methode dennoch Tradition. Schon der Naturforscher JÄCKEL veröffentlichte im letzten Jahrhundert Fledermausbeutelisten. In Überresten der Nahrung fand er bereits 71 Insektenarten, darunter 65 Arten von Schmetterlingen (Eulenfalter), dazu eine Köcherfliege und zwei Arten großer Schnaken. Heute sind Nahrungsanalysen zu festen Bestandteilen bei Untersuchungen der Lebensweise und der Lebensraumansprüche von Fledermäusen geworden, auch wenn das Stochern in Kotkrümeln auf Laien wie das vielgerühmte Lesen im Kaffeesatz wirken mag.

Ein Spezialist im „Krümelstochern" ist der Schweizer Zoologe ANDRES BECK, der qualitative und quantitative Nahrungsanalysen an einheimischen Fledermäusen durchführt. Dazu sammelt er aus Fledermausquartieren frischen Kot und abgebissene Beuteüberreste. Im Labor werden dann die einzelnen Kotbällchen in Wasser aufgeweicht, unter dem Binokular bei 25- bis 40facher Vergrößerung mit Pinzette und Nadel auseinandergezupft und nach verdauten, bestimmbaren Beutetierteilen abgesucht. Besonders wertvoll sind herauspräparierte Insektenflügel, deren spezifische Flügeladerung oft eine genaue Zuordnung zu bestimmten Tiergruppen erlaubt. Dazu müssen die Fragmente allerdings noch mit genadelten Sammlungsexemplaren verglichen werden. Aus den Kotproben zweier Schweizer Wochenstubenkolonien der Kleinen Hufeisennasen konnte ANDRES BECK beispielsweise „herauslesen", daß die Reste von Zweiflüglern (Diptera) vor Faltern (Lepidoptera) und Netzflüglern (Neuroptera) am häufigsten waren. Vorzugsweise erbeuteten die Kleinen Hufeisennasen dabei größere Mücken (Tipulidae, Anisopodidae). Aber auch kleinste Beutetiere wie Staubläuse (Psocoptera), Blattläuse (Aphididae) und Kriebelmücken (Simuliidae) gehörten zur Hufeisennasennahrung. Das regelmäßige Fehlen von Flügel, Beinen und Kopfteilen großer Beuteinsekten im Kot läßt den Forscher vermuten, daß auch die Kleine Hufeisennase die Ansitzjagd praktiziert. Bei dieser Jagdmethode wird mit der Beute zum Ansitzplatz zurückgekehrt und beim Verzehr alles daran nicht Genießbare abgebissen und fallen gelassen.

Auch den Ernährungsgewohnheiten anderer Fledermausarten kam ANDRES BECK durch Kot- und Fraßrestanalysen auf die Spur. So scheinen viele Fledermäuse in der Lage zu sein, kleinste Fluginsekten in der Luft wahrzunehmen und zu fangen. Wasserfledermäuse fressen regelmäßig Blattläuse und Zuckmücken. Ebenfalls kleine Mücken und Staubläuse fängt das Braune Langohr. Hauptsächlich ernährt es sich aber von Faltern. Außerdem sammelt es regelmäßig Ohrwürmer von einer Unterlage ab, wie die vollkommen zusammengefalteten Hautflügel im Langohrkot beweisen. Auch die Fransenfledermaus beherrscht die Kunst, Beutetiere von Blättern, Ästen und Mauerwerk abzulesen: Tagaktive Schwebfliegen, die sie im Schlaf überrascht, gehören ebenso zu ihrer Beute wie winzige flügellose Blattlausstadien, die wohl noch in der Vegetation weggeschnappt werden. Analysiert man die Lebensgewohnheiten dieser Beutetiere, so läßt sich annehmen, daß viele Fledermausarten bei der Nahrungssuche auf feuchte Gebiete sowie busch- und baumreiche Standorte angewiesen sind.

Daß Fledermäuse ihre Beute auch am Boden fangen, bewies der Bamberger Zoologe ANTON KOLB, indem er im Kot von Mausohren 14 Arten oder Gattungen von flugunfähigen Laufkäfern fand. Auch zeigten KOLBs gründliche Untersuchungen, daß sich der Speiseplan des Mausohrs im Laufe des Sommers änderte. Die Laufkäfer bildeten eine Art „Grundnahrung", zu der sich dann das jeweilige Insektenangebot der Saison gesellte. Als im Jagdgebiet seiner etwa 800 Tiere umfassenden Mausohrkolonie die Eichenwickler flogen, berechnete KOLB, daß die Fledermäuse pro Nacht etwa 55 000 Exemplare von ihnen erbeutet hatten.

Neuere Nahrungsanalysen der Schweizer Fledermausforscher JÜRGEN GEBHARD und HANSPETER STUTZ bestätigen, daß Laufkäfer typische Beute für Mausohren sind. Für verschiedene Kolonien fanden sich hohe Laufkäferanteile. Eine Reihe dieser Käfer gelten als reine Waldarten und werden von den Fledermäusen dort erbeutet.

Unsere heimischen Langohren sind am besten für Nahrungsanalysen geeignet, denn sie jagen bevorzugt Falter, die sie meist an festen Freßplätzen verzehren. Mit einiger Übung und einem guten Bestimmungsbuch lassen sich die abgebissenen Falterflügel selbst von Anfängern recht gut bestimmen. Aus den aufgesammelten Beutefragmenten an den Freßplätzen läßt sich jedoch keineswegs der vollständige Speiseplan des Langohrs ablesen, wie WOLFGANG HEINICKE und ANDREAS KRAUSS betonen. Nicht alle Beutetiere werden am Freßplatz verzehrt; auch fallen Fraßreste fast nur von großen und kräftigen Insekten an, und schließlich kann schon ein leichter Luftzug genügen, um die wie eine aufgeschlagene Speisekarte daliegenden Flügelreste in alle Winde zu zerstreuen.

Jagdreviere und -flüge einiger heimischer Fledermausarten:
1. *Die Wasserfledermaus (Myotis daubentoni) dreht ihre Runden übers Wasser.*
2. *Als Patrouillenjäger fliegt die Rauhhautfledermaus (Pipistrellus nathusii) entlang von Vegetationsstrukturen.*
3. *Die Zwergfledermaus (Pipistrellus pipistrellus) verfolgt in schnellen Zickzackflügen ihre Beute oder jagt im Lampenlicht.*
4. *Der Große Abendsegler (Nyctalus noctula) jagt in schnellen Flügen am freien Himmel.*

DIE JAGDSTRATEGIEN DER INSEKTENJÄGER

Das Jagdverhalten der kleinen, wendigen Nachtjäger zu erkunden ist eine Kunst für sich. Doch mit gehöriger Ausdauer und Einsatz raffinierter Beobachtungsmethoden sind Fledermausforscher in jüngster Zeit dem Jagdverhalten einiger Arten auf die Spur gekommen.

Bei den Insektenjägern bildeten sich unterschiedliche Strategien des Nahrungserwerbes heraus. Durch Spezialisierungen der Jagd auf begrenzte Teilgebiete können mehrere Fledermausarten gleichzeitig in demselben Jagdgebiet nachtaktive Insekten jagen, ohne sich dabei wesentlich in die

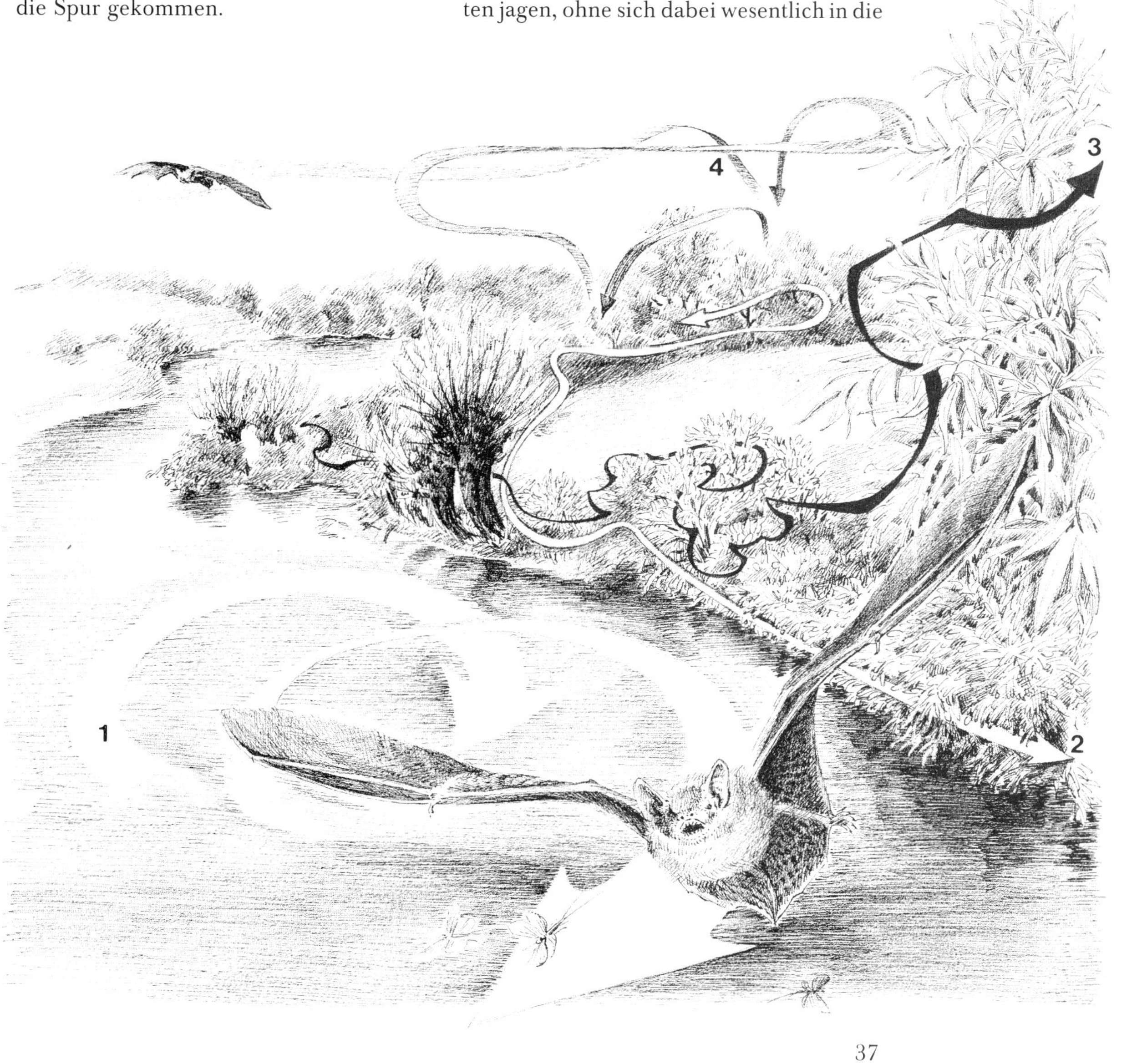

Unter kopfstarken Mausohrkolonien bilden sich im Laufe der Jahre ansehnliche Kothaufen. Ihre Größe und Lage zeigen die bevorzugten Hangplätze der Kolonie im Dachfirst an (links oben).

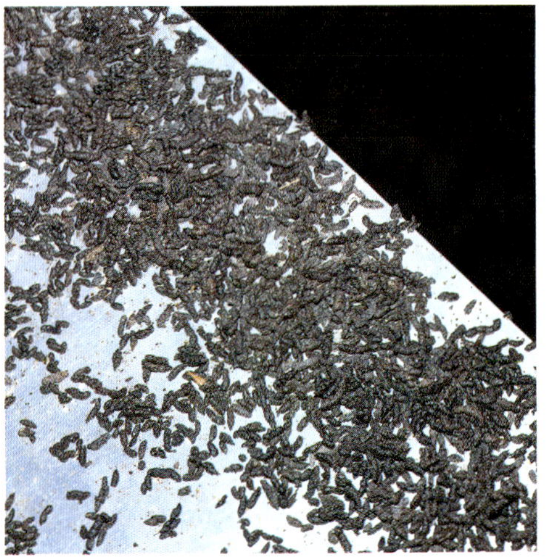

Zwergfledermauskot auf Fensterbrett. Zwergfledermäuse (Pipistrellus pipistrellus) produzieren als kleinste einheimische Art sehr kleine Kotkrümel, die aus ihrem Spaltenquartierversteck herunterrieseln (rechts oben).

Unter Langohr-Freßplätzen sammeln sich die Reste ihrer Falternahrung (unten).

Quere zu kommen. Einige Fledermäuse jagen im freien Luftraum, der von den verschiedenen Arten in unterschiedliche Nutzungszonen unterteilt wird. Andere lesen sitzende Insekten von Blättern oder Mauerwerk ab oder jagen in der Vegetation. Artabhängig erkennen und fangen die Fledertiere ihre Beute entweder im freien und meist schnellen Flug, durch Absuchen von Oberflächen im langsamen Gaukel- oder Rüttelflug oder im „Fliegenschnäpperstil", bei dem sie von einer Warte aus orten und erst dann ausfliegen, nachdem sie eine mögliche Beute entdeckt haben. Manche Arten bewegen sich vermutlich auch auf dem Boden fort, um zu den Beutetieren zu gelangen.

Die Anpassungen der Fledermäuse an den Nahrungserwerb zeigen sich vor allem in den Körpermerkmalen. Unterschiedliche Flügelformen dienen zur Optimierung verschiedener Flugarten. Ein besonderer Bau der Ohren kann helfen, die Detektion intensitätsschwacher Echos zu verbessern. Eine spezifische Bezahnung befähigt die Fledermäuse, selbst härteste Chitinpanzer von Käfern zu brechen. Und schließlich mußte auch das Ortungssystem passen. Wie Abendsegler, Zwerg- und Rauhhautfledermäuse jagen, schildern sehr lebendig die Schweizer Zoologen HANSPETER STUTZ und MARIANNE HAFFNER.

Der Große Abendsegler – ein rasanter Jäger im freien Luftraum

Mit etwa 40 Zentimeter Spannweite zählt der Große Abendsegler (*Nyctalus noctula*) zu den größten einheimischen Fledermäusen. Dabei sind seine Flügel sehr schmal und verraten so den schwalbenähnlichen, schnellen und großzügigen Flieger. Große Abendsegler verlassen ihre Tagesschlafverstecke, häufig Baumhöhlen, schon bald nach Sonnenuntergang. Oft geht es im Direktflug an den nächsten Flußlauf. Mühelos werden Distanzen von mehreren Kilometern zurückgelegt. Große Abendsegler fliegen oft über 100 Meter hoch über dem Boden und können am noch hellen Abendhimmel leicht mit Mauerseglern verwechselt werden.

Sobald sein Jagdraum erreicht ist, fliegt der Abendsegler auf eine Höhe von 5 bis 20 Meter herunter und beginnt den Jagdflug. Jetzt ist der Abendsegler gut von den Mauerseglern zu unterscheiden, die ohnehin bald an ihre Nistplätze zurückkehren. In jähen Sturzflügen greifen die Abendsegler ihre Beuteinsekten an. Nach beendetem Flugmanöver gewinnen sie die beim Hinunterstoßen verlorene Flughöhe meist wieder zurück. Eine Landschaft mit breitem Fluß (meist mehr als 50 Meter) und einem begleitenden Wiesenstreifen, der von einer Baumreihe, einem Waldrand oder einer Häuserzeile abgeschlossen wird, stellt ein typisches Abendsegler-Jagdgebiet dar.

Insekten bestimmen das Jagdgebiet

Bei Windstille fliegt der Große Abendsegler gern über der offenen Wasserfläche und dem Wiesenstreifen in einer mittleren Höhe von zehn Metern über dem Boden. Viele Tiere können dabei in einer Gruppe zusammen jagen. Jedes Tier befliegt minutenlang meist dieselbe, oft ellipsenförmige, bis zu 100 Meter lange Flugbahn.
Bei windigem Wetter ziehen sich die Insekten in den Windschatten der flußbegleitenden Vegetation oder der Häuserzeile zurück, was den Großen Abendsegler zum Jagen entlang der Oberflächenstrukturen zwingt. Oft kommt er dann bei seinem Sturzflug bis auf Kopfhöhe herunter. Auch abseits von Flüssen wird gejagt. Schon auf dem Weg ins Jagdgebiet wird geschnappt, was an Freßbarem die Flugbahn kreuzt. Manchmal verweilt er auch für ein paar Minuten in einem besonders günstigen Gebiet, etwa über dem Häusergewirr einer Stadt, denn hier beginnen dämmerungsaktive Insekten in der tagsüber gestauten Warmluft zu schwärmen. Ein künstliches, aber beliebtes Jagdgebiet sind große Parkplätze, die von kräftigen Quecksilberdampflampen beleuchtet werden. Die abgestrahlte Wärme der großen Parkfläche und der UV-Anteil des Kunstlichtes ziehen die Insekten an – und das wissen die Großen Abendsegler zu nutzen.

Schnellimbiß und Verdauungsschlaf

Der Große Abendsegler jagt nicht die ganze Nacht hindurch. Typischerweise dauert der abendliche Jagdflug etwa 90 bis 120 Minuten. Dann kehren die gesättigten Insektenjäger zur ausgiebigen Verdauung ins Quartier zurück. Kurz vor der Morgendämmerung, vorausgesetzt, die Temperatur liegt über acht Grad Celsius, erscheinen die Abendsegler nochmals für eine einstündige „Frühstücksjagd". Viele Beobachtungen der Schweizer Zoologen konnte FRITZ KRONWITTER mit seinen Untersuchungen an Abendseglern im Bereich des Ebersberger Forstes bei München bestätigen. Durch eine mittels kleiner Radiosender verfeinerte Beobachtungstechnik wies er noch einen weiteren nächtlichen Jagdflug für Abendsegler nach. Während an der ersten und dritten Aktivitätsperiode meist alle Tiere gleichzeitig teilnahmen, schienen sie sich für die „Mitternachtsjagd" geradezu abzusprechen. Hier waren abwechselnd immer nur einige Insektenjäger auf Beutezug unterwegs, wodurch die innerartliche Konkurrenz gering blieb. Extrem hohe (250 bis 500 Meter) beziehungsweise weite (bis zu 26 Kilometer) Flüge der Abendsegler in der Zeit von Mitte August bis Mitte September führt FRITZ KRONWITTER auf die Jagd nach ziehenden Wanderinsekten zurück. Auch über einer Hausmülldeponie im Ebersberger Forst jagten die Großen Abendsegler kurzzeitig. Bis zu 60 Tiere erbeuteten dort vor allem Heimchen.

Der Große Abendsegler (Nyctalus noctula) demonstriert eindrucksvoll, daß er mit seinem insektenfresserähnlichen Gebiß kräftig zubeißen und selbst feste Chitinpanzer knacken kann.

Die Zwergfledermaus – klein und wendig

Mit einer Spannweite von 20 Zentimetern ist die Zwergfledermaus (*Pipistrellus pipistrellus*) unsere kleinste einheimische Art. Sie verläßt ihr Tagesschlafquartier manchmal noch bei Sonnenschein oder schon bald nach Sonnenuntergang. Gern jagt sie an Gewässern mit ausgedehnter Ufervegetation in einer Höhe von zwei bis sechs Metern. Halsbrecherische Flugmanöver sind sehr typisch. Mit Dutzenden von Wendungen und Schleifen auf engstem Raum flattert die Zwergfledermaus oftmals für Minuten am selben Ort hin und her. Im schnellen und wendigen Flug werden so kleine und kleinste Flugräume unter überhängender Ufervegetation und Brücken genutzt. Wer jagende Zwergfledermäuse beobachten will, stellt sich am besten unter die ausladenden Äste von Uferbäumen und leuchtet mit einer starken Taschenlampe in Kopfhöhe parallel dem Ufer entlang. Schon bald schwirren dem Beobachter die Zwerge um den Kopf – man steht in ihrer gewohnten Flugbahn. Wenn man dann auch noch mit den Armen herumfuchtelt, wird man von der Zwergfledermaus von allen Seiten kritisch „beobachtet" (oder besser: beschallt!). Außerdem beginnt der

Zwerg oft lautstark und unmißverständlich zu schimpfen, was wohl „hau ab!" bedeuten soll.
Die Verteilung der Insekten hängt stark von den lokalen Windverhältnissen ab. Deswegen sind Strukturen, welche Windschatten bewirken, für jagende Zwergfledermäuse von großer Bedeutung. Sie jagt entlang von Sträuchern und Baumkronen. Zudem trifft man sie am Waldrand und in den Freiräumen waldrandnaher Straßen.
Im Siedlungsraum jagt sie oft Insekten, die sich im Schein von Straßenlampen sammeln. Im unermüdlichen Schwirrflug, immer und immer wieder um die Lampe kreisend, räumt sie das reichhaltige Buffet ab. In südlichen Ländern prägen Zwerg- und nah verwandte Weißrandfledermäuse (*Pipistrellus kuhli*) das Bild von jagenden Fledermäusen in Dörfern und Städten. Oftmals nach einem starren räumlichen und zeitlichen Muster suchen die Zwergfledermäuse in kleinen Gruppen verschiedene Jagdgebiete im Laufe einer Nacht auf. Dabei entfernen sich die Tiere bis zu fünf Kilometer von ihrem Tagesschlafversteck.

Die Insekten werden direkt mit dem Mund gegriffen, bei größerer Beute dient die nach vorn geklappte Schwanzflughaut als Tasche. Die Flügel werden aber auch geschickt als Kescher eingesetzt. Schließlich kann ein „Häppchen" sogar Richtung Mund geschnipst werden (nach SCHOBER *1983).*

Die Rauhhautfledermaus – bedächtiger Patrouillenjäger

Die Rauhhautfledermaus (*Pipistrellus nathusii*) verläßt das Tagesschlafversteck erst nach Einbruch der Dämmerung. Sie ist breitflügeliger und größer als die Zwergfledermaus. Die Unterschiede sind jedoch zu gering, um beide Arten im Flug unterscheiden zu können. Die breiteren Flügel haben auf das Jagdverhalten dennoch einen entscheidenden Einfluß – sie befähigen die Rauhhautfledermaus zum langsamen und ruhigen Flug.
Weil sie spät ausfliegt, meist nur in geringer Zahl im Jagdgebiet auftritt, zudem ruhig und der Oberflächenstruktur folgend fliegt, ist die Rauhhautfledermaus viel schwieriger als Abendsegler und Zwergfledermaus zu beobachten.
Im Gegensatz zu der nah verwandten Zwergfledermaus jagt die Rauhhautfledermaus nicht auf engem Raum, sondern entlang von Vegetationsstrukturen wie Hekken, Baumalleen und Waldrändern. Meist fliegt sie dabei in einer Höhe von drei bis sieben Metern über dem Boden, nahe an den Pflanzen, ruhig und geradlinig. Ein solches Jagdgebiet ist mehrere Dutzend oder mehrere hundert Meter lang. Man kann die Rauhhautfledermaus darum als Patrouillenjäger bezeichnen.
Nun wird auch klar, warum niemals viele Individuen gleichzeitig an einem Ort erscheinen. Oft jagt jedes Tier für sich allein. Bleibt man geduldig an einem Waldrand oder einer Hecke stehen und leuchtet mit einer Taschenlampe entlang der Vegetation, so taucht eine jagende Rauhhautfledermaus plötzlich auf, fliegt über den Beobachter hinweg und verschwindet wieder. Doch wenn man sich umdreht und wartet, wird bald dasselbe Tier zurückkehren und erneut in die andere Richtung verschwinden. Obwohl fast ausschließlich im Flug gejagt wird, lassen kurze Anflüge an die Vegetation vermuten, daß sie die Beute auch von Blättern abliest.

Die Wasserfledermaus – Tiefflieger über stillen Wassern

Mit einem Nachtsichtgerät beobachtete ELISABETH KALKO am Altrhein bei Illingen das Jagdverhalten der Wasserfledermaus (*Myotis daubentoni*). Mit Hilfe einer raffiniert ausgeklügelten Mehrfachblitzeinrichtung hielt sie deren Beutezüge als Bildfolge fest. Die mittelgroße, breitflügelige Wasserfledermaus verläßt ihr Tagesschlafquartier erst bei vollkommener Dunkelheit und steuert entlang fester Flugstrecken, die sich an Strukturen orientieren, ihre Jagdgebiete an. Dabei bevorzugt sie stehende oder langsamfließende Gewässer. Direkt über der Wasseroberfläche patrouillieren die Wasserfledermäuse über einen bestimmten Zeitraum eine Jagdstrecke kontinuierlich auf und ab, um diese abzusuchen. Die Flugbahnen laufen oft parallel zur Uferlinie, kleine Erweiterungen der Wasserfläche werden zum Wenden benutzt. Wo mehrere Tiere gleichzeitig in größeren Gebieten jagen, konnte ELISABETH KALKO auch Ausweichmanöver und gegenseitige Verfolgungen beobachten. Den Hauptanteil der Wasserfledermausbeute stellen dämmerungs- und nachtaktive Insekten, die an das Wasser gebunden sind und in hoher Dichte auftreten: Eintagsfliegen, Köcherfliegen und verschiedene Mücken.

Im Tiefflug keschert die Wasserfledermaus die Beuteinsekten ausschließlich mit der Schwanzflughaut. Eine solche Jagdsequenz besteht darin, daß die Fledermaus zunächst anfliegt, dann das Insekt mit der heruntergeklappten Schwanzflughaut fängt und sich danach zusammenrollt, um die Beute zu fressen. Zuletzt kehrt sie in den Suchflug zurück.

Bei Hochfängen setzt die Wasserfledermaus nach dem Orten eines über ihr fliegenden Insektes entweder zu einem steilen oder mehr bogenförmig verlaufenden Hochflug an. Ist das Beuteinsekt erreicht, wird es entweder wie im Tieffang allein mit der Schwanzflughaut oder unter Zuhilfenahme eines Flügels gefangen. Wahrscheinlich wird die Beute anschließend über den Flügel in die Schwanzflughaut geleitet. Sie holt das Insekt heraus, indem sie sich, wie beim Tieffang, im Fluge zusammenrollt. Das alles geschieht rasend schnell. Die Dauer einer normalen Fanghandlung vom Herunterklappen der Schwanzflughaut bis zum erneuten Ausstrecken des Tieres aus dem Stadium des Einrollens berechnete ELISABETH KALKO mit 150 bis 200 Millisekunden. Auch für das Fressen vergeudet die Wasserfledermaus keine Zeit. Sofort im Fluge verzehrt sie die Insekten.

Wie eng die Wasserfledermaus bei der Jagd an das Medium Wasser gebunden ist, zeigen Messungen der Flug- und Fanghöhen. Beim ungestörten Suchflug bewegen sich die Wasserfledermäuse rund 15 Zentimeter über dem Wasser, um beim Tieffang auf drei Zentimeter abzusinken. Hochfänge tätigen sie zwischen 40 Zentimeter und einem Meter über dem nassen Element.

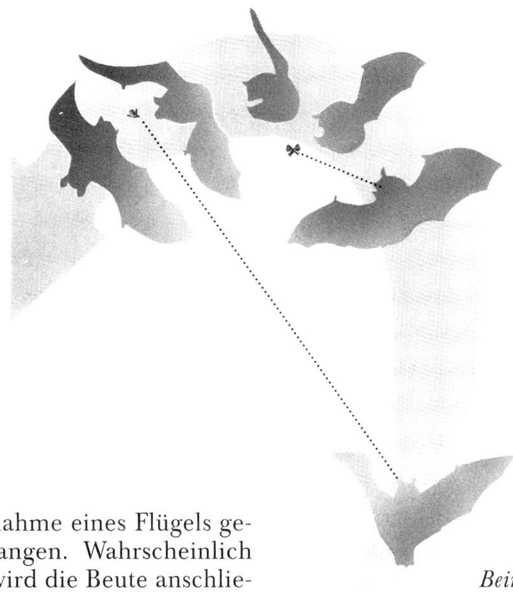

Beim Hochfang ortet die Wasserfledermaus (Myotis daubentoni) ein höher fliegendes Insekt, fängt es mit der Schwanzflughaut, rollt sich bis zur Beuteentnahme ein, um sich dann wieder auf den nächsten Bissen einzufliegen (nach KALKO 1987).

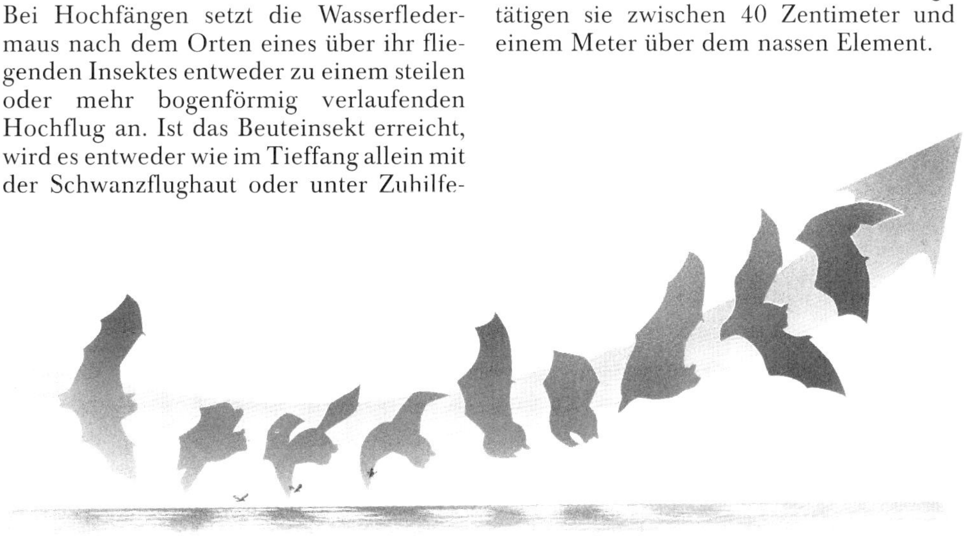

Jagdsequenz einer Wasserfledermaus (Myotis daubentoni) im Tiefflug (nach KALKO 1987).

„Ansitzjäger" Große Hufeisennase (Rhinolophus ferrumequinum, oben): An einem Ästchen oder Felsvorsprung unter Vegetationstunnels hängend, ortet sie vorbeifliegende Beute.

Hufeisennasen – Jagderfolg durch Ansitz

Die Ansitzjagd scheinen mehrere Vertreter der Hufeisennasen zu beherrschen. Während man diese Jagdstrategie für unsere Kleine Hufeisennase (*Rhinolophus hipposideros*) vermutet, ist sie für die Große Hufeisennase (*Rhinolophus ferrumequinum*) und für eine asiatische Art (*Rhinolophus rouxi*) auf Ceylon belegt. Natürlich „sitzen" die Tiere nicht eigentlich an, sondern klammern sich an kleine Zweige meist unter überhängender Vegetation. Auf diesen Zwangswechseln werden durch Körper- und Kopfdrehungen vorbeifliegende Beuteinsekten geortet. Weil sie ebenso wie unsere Fliegenschnäpper nach dem Fangerfolg meist an denselben Zweig zurückkehren, hat sich für die Jagdmethode auf Hufeisennasenart der Begriff Fliegenschnäpperstil eingebürgert.

Die Wimperfledermaus – Kunstflieger in Strauchwerk und Kuhstall

Wie flexibel eine einzelne Fledermausart das Beuteangebot nutzen kann, zeigen unsere Untersuchungen an einer der wenigen in Deutschland nachgewiesenen Wochenstubenkolonien der Wimperfledermaus (*Myotis emarginatus*). Von dieser wärmeliebenden Art sind bei uns derzeit nur acht Wochenstubenkolonien bekannt, sechs davon liegen im klimatisch begünstigten Chiemgau in Oberbayern. Die dazugehörige, rund 100 Tiere umfassende Wochenstubenkolonie im oberbayerischen Dettendorf war der erste Wochenstubenwiederfund in Bayern. 24 Jahre zuvor hatte die erste in Deutschland auf dem Dachboden von Schloß Herrenchiemsee entdeckte Wimperfledermaus-Wochenstube ihr Quartier infolge eines Balkenanstriches gegen Brandgefahr aufgegeben. Entdeckt worden war sie durch das Forscherehepaar Brigitte und Willi Issel.

Dorothea Krull und Alfred Schumm haben das Jagdverhalten der Dettendorfer Wimperfledermäuse eingehend untersucht.

Bis zu zwei Stunden, nachdem die Wimperfledermäuse ausgeflogen waren, konnten die Forscher sie in einem Umkreis von rund 500 Metern um ihr Quartier, eine Dorfkirche, beobachten. Die Tiere flogen aus Richtung Kirche an, jagten wenige Minu-

Als „Patrouillenjäger" fliegt die Rauhhautfledermaus (Pipistrellus nathusii, rechts) gern entlang von Baumalleen, Waldrändern und Heckenstrukturen.

ten ohne Unterbrechung im Beobachtungsgebiet, um dann in vom Quartier weiter entfernte Jagdgebiete zu fliegen. Die kurz bejagten, leicht überschaubaren Areale werden „Zwischenjagdgebiete" genannt. Maximal jagten drei Tiere gleichzeitig in einem Zwischenjagdgebiet, wobei die mittlere Jagddauer eine bis fünf Minuten betrug.

Direkt im oder auch am Blattwerk fing die Wimperfledermaus fliegende, vor allem aber auch auf Blättern, Nadeln und Zweigen sitzende Gliedertiere, wie Fliegen, Netzflügler und Spinnen. Die Jagdhöhe richtete sich nach der Höhe der Vegetation, die Tiere bejagten lediglich die obere Hälfte der Vegetation. Sitzende Beute wurde durch sogenanntes „Gleaning"-Verhalten gefangen. Dabei flogen die Wimperfledermäuse ständig Blätter und Zweige aus kurzer Distanz an (wenige Zentimeter bis einen Meter) oder flogen entlang der Vegetation, um dann rüttelnd in der Luft zu verharren und die Beute dabei „abzupflükken". Auch im Blattwerk konnten diese Flugakrobaten verschwinden, und selbst der „Fliegenschnäpperstil" Marke Hufeisennase war ihnen nicht unbekannt.

Über einem offenen Hof, in dessen Mitte eine flache Mistgrube eingelassen ist, jagten die Wimperfledermäuse fliegende Insekten in kreisenden Flügen von drei bis fünf Metern Radius und einen bis vier Meter über dem Boden. Die Mistgrube ist beispielhaft für ein offenes, hindernisfreies Jagdgebiet und das stereotype Jagdverhalten kennzeichnend für eine solche Biotopstruktur. Auch im Bereich des Dorf friedhofs sowie über Straßen und Wiesenflächen jagten die Wimperfledermäuse in gleicher Weise, wobei sich die Flugrouten nach den Jagdgebieten richteten und nicht immer kreisförmig waren.

Die Große Hufeisennase folgt bei der Ansitzjagd durch Körper- oder Kopfdrehungen ihrer Beute. Wenn ihr das Echo ihrer Ortungslaute Genießbarkeit signalisiert, hat sich's für den Falter fast immer ausgeflattert.

Jagd überm Vieh

Daß Wimperfledermäuse in einem niederen, verwinkelten Kuhstall, der durch Säulen, Deckenbalken und Viehboxen aufgeteilt ist, fliegende und an der Decke sitzende Beute jagten, verblüffte unsere Arbeitsgruppe am meisten. Neben Spinnen saßen vor allem Fliegen in großer Zahl an der rauhen Stalldecke. ALFRED SCHUMM konnte bis zu 40 Fliegen und 400 Fruchtfliegen pro Quadratmeter Stalldecke zählen. Nachdem die Rauchschwalben im Stall ihre Beuteflüge eingestellt und sich zum Schlafen in ihre Nester zurückgezogen hatten, kehrte für das Fliegenvolk keineswegs Ruhe ein. Während der Dämmerung bewegten sich die Fliegen an der Stalldecke, um zu kopulieren, dabei war ein deutliches Fliegengesurre zu hören. Erst in vollständiger

Wimperfledermäuse (Myotis emarginatus). Nach dem Ausflug aus ihrem Quartier fliegen sie Bäume und Büsche an (**1**). *Sie jagen die Beute durch dichtes Fliegen an* (**3**) *oder auch in die Vegetation* (**5**). *Pendelflüge* (**4**) *wie im Stall sind ebenso zu beobachten wie ein Rüttelflug vor dem Blattwerk* (**6**). *Eine weitere Jagdstrategie ist die Ansitzjagd* (**2**) *im Stile der Hufeisennasen (nach* SCHUMM *1988).*

Über der Mistgrube fangen die Wimperfledermäuse ihre Beutetiere in ein bis drei Meter hohen Kreisflügen. Zwischendurch wird entlang der Stallwand gejagt.

Dunkelheit verharrten sie regungslos und lethargisch an Dekke und Balken. Schon in der Dämmerung tauchten die ersten Wimperfledermäuse im Stall auf. Die Nachtjäger flogen in wiederholten Pendelflügen die Decke oder die Balken an, „pflückten“ dort sitzende Fliegen und Spinnen ab und flogen sofort wieder davon. Nur selten hängten sie sich kurz an oder machten gar längere Flugpausen. Eine zweite Strategie im Stall war der kreisende Jagdflug auf fliegende Beute. Während der eigentlichen Fangaktion brachen die Tiere aus ihrer gleichförmigen Bahn aus, die einen Radius von etwa anderhalb bis drei Meter hatte und bevorzugt unter der Decke verlief. Manche Tiere zeigten beide Jagdstrategien, andere ausschließlich eine Verhaltensweise. Bei weitem häufiger jagten die Wimperfledermäuse in Pendelflügen. Ein einziges Mal konnte ein Tier im Rüttelflug vor einem Stützpfeiler beobachtet werden.

Ausweichquartiere und Jagdstrategien

Die räumlich weiter entfernten Jagdgebiete unserer Wimperfledermäuse liegen in Waldgebieten, die von zahlreichen Bächen

Im Kuhstall pflücken die Wimperfledermäuse im Pendelflug ruhende Stall- und Fruchtfliegen von der Decke ab (vorn) oder ergreifen die fliegenden Beutetiere aus der Luft (hinten) bei ihren Kreisflügen unter der Stalldecke.

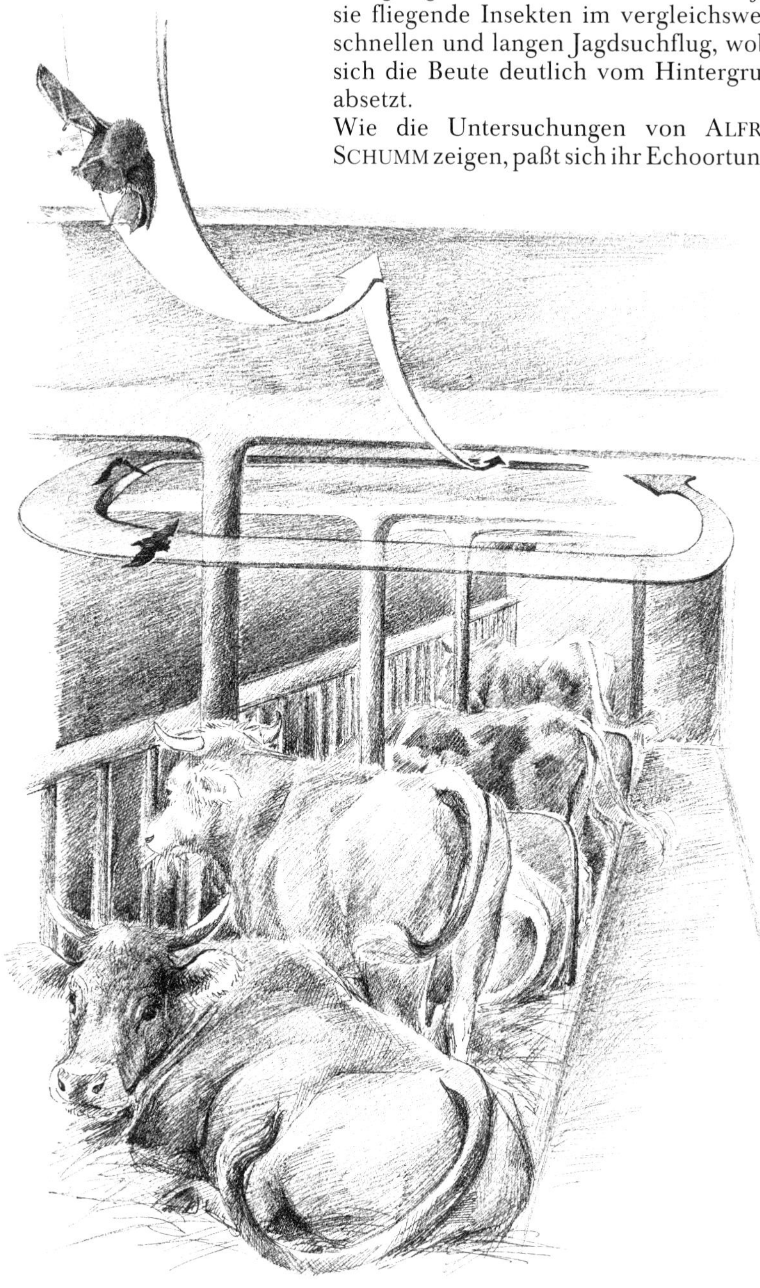

durchzogen sind und sich vor allem durch Vegetationsränder auszeichnen. Während säugende Weibchen oft bald wieder ins Wochenstubenquartier zurückflogen, suchten manche Tiere auch hohle Bäume und Gebäude als Ausweichquartiere im Jagdgebiet auf. Ein vorübergehender Aufenthalt in den 2,5 bis 10,5 Kilometer vom Koloniequartier liegenden Ausweichquartieren half den Fledermäusen sicherlich, Energie einzusparen.

Bemerkenswert sind die beiden völlig unterschiedlichen Jagdstrategien einer einzigen Fledermausart. Zum einen sucht die Wimperfledermaus eine sitzende Beute auf strukturiertem, teilweise unruhigem (durch zum Beispiel Blattbewegungen) Hintergrund. Der Flug ist langsam und die zurückgelegte Strecke kurz. Zum anderen jagt sie fliegende Insekten im vergleichsweise schnellen und langen Jagdsuchflug, wobei sich die Beute deutlich vom Hintergrund absetzt.

Wie die Untersuchungen von ALFRED SCHUMM zeigen, paßt sich ihr Echoortungssystem den unterschiedlichen ökologischen Gegebenheiten an. Der Informationsgehalt im Echo, der Beutefang und der hierfür nötige Energieverbrauch können optimiert werden.

Aufteilung des Luftraumes vermeidet Konkurrenz

In Südindien untersuchte JÖRG HABERSETZER die ökologische Einnischung von neun Fledermausarten. Dort halten sich die Ägyptische Bulldogg-Fledermaus (*Tadarida aegyptiaca*) und zwei Grabflattererarten (*Taphozous kachhensis* und *Taphozous melanopogon*) im offenen Luftraum hoch über den Baumwipfeln auf, wo sie in rasanter Jagd oft weite Strecken zurücklegen. Ebenso im Luftraum, aber meist in etwas geringerer Höhe, jagt eine Klappnasenart (*Rhinopoma hardwickei*). Die Jagdgebiete der beiden indischen Zwergfledermausarten *Pipistrellus dormeri* und *Pipistrellus mimus* liegen noch wesentlich tiefer. Die Rundblattnasenarten *Hipposideros speoris* und *Hipposideros bicolor* sind dagegen fast nur in der Nähe von dichter Vegetation oder nahe an anderen Objekten wie Mauern und Gebäuden anzutreffen. Dabei jagt die kleinere von beiden (*Hipposideros bicolor*) auch mitten im Gebüsch und nimmt sogar Beute vom Boden auf. Ein echter Bodenjäger schließlich ist der indische Falsche Vampir (*Megaderma lyra*). Sein Beutespektrum umfaßt neben großen Insekten und Vögeln auch kleine Fische, Mäuse und Ratten.

Ähnlich wie es HABERSETZER bei den indischen, in einem Gebiet lebenden Fledermäusen versuchte, hat DOROTHEA KRULL für einheimische Insektenjäger ein Schema erstellt, das die mögliche Aufteilung von verschiedenen Jagdgebieten in Kombination mit den Jagdstrategien widerspiegelt. Es umfaßt sieben der insgesamt dreizehn in unserem Untersuchungsgebiet bei Rosenheim vorkommenden Arten. Drei Gruppen lassen sich dabei unterscheiden. Über oder knapp unterhalb der Baumkronen und im freien Luftraum jagt der Große Abendsegler (*Nyctalus noctula*). Diesen Jagdbereich in großer Höhe verläßt er nur selten und dann nur kurzfristig. Auch die Wasserfledermaus (*Myotis daubentoni*) kann als Jäger des freien Luftraumes angesehen werden, sie hat ihr Jagdgebiet meist über offenen Wasserflächen, allerdings in sehr niedriger Höhe. Zwergfledermäuse (*Pipistrellus pipistrellus*) jagen außerhalb der Vegetation, orientieren sich dabei aber stark an Randstrukturen und umschwirren auch Straßenlaternen. Als echter „Generalist“, ob im Wald, am Waldrand oder über Wasser, ist die Kleine Bartfledermaus (*Myotis mystacinus*) überall zu finden. Sie fliegt in fast allen Höhenstufen und hält sich oft auch an Randstrukturen, um dort auf festgelegte Weise zu jagen. Während alle oben erwähnten Arten ihre Beute ausschließlich im Flug fangen, ist die Jagdstrategie des Großen Mausohrs (*Myotis myotis*) noch unklar. Bisher war die Meinung verbreitet, daß das Große Mausohr im Wald als „Ansitzjäger“ überwiegend Laufkäfer vom Boden erbeutet, wofür auch Kotanalysen sprechen. Die Telemetrieergebnisse unserer Mitarbeiterin DORIS AUDET weisen aber auf ein anderes Jagdverhalten hin. Zwar jagten Große Mausohren überwiegend in Waldgebieten, doch zeigten sie während der Jagdphasen ständige Flugaktivitäten, was gegen den hängenden „Ansitzjäger“ spricht.

Die dritte Gruppe von Fledermäusen jagt sehr dicht an und in der Vegetation („Gleaning“). Da die Wimperfledermaus (*Myotis emarginatus*) zu den „Gleanern“ gerechnet werden muß, besteht Konkurrenz zu den im gleichen Gebiet vorkommenden Braunen Langohren (*Plecotus auritus*) und Fransenfledermäusen (*Myotis nattereri*), die ebenfalls Insekten von Oberflächen abpflücken. Dieser Konkurrenz entgehen die Wimperfledermäuse dadurch, daß sie nur in bestimmten, allein von ihnen bevorzugten Höhen jagen. Sie haben zudem ein anderes Beutespektrum (vor allem Fliegen [Brachyura], Spinnen [Araneida] und Netzflügler [Planipennia] im Gegensatz zu Faltern [Lepidoptera] als Beute von Langohren, Käfern [Coleoptera] und Fliegen als der von Fransenfledermäusen) und die Fähigkeit zur opportunistischen Jagd im freien Luftraum.

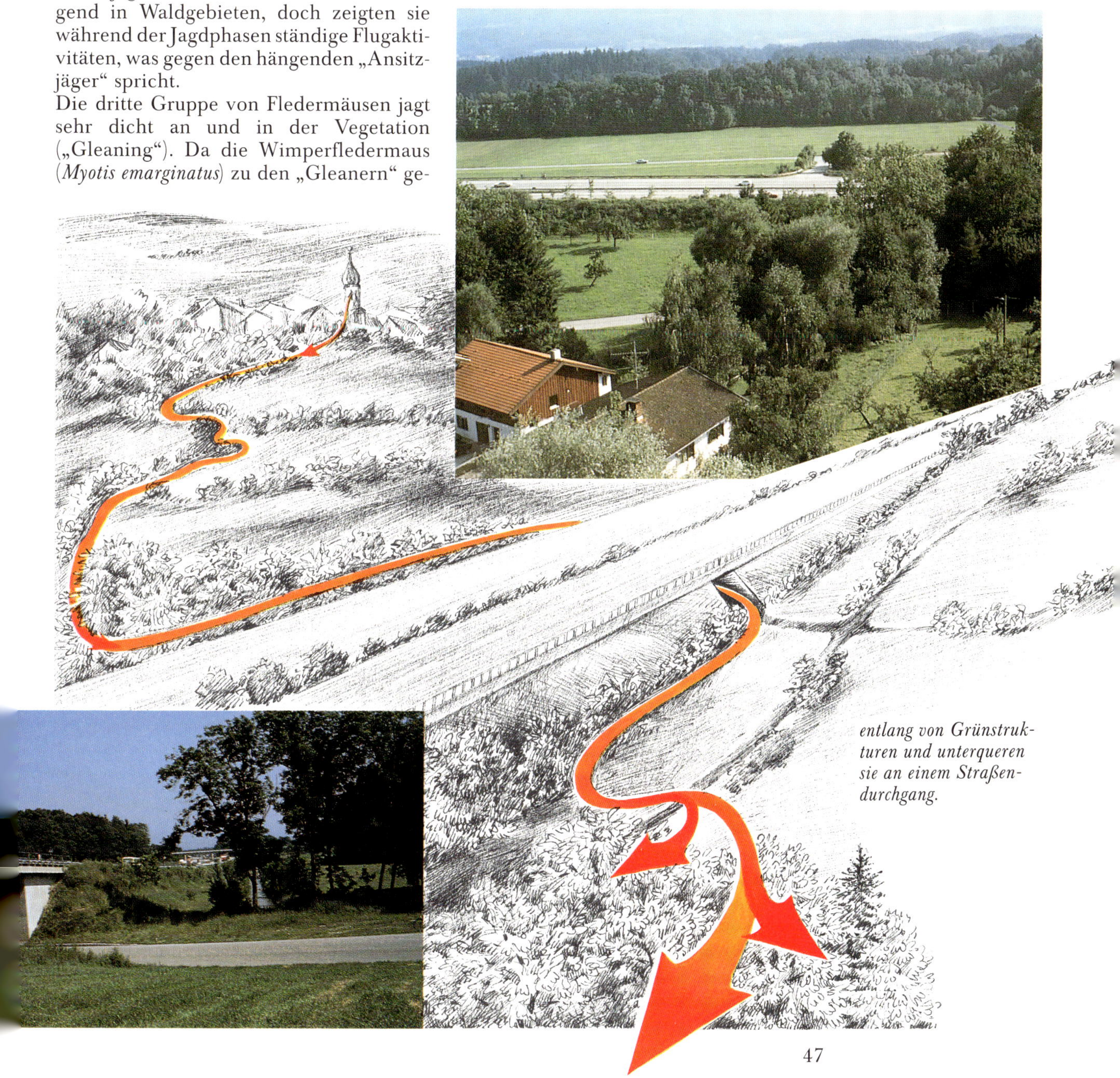

Jagdgebiete einer Wimperfledermaus-Wochenstubenkolonie (Myotis emarginatus) in Oberbayern. Die Streuobstwiesen, Hofbäume und landwirtschaftlichen Anwesen (Mistgruben, Ställe) werden als Zwischenjagdgebiete genutzt. Hauptjagdgebiete sind Wälder südlich der Autobahn. Um diese zu erreichen, überqueren die Wimperfledermäuse nicht einfach die Autobahn. Sie nehmen Umwege in Kauf, fliegen entlang von Grünstrukturen und unterqueren sie an einem Straßendurchgang.

DIE TRICKS DER BEUTETIERE BEI DER FEINDVERMEIDUNG

Spezielle Hörorgane (Tympanal-organe) sprechen bei einigen Nachtfaltern (hier Vivienna moma) und Florfliegen auf die Ultra-schallrufe ihrer Verfolger an. Der gezielte Absturz mit „Abtauchen“ in die Vegetation verlängert manches Falterleben.

Ganz ohne Widerstand lassen sich die Insekten nicht von Fledermäusen verspeisen. Während die Insektenjäger im Laufe ihrer Evolution die Jagdstrategien immer mehr verfeinerten, haben auch die Beutetiere in vielfältiger Weise Methoden entwickelt, die sie vor Nachstellungen schützen. So können Florfliegen und einige Nachtfalterarten mit Hilfe spezieller Gehörorgane die Ultraschallrufe der Fledermäuse wahrnehmen. Ist ein Feind in Hörweite, versuchen sie Haken schlagend zu entkommen oder lassen sich mit zusammengeklappten Flügeln zu Boden fallen. Aber auch dabei können sie von ihren Jägern ausgetrickst werden, indem manche Fledermausarten höhere Ortungsfrequenzen benutzen, als die Insekten empfangen können.

Andere Nachtfalter, wie zum Beispiel schlecht schmeckende Bärenspinnerarten, signalisieren ihren Verfolgern durch Klicklaute, daß sie ungenießbar sind. Das akustische Warnsignal hat die gleiche Bedeutung wie die Warnfarben mancher tagaktiver Insekten, die an die Vögel als Freßfeinde adressiert sind. Schließlich hätte ein Bärenspinner wenig davon, zunächst von der Fledermaus gefangen, totgebissen und erst dann ausgespien zu werden. Andere Falter treten mit ihren selbsterzeugten Ultraschallsignalen als Störsender auf und können so die echoortenden Insektenjäger verwirren. Doch auch da haben die Nachtjäger wieder eigene Tricks auf Lager. Ähnlich wie der indische Falsche Vampir (*Megaderma lyra*) offenbar seine Beute allein durch ihre Lautäußerungen lokalisieren und fangen kann, sind wohl die langohrigsten Vertreter einer Reihe von Fledermausfamilien ebenso in der Lage, die Verständigungssignale der Beutetiere zu belauschen und zu erlernen.

Zumindest die Laubheuschrecken in Panama haben auf dieses „Feind hört mit“ schon reagiert. Die Männchen verzichten auf ihren verräterischen Werbegesang und machen sich statt dessen durch Körpervibrationen bemerkbar. Diese breiten sich über Pflanzen bis zur Partnerin aus, ohne daß die jagenden Fledermäuse etwas davon merken.

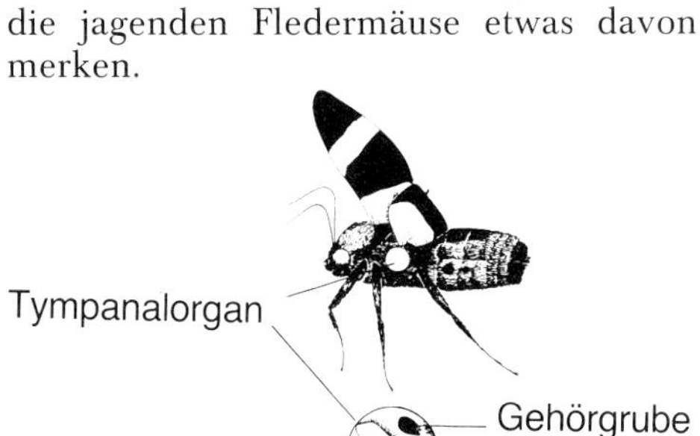

Rechts: Lage und morphologischer Aufbau des Tympanalorgans von Vivienna moma, einem Nachtfalter (aus Hill & Smith *1984).*

D'Orbignys Rundohren-Fledermaus (Tonatia sylvicola) mit Heuschreckenbeute. Sie lebt im panamesischen Regenwald und spürt ihre Beutetiere durch „Abhören" ihrer Werbegesänge auf.

JÄGER AUF FLEISCH UND FISCH

Weniger als ein Prozent aller Fledermausarten machen Jagd auf kleine Landwirbeltiere. Zwei Arten Falscher Vampire aus der Familie der Großblattnasen (Megadermatidae), *Megaderma lyra* (Indien und Südostasien) und die Gespensterfledermaus *Macroderma gigas* (Australien), jagen und fressen regelmäßig kleine Nagetiere, Vögel, Frösche oder Eidechsen und sogar andere kleine Fledermäuse. Aus der Familie der Neuwelt-Blattnasen (Phyllostomidae) sind *Phyllostomus hastatus*, *Vampyrum spectrum*, *Trachops cirrhosus* und *Chrotopterus auritus* als Fleischfresser bekannt. Ähnlich den Großblattnasen ernähren sich diese vier Arten von kleinen Wirbeltieren, nehmen aber auch in unterschiedlichem Maße Insekten und Früchte zu sich. Alle Wirbeltierjäger sind auffallend groß und müssen zu den „Riesen" unter den Fledermausarten gezählt werden. Die in Südamerika beheimatete Große Spießblattnase (*Vampyrum spectrum*) ist mit einer Flügelspannweite von fast einem Meter die größte Fledermaus der Welt. Die Gespensterfledermaus (*Macroderma*

Die australische Gespensterfledermaus (Macroderma gigas) reagiert als Lauschjäger hochsensibel auf leiseste Geräusche ihrer Wirbeltierbeute (Kleinsäuger einschließlich Fledermäuse und Vögel).

gigas) ist die größte Fledermaus der Alten Welt. Sie lebt in den Halbtrockengebieten vor allem im Nordosten Australiens. Ihr Jagdgebiet sucht sie mit Echoortung und wohl auch mit Hilfe ihrer großen Augen ab. Im Zoologischen Institut der Universität Tübingen hält der Fledermausforscher ERWIN KULZER seit über 17 Jahren zwei dieser interessanten Tiere. Als Nahrung erhält jede fast täglich eine Maus. In ihrer Tübinger Zeit haben die beiden Gespensterfledermäuse demnach mehr als 10 000 Labormäuse verspeist. Gespensterfledermäuse betreiben eine Art „Ansitzjagd“. Sie fliegen nur, wenn ein Jagderfolg in „Hörweite” ist. ERWIN KULZER (1988) schildert sehr spannend eine solche Mäusejagd: „Selbst leise Geräusche, die von einer Maus am Boden verursacht werden, erregen bei diesen Fledermäusen höchste Aufmerksamkeit. Sie drehen dann die gewaltigen Ohrmuscheln zur Geräuschquelle hin. Ist die vermeintliche Beute noch zu weit entfernt, so fliegen die Fledermäuse erst in eine bessere Ausgangsstellung; oft nur einen Meter von dem Opfer entfernt. Von hier aus wird die Beute erneut „behorcht“. Jetzt lassen sich auch deutlich die Echoortungslaute nachweisen, die genau auf das Beutetier gerichtet sind. Sie kennen ihre Beute ganz genau und lassen sich keinesfalls von Attrappen täuschen. Geradezu hektisch und erregt werden die Fledermäuse, wenn sie irgendwo die Verlassenheitsrufe junger Mäuse hören. Diese liegen im Ultraschallbereich und sind für unser Ohr normalerweise unhörbar. Um über den genauen Standort einer Beute Klarheit zu bekommen, fliegt *Macroderma* auch in die unmittelbare Nähe. Sie verharrt dabei sekundenlang im Rüttelflug nur 20 bis 30 Zentimeter darüber. Bei folgendem Anflug gelingt ihr dann ein sicherer Fang, der sich in Bruchteilen einer Sekunde abspielt. Im Sturzflug richtet die Fledermaus ihre Flügel wie eine Glocke über die Beute und landet auf ihr. Der Kontakt zwischen den Flügeln und der Beute ist wichtig, denn erst danach erfolgt der gezielte tödliche Biß in den Nacken oder in die Kehle. Gelegentlich wird sie aber auch im Nacken gepackt und im Flug weggetragen. In diesem Fall wird sie sofort nach der Landung durch mehrere Kopfbisse getötet. Am Landeplatz wird die Beute mit Haut und Haaren verspeist. Die Backenzähne und Kiefer dieser Fledermäuse müssen die Kraft einer Gartenschere besitzen, um Stück um Stück von der Beute abzuschneiden. Das Bersten der Knochen ist dabei deutlich zu hören. Auch die Verdauungskraft der Magensäfte muß gewaltig sein, denn außer den Krallen und Zähnen der Maus, auch einigen starken Wirbeln, erscheinen keine Knochen mehr im Kot. Diese Reste sind dicht eingepackt von den ebenso unverdaulichen Haaren.“

Wie auch bei den insektenfressenden Fledermäusen geben uns die Hinterlassenschaften an den Freßplätzen Auskunft über die Ernährungsgewohnheiten dieser heimlichen Jäger. Ob auch Flughunde gelegentlich zu Fleischfressern werden, ist noch ungeklärt. Der fruchtfressende Hammerkopf-Flughund (*Hypsignatus monstrosus*) aus West- und Zentralafrika verspeist angeblich weggeworfene tote Vögel und soll gelegentlich auch Küken töten.

Auch die in vieler Hinsicht ungewöhnliche Neuseeland-Fledermaus (*Mystacina tuberculata*) wurde schon beim Fressen toter Vogelkörper beobachtet. Vermutlich ist das Aas für diese Art im Winter eine zusätzliche Futterquelle.

Welche fazinierenden Beziehungen sich zwischen Räuber und Beute entwickeln können, zeigte der amerikanische Fledermausforscher und -schützer MERLIN D. TUTTLE an der froschfressenden Blattnase *Trachops cirrhosus.* Diese Fledermaus jagt im tropischen Südamerika Frösche, die sie an ihrem Gesang während der Fortpflanzungszeit erkennt. Um Weibchen anzulokken, müssen die Froschmännchen ihr Froschkonzert anstimmen. Am Liebesgesang erkannt und womöglich schon vor dem Liebesakt gefressen zu werden ist aber ein hoher Preis für Minnedienste. Alle scheinbar einfachen Lösungen, wie Gesangswechsel, unregelmäßiges Rufen oder nur aus einem sicheren Versteck heraus werben, haben einen entscheidenden Nachteil: Jetzt wird der Werber zwar nicht mehr so häufig gefressen, von seinem Weibchen aber leider nur noch schlecht oder gar nicht mehr gefunden. Da ist eine andere Methode wesentlich trickreicher. Fledermäuse können sehr wohl die genießbaren Frösche von den im selben Lebensraum vorkommenden giftigen Kröten an deren Ruf unterscheiden. Deshalb ahmen manche Beuteopfer einfach die „giftigen“ Krötenlaute nach und bleiben so ungeschoren. Eine andere Taktik ist das schlagartige Verstummen beim Auftauchen der Nachtjäger. Woran die Frösche die anfliegenden Fledermäuse erkennen, ist allerdings noch unbekannt. Trotz aller Tricks braucht *Trachops cirrhosus* nicht zu hungern. Schließlich gibt es immer noch genug unvorsichtige Liebhaber.

Die Fledermausfischer

Einige wenige Fledermausarten erbeuten sogar Fische. Die zwei bekanntesten Fischfresser leben in den Tropen und Subtropen der Neuen Welt. Während die Große Hasenmaul-Fledermaus (*Noctilio leporinus*) Süßwasserfische jagt, fischt die zur Familie der Glattnasen zählende *Pizonyx vivesi* in stillen Lagunen des Golfes von Kalifornien nach Meeresfischen. Auch eine *Myotis*-Art im Fernen Osten hat sich auf Fischfang spezialisiert.

Obwohl man schon seit fast hundert Jahren vermutet, daß das Große Hasenmaul Fische fängt, bestand unter den Zoologen lange der Meinungsstreit, wie die Fledermäuse ihre Fische finden und fangen. Erst die Untersuchungen von Prentice Bloedel in den fünfziger Jahren in Panama mit Film- und Fotodokumenten brachten Klarheit. Die dicht über der Wasseroberfläche fliegenden Tiere bemerken die Fischchen nur mittelbar, indem sie die winzigen Oberflächenwellen oder die Unregelmäßigkeiten der Wasseroberfläche echoorten. Wird ein Fisch auf diese Weise erkannt, tauchen die Fledermäuse ihre großen bekrallten Füße wie zwei Enterhaken ins Wasser und spießen damit ihre ahnungslose Beute auf. Flügel und Schwanzflughaut stören bei diesem Manöver nicht. Die Flughaut der schmalen Flügel reicht nur bis zum Knie. Mit Hilfe der kräftigen Spornbeine wird die Schwanzflughaut beim Eintauchen der Füße ins Wasser dicht an die Unterschenkel angelegt. So erscheinen die Füße plötzlich vollständig voneinander getrennt. Sofort führen diese den Fang zum Mund, und noch im Fluge wird die Beute, zumindest bei kleinerem Ausmaß, verzehrt. 30 bis 40 kleine Fischchen können die Jagdbeute einer einzigen Nacht sein. Größere Fische werden von den Fledermäusen allerdings zu einem Freßplatz getragen und dort verzehrt. Die Quartiere des Großen Hasenmauls sind Höhlen oder hohle Bäume. Durch den verräterischen Fischgestank lassen sie sich oft leicht ausfindig machen. Daß *Pizonyx* Meerwasserfische fängt und gelegentlich wohl auch Salzwasser aufnimmt, erfordert besondere physiologische Anpassungen des Nierensystems dieses Fischjägers.

Wie aber wurden Fledermäuse zu Fischern? Möglicherweise haben ihre Vorfahren häufig Insekten von der Wasseroberfläche abgesammelt und dabei hin und wieder auch ein Fischchen geschnappt. Vielleicht ist unsere Wasserfledermaus (*Myotis daubentoni*) solch ein lebendes Beispiel für einen frühen Fischjäger. Immerhin wurden bei Kotanalysen freilebender Wasserfledermäuse schon Fischschuppen und Reste von Kiemenbögen kleinerer Fische gefunden. Auch besitzt die Wasserfledermaus große, mit langen Zehen versehene Füße, die eventuell zum Fischen benutzt werden könnten. Bei ihren Untersuchungen zum Jagdverhalten der Wasserfledermäuse erkannte die Tübinger Zoologin Elisabeth Kalko, daß die Tiere Beuteinsekten hauptsächlich mit der Schwanzflughaut aufnehmen, manchmal auch von der Wasseroberfläche. Der Forscherin scheinen die Masse der Wasserfledermaus zu gering und die Füße des Tieres zu schwach, um Fische mit diesen zu entern. Vor allem aber ist wohl die Schwanzflughaut dabei hinderlich. Sie läßt sich nicht so elegant wie beim Großen Hasenmaul wegklappen und wirkt beim tiefen Eintauchen der Füße vermutlich als Bremse, so daß die Wasserfledermaus die Balance verlieren könnte.

Auf die Froschjagd hat sich die südamerikanische Fledermaus (Trachops cirrhosus) spezialisiert. Sie unterscheidet giftige und eßbare Frösche an ihren Rufen.

Gambianischer Epaulettenflughund (Epomophorus gambianus, rechts) „pflückt" sich eine reife Feige.

Nilflughund (Rousettus aegyptiacus, unten) beim Fruchtverzehr. Sie verzehren nur überreife Früchte und betreiben so – neben ihrem Beitrag zur Verbreitung der Nahrungspflanzen – auch noch eine kostenlose gärtnerische Nachlese.

DIE PFLANZENBESUCHER

Ungefähr 29 Prozent aller Fledertiere sind mit ihrer Ernährung teilweise oder ganz auf Pflanzen angewiesen. Die fliegenden Vegetarier leben mit diesen Pflanzen in einem System wechselseitigen Nutzens. Während sie Nahrung in Form von Nektar, Pollen oder Früchten erhalten, tragen die Fledertiere mit ihrer Beweglichkeit zur Verbreitung der Pflanzen bei, indem sie diese bestäuben und für die Ausbreitung der Samen sorgen.

Mit wenigen Ausnahmen bleiben die Fledertier-Pflanzen-Beziehungen auf tropische und subtropische Regionen begrenzt. Nahezu reine Vegetarier sind alle Angehörigen der Megachiroptera, die mit nur einer Familie, den Flughunden (Pteropodidae), und zahlreichen Arten in der Alten Welt von Afrika bis Australien vorkommen. Wohl eher zufällig fressen sie auch ein paar Insekten mit, die an den Früchten oder Blüten sitzen. Dagegen scheinen die zahlreichen Pflanzenbesucher unter den südamerikanischen Blattnasen (Phyllostomidae) von insektenfressenden Arten abzustammen. Weil viele Insekten gerne an reifen

Die zur südamerikanischen Blattnasen-Familie (Phyllostomidae) zählende Fruchtfledermaus (Artibeus jamaicensis) hat eine reife Feige gepackt, um sie zum Verzehr wegzutragen. Dank dieser Verfrachtungstechnik werden die Feigensamen woanders ausgeschieden und somit verbreitet.

Früchten naschen und ihre Larven zum Teil in Früchten leben, ist es möglich, daß Blattnasen-Fledermäuse über den Insektenfang auf den Fruchtgeschmack gekommen sind. Sicher ist, daß sich diese Art von Nahrungsspezialisation bei den Fledertieren unabhängig voneinander zweimal entwickelt haben muß. Dabei haben die Fruchtfresser viele ähnliche (konvergente) Merkmale ausgebildet. Sowohl fruchtfressende Blattnasen als auch Flughunde haben Zähne mit breiten Kauflächen und stark geriffelte Gaumenplatten zum Ausquetschen des Fruchtsaftes. Gemeinsam ist den Fruchtfressern der gute Geruchssinn, dagegen deuten die anderen Orientierungsmethoden auf die unterschiedliche Abstammung hin. Während die Flughunde mit Nachtaugen und gutem Ortsgedächtnis die Nahrungsbäume finden, erfolgt die Fernorientierung der Blattnasen, wie es sich für die Fledermäuse gehört, akustisch mittels Ultraschall.

Die Fruchtliebhaber nutzen das ganze Angebot an tropischen Früchten, von Feigen, Mangos, Mobinpflaumen, Papayas, Guaven, Rosenäpfeln, Bananen, Datteln und Citrusfrüchten bis hin zu Früchten der Catappen und Pandanusbäume. Je nach Größe werden die Früchte an Ort und Stelle ausgequetscht oder verschleppt. Die Farmer aller Länder sind schlecht auf die vegetarischen Fledertiere zu sprechen, weil diese in ihre Plantagen einfallen und dort die Früchte verzehren. Wie so oft, wenn sich Mensch und Tier für die gleiche Nahrung interessieren, wird letzteres schnell als Schädling abgestempelt. Die Realität ist jedoch vielschichtiger. MERLIN D. TUTTLE bewies mit seinen Untersuchungen an afrikanischen Epauletten-Flughunden, daß diese den Farmern sogar einen wichtigen Dienst erweisen. In einer Art Spätlese suchen sie nur ausgereiftes Obst und beseitigen so die überreifen Früchte, die sonst als Futter für die Larven der gefürchteten Fruchtfliegen dienen würden. D. W. MORRISON registrierte im tropischen Regenwald von Panama auf einer Waldfläche von 25 Hektar alle fruchtenden Feigenbäume und untersuchte ihren Ertrag. Die dort von reifen Feigen lebenden Blattnasen *Artibeus jamaicensis* stattete er mit kleinen Radiosendern aus und konnte so feststellen, wo die Fledermäuse ihre Feigen verzehrten. Die Pflanzenbesucher leisteten gründliche gärtnerische Arbeit, indem sie mindestens sieben Prozent der jährlich im Versuchsgebiet wachsenden 200000 Feigen, das entspricht etwa 650 Kilogramm, verschleppten und so via Darm wesentlich zur Verbreitung dieser Art beitrugen.

Blütenfledermäuse – Fledermausblüten

Bis in das 18. Jahrhundert glaubte man noch, daß zumindest Farbe und Duft der Blüten ausschließlich zur Erbauung des Menschen von Gott geschaffen wurden. Über den Symbolgehalt ihrer Formen, Farben und Düfte blieb die biologische Funktion der Blumen als „Bestäubungseinheiten" bis heute vielen unbewußt. Weil bei den Blütenpflanzen die männlichen Geschlechtszellen (Blütenstaub und Pollen) nicht aktiv zur Befruchtung zu den Eizellen gelangen können, benutzen die Pflanzen Wind, Wasser oder Tiere als Transportmittel.

Am häufigsten, da insgesamt wohl am erfolgreichsten, werden Blüten durch Tiere bestäubt. Allerdings müssen sich die einzelnen Blütenpflanzen die jeweils am besten geeigneten Tiere als Pollenträger engagieren. Während wind- und wasserblütige Pflanzen niemanden anzulocken brauchen und ihre Blüten deshalb unscheinbar und klein bleiben, sind die tierbestäubten Pflanzen auffällig in Farbe, Form und Geruch. Sie entwickelten ein ganzes Bündel von Lockangeboten. Häufig ziehen sie die Bestäuber optisch durch auf-

Die Südamerikanische Blütenfledermaus (Artibeus literatus, oben) bestäubt beim Pollenverzehr gleichzeitig ihre Wirtspflanze.

Afrikanischer Wahlberg-Epaulettenflughund (Epomophorus wahlbergi, links) beim Anflug an eine Fledermausblüte.

Fledermausblüten. Glockenrebe (Cobaea scandens, oben) Langnasenfledermäuse bestäuben Säulenkakteen (Leptonycteris curasoae, Mitte. Leptonycteris sanborni, unten; nach TUTTLE*).*

fällige Blüten oder Blütenstände und chemisch durch Duftstoffe an.

Oftmals finden die angelockten Bestäuber auch eine Belohnung in Form von Nahrung in den Blüten. Das können im Überschuß produzierte Pollen sein, oder die Pflanzen bieten Zuckersaft (Nektar) an. Bei manchen Arten ist dieser frei zugänglich für jeden Interessenten, bei anderen können nur bestimmte Besucher, zum Beispiel langrüsselige Insekten oder langschnäbelige Vögel (Kolibris, Nektarvögel), von ihnen naschen. Spezielle Futterhaare werden in einigen Fällen bei Orchideen ausgebildet, die vom Besucher „rasiert“ werden. Selbst mit Sex locken einige Pflanzen erfolgreich ihre Bestäuber. Viele Ragwurzarten verströmen Sexuallockstoffe aus und ahmen mit ihren Blüten Insektenweibchen nach, um Männchen bestimmter Insektenarten von weit anzulocken.

Motor für die Entstehung der Blütenbestäuber-Beziehungen war die Konkurrenz der Blüten um mögliche Bestäuber wie auch deren Konkurrenz um Blüten. Im Laufe einer langen Entwicklung führte diese Wechselwirkung zu großer Mannigfaltigkeit, zu einem System gegenseitiger Anpassung. Diesen Prozeß nennt man Co-Evolution, die dabei entwickelten Anpassungen Co-Adaptionen.

Um eine gezielte Pollenübertragung zu gewährleisten, muß der angelockte Besucher möglichst nur wieder Blüten derselben Art aufsuchen. Deshalb entwickelten die Blüten spezielle Merkmale, die sie wiedererkennbar für die Besucher machen, sowie Mechanismen, die den möglichen Besucherkreis einschränken.

Während die Insekten- und Vogelblütigkeit vieler Pflanzen schon lange bekannt ist, blieb die Bestäubungstätigkeit der Fledertiere lange Zeit im dunkeln. Dabei ist die Beziehung zwischen Säugern und Blumen verhältnismäßig weit verbreitet und ökologisch besonders interessant. Immerhin fünf Prozent aller Fledertiere haben sich auf Blütenbesuche spezialisiert und spielen somit eine wichtige Rolle bei der Bestäubung. Zu den Blütenbesuchern und Nektartrinkern gehören die Langzungenflughunde sowie verschiedene Arten der Neuwelt-Blattnasen. Nach Forschermeinung muß sich die Entwicklung zu dieser Ernährungsweise mindestens zweimal und unabhängig voneinander vollzogen haben. In beiden Fällen wurde im Laufe der Evolution eine echte Symbiose, ein System gegenseitigen Nutzens zwischen Pflanze und Tier, erreicht. Der Botaniker KLAUS DOBAT hat 1985 zusammen mit THERESE PEIKERT-HOLLE zum ersten Mal in einem Buch alle weit verstreuten Forschungsberichte über Blütenfledermäuse gesammelt und ausgewertet.

Der erste eindeutige Hinweis darauf, daß Fledertiere Blumen besuchen, stammt von einem Reisenden aus dem Jahre 1772, der auf der Insel Réunion zahlreiche Flughunde an Doldenblüten beobachtete. Doch erst in den fünfziger Jahren unseres Jahrhunderts begannen Wissenschaftler, sich intensiver mit diesen Phänomenen zu beschäftigen.

Bei den Pflanzen, die von Fledertieren bestäubt werden, handelt es sich meistens um Bäume, Sträucher oder Säulenkakteen. Auch viele Lianen und andere baumbewohnende Arten (Epiphyten) sind fledermausblütig, während kleine Stauden und Kräuter, deren Blüten sich nicht weit über den Erdboden erheben, selten besucht werden. Offenbar kommt es darauf an, den Fledertieren das Anfliegen zu erleichtern. Dazu haben manche Pflanzen stehende oder hängende Blütenstiele entwickelt, die mehrere Meter lang sein können. Andere Blüten wachsen direkt aus dem Stamm und lenken so die Aufmerksamkeit der Besucher auf sich. Vom Blumentyp her überwiegen glocken- und trichterförmige Gebilde. Fledertiere besuchen aber auch ganze Blütenstände. Typisch für Fledermausblüten sind die derben Blütenhüllen, die auch ein Ankrallen der Besucher verkraften. Da die Fledertiere in der Dämmerung oder bei Nacht anfliegen und zudem vermutlich farbenblind sind, scheint die Blütenfärbung

weniger wichtig zu sein. Entscheidend sind dagegen das nächtliche Entfalten und der Duft. Die Beschreibung der Duftpalette der Fledermausblüten geht von „Kohlgeruch“ bis „ranzig“, „mostig“ oder einfach „übel“. Vergleichbare Düfte finden sich übrigens bei den Früchten vieler Pflanzen, deren Samen von fruchtfressenden Fledertieren verbreitet werden. In manchen Fällen gleicht der Blütenduft dem Geruch der Tiere selbst, was vermutlich auf die Besucher besonders ansprechend wirkt. Die Düfte dienen wohl dazu, die Besucher aus der Ferne anzulocken.

Fledermausblüten verwelken oft überaus rasch. Die kurze Blütezeit wird ausgeglichen, indem mehrere Blüten an einer Pflanze in aufeinander folgenden Nächten aufblühen und reichlich Pollen produzieren.

Als Belohnung für den Blütenbesuch erhalten die Fledertiere meist Nektar oder eine zuckerhaltige Lockspeise („Beköstigungskörper“). Auch entwickeln die Pflanzen verschiedene Strategien, um das Haarkleid des Besuchers an zum Teil ganz bestimmten Stellen „einzupudern“ und damit die Übertragung des Pollens zu sichern.

Die gemeinsame Evolution führte auch auf Seiten der blütenbesuchenden Fledertiere zu zahlreichen Anpassungen. Bei ihnen sind Gebiß, Kiefer und Kaumuskulatur zurückgebildet, während der Gesichtsschädel weit nach vorn gerichtet ist. Die Blütenspezialisten besitzen außerdem eine lange, spitz zulaufende und gut bewegliche Zunge, mit der sie den Nektar besonders gut aufnehmen können. „Pinselzungen“, die durch zahlreiche Haarpapillen an ihren Oberflächen entstehen, erleichtern die Flüssigkeitsaufnahme.

Während die kleinen, blütenbesuchenden Flughunde Afrikas und Südostasiens und die weniger spezialisierten Blattnasen-Fledermäuse Südamerikas (Phyllostominae, Carolliinae, Stenodermatinae) beim Blütenbesuch stets auf der Blüte landen und im Sitzen oder Hängen Nektar und Pollen auflecken, können die Langzungen-Fledermäuse (Glossophaginen) als „Kolibris der Nacht“ im Schwirrflug vor den Blütenkelchen rütteln, um dabei mit ihrer langen Zunge blitzschnell an den Nektar zu gelangen. Mit zwölf Leckbewegungen in der Sekunde gelingt es *Glossophaga soricina*, dem Spitzmaus-Langzüngler, rund einen Milliliter Nektar im Schwirrflug auszusaugen. Das Erlanger Forscherehepaar OTTO und DAGMAR VON HELVERSEN hat den Schwirrflug dieser Art im Freiland und in Laborexperimenten näher untersucht und dabei auch das notwendige Energiebudget der Fledermaus errechnet.

In der Alten Welt haben Flughunde die Planstelle als Blütenbesucher inne. Ein Langzungenflughund (Macroglossus sobrinus, oben) ist an einem Blütenstand von Oroxylum indicum gelandet, um aus einer offenen Blüte zu naschen (nach einem Foto von V. HELVERSEN). Der Indische Kurznasenflughund (Cynopterus sphinx, Mitte) hält seine Blütenmahlzeit an einer Wildbanane (nach einem Foto von TUTTLE).

Ein Beispiel für die typische Flugbahn eines blütenbesuchenden Flughundes in Malaysia (rechts). Nach dem Umrunden von offenen Oroxylum-Blüten taucht das Tier ein Stockwerk tiefer zum Blütenstand einer Wildbanane ab (nach DOBAT 1985).

Blüten und Blut. Verbreitungsgebiet der Fledermausblütigkeit und der Echten Vampire (Desmodontinae). Vertikales Raster = Areal der Fledermaus-Bestäubung (Neue Welt); diagonales Raster = Areal der Flughund-Bestäubung (Alte Welt), Ausnahme von der Regel – auf Neuseeland betätigt sich Mystacina tuberculata als einzige Kleinfledermaus der Alten Welt pollenverzehrend; rote Fläche = Vorkommen Echter Vampire (nach DOBAT *1985, ergänzt nach* YALDEN *&* MORRIS *1975).*

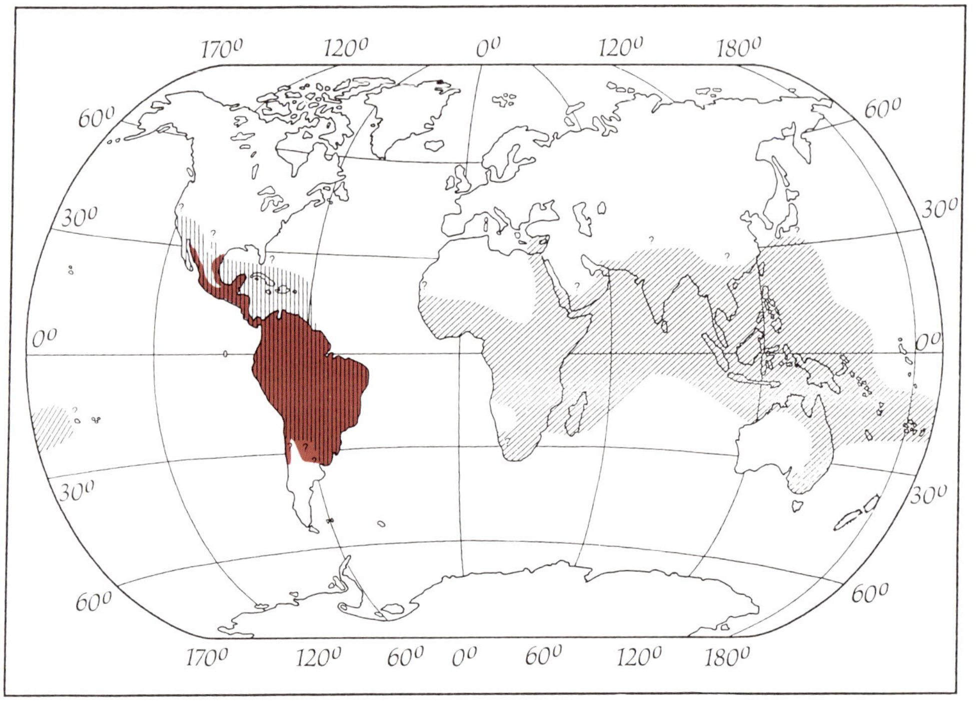

Was auf den ersten Blick für den menschlichen Betrachter so leicht und locker wirkt, stellt sich bei näherer Untersuchung als harte Arbeit heraus. Denn durch sehr kleine Nektarportionen sorgen die Blumen dafür, daß die Besucher häufig anfliegen müssen. Ganz in ihrem „evolutiven Interesse" erhöht dies die Bestäubungswahrscheinlichkeit, insbesondere dann, wenn viele Individuen um den Nektar in den Blüten konkurrieren. Die Blütenfledermaus fliegt also durchaus nicht durch ein Paradies von „Milch und Honig", obwohl der hochkonzentrierte Blütennektar besser als jede andere Nahrung den Energiebedarf eines Tieres zu decken vermag.

Betrachtet man das Gesamtareal, in dem Fledermausblüten vorkommen, so lassen sich zwei Hauptverbreitungsgebiete unterscheiden: Das größere umfaßt vorwiegend die feuchtwarmen und waldreichen Zonen Afrikas, Asiens und Australiens und deckt sich weitgehend mit dem Vorkommen der Flughunde. Das kleinere erstreckt sich über die Tropen und Subtropen Nord-, Mittel- und Südamerikas, wo Vertreter der Fledermäuse die entsprechende ökologische Nische besetzen. Ausschlaggebend für das Vorkommen der Fledermausblütigkeit sind nicht, wie häufig vermutet, tropische Klimaverhältnisse, sondern in erster Linie das Fehlen beschränkender Vegetationsphasen, wie zum Beispiel Winter. Deshalb liegen beide Hauptverbreitungsgebiete zwischen 30 Grad nördlicher und 30 Grad südlicher Breite und umfassen damit auch die Subtropen.

Ein kontinuierliches Nahrungsangebot wird dadurch gesichert, daß sich die Blütezeiten der Fledermausblüten überlappen. Daneben besteht für manche Blütenfledermäuse auch die Möglichkeit, sich auf eine gemischte Ernährungsweise oder zeitweilig auf Früchte beziehungsweise Insekten umzustellen. Arten, denen dieser Speiseplan artgemäß nicht zusagt, können auch durch Saisonwanderungen den Blüten hinterherfliegen. Während die Blütennahrung in der Alten Welt sonst nur von den Flughunden genutzt wird, betätigt sich die Neuseeland-Fledermaus *Mystacina tuberculata* als einzige Kleinfledermaus der Alten Welt gleichfalls als Pollenfresser, wie Magenuntersuchungen zeigten. Der Zoologe DANIEL fand später auch noch Blütenstaub im Kopf- und Brustfell dieser Tiere und konnte sogar eine Nektar- und Pollenaufnahme in Gefangenschaft beobachten. Diese Befunde sprechen zumindest für eine zeitweilige Ernährung mit Blütenprodukten. Ob es sich hierbei um eine lang bestehende Pflanzenbeziehung handelt, die auf der abgelegenen Insel Neuseeland erhalten blieb, oder ob wir eine neue Symbiose in ihrem Anfangsstadium erleben, wird möglicherweise für immer das Geheimnis der Neuseeland-Fledermäuse bleiben. Eine Art ist bereits durch rücksichtslose Kolonisierung verschwunden, die zweite gilt als hochbedroht.

Überhaupt werden noch viele offene Fragen zu der Symbiose von Blüten und Fledertieren mit der weiteren Zerstörung tropischer Regenwälder für immer ungelöst bleiben.

ECHTE DRACULAS

Lediglich drei Arten aus der großen Formenfülle der Fledertiere tun das, was vielen Menschen als erstes zu Fledermäusen einfällt: Blut saugen. Den Lebenssaft anderer anzuzapfen hat zweifellos zu allen Zeiten die menschliche Phantasie beflügelt. Wer Abscheuerregendes tut, der hat auch entsprechend furchteinflößend auszusehen. So verdächtigte man zunächst den asiatischen Flughund (von LINNÉ als *Vespertilio vampyrus* bezeichnet) und die Große Spießblattnase (*Vampyrum spectrum*), die größte Fledermaus Südamerikas, als Blutsauger. Doch wie so oft sieht die Wirklichkeit ganz anders aus. Die echten Vampire sind weder besonders groß, noch wirken sie furchterregend und sind auch nur in Mittel- und Südamerika beheimatet. Sie verhalten sich untereinander zudem besonders liebevoll.
Als Angehörige der großen Fledermaus-Familie der Neuwelt-Blattnasen, faßt man heute die drei blutsaugenden Arten in eine eigene Unterfamilie, die Desmodontinae, zusammen. Als einzige Warmblüter ernähren sie sich ausschließlich von Blut, haben damit die extremste Nahrungsspezialisation aller Fledertiere erreicht und sind die einzigen echten Parasiten.
Ausschließlich von Vogelblut ernährt sich der Kammzahnvampir (*Diphylla ecaudata*), und auch der recht seltene Weißflügelvampir (*Diaemus youngi*) soll dies bevorzugen. Dagegen lebt die häufigste und am besten bekannte Art dieser Unterfamilie, der Gemeine Vampir (*Desmodus rotundus*), ausschließlich von Säugetierblut. Von der Kultivierung Mittel- und Südamerikas haben die Vampirfledermäuse zweifellos profitiert. Während sie ursprünglich nur Wildtiere zur Ader lassen konnten, fanden sie in den riesigen Viehherden Lateinamerikas eine unerschöpfliche Blutbank. Nicht der Blutverlust, sondern die von Vampiren übertragene Tollwut und andere Krankheiten gefährdeten die Viehherden ernsthaft. In den sechziger Jahren setzte deshalb die Weltgesundheitsorganisation FAO eine Expertengruppe ein, um möglichst wirkungsvolle Bekämpfungsmaßnahmen gegen Vampirfledermäuse zu entwickeln. Neben dem amerikanischen Zoologen GREENHALL, der sich jahrzehntelang dem Vampirproblem widmete, haben wir vor allem durch die Freiland- und Laboruntersuchungen des Bonner Zoologen UWE SCHMIDT viel über das faszinierende Vampirleben erfahren.
In kleineren Kolonien lebt der Gemeine Vampir in den Tagesquartieren. Männchen und Weibchen gemischt, hängen die Tiere eng beieinander. Viel Zeit verwenden sie auf Körperpflege. Dabei spielt die soziale Komponente eine große Rolle. Die Tiere kennen sich individuell. Untersuchungen des Beuteverhaltens im Labor ergaben eine Rangordnung. Streitigkeiten bei der Nahrungsaufnahme oder im Tagesquartier werden aber immer unblutig ausgetragen. Obwohl sie mit schrillen Schreien und Flügelschlagen gelegentlich kräftig Radau machen, setzen die Vampire ihre scharfen Zähne nie untereinander ein. Im Gegenteil, sie heben ihre Köpfe an und wenden die offenen Münder im Nahkampf vom Gegner ab. Lediglich mit den zusammengelegten Flügeln klammern und schlagen sie wie Boxer. Erst bei Dunkelheit fliegen die scheuen Tiere aus ihren Tagesverstecken aus. Oft sind zwei bis sechs Tiere gemeinsam unterwegs. Im Gegensatz zu vielen

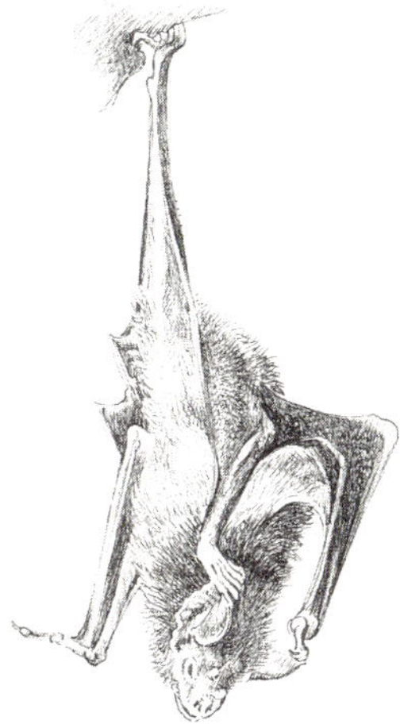

Ein Gemeiner Vampir (Desmodus rotundus) bei der Körperpflege: „Kämmen“ mit dem Fuß (oben) und Belecken (unten).

Ein Gemeiner Vampir (Desmodus rotundus) bei der Blutmahlzeit an einem Hühnerbein.

Im Porträt wird die Anpassung deutlich: Die Vampirfledermaus (Desmodus rotundus) hat ein plattes Gesicht, um die spitzen, rasiermesserscharfen oberen Schneidezähne am Wirtstier einsetzen zu können. Die Blutmahlzeit wird zwischen Zunge und unterer Mundspalte pipettenartig eingelöffelt.

insektenfressenden Fledermäusen fliegen Vampire dicht über dem Boden. Die extreme Nahrungsspezialisation erfordert besondere Sinnesleistungen. Am Geruch, am Erscheinungsbild, mit Hilfe der Ortungslaute und sogar an der abgestrahlten Körperwärme und ihren Atmungsgeräuschen erkennen und lokalisieren die Vampirfledermäuse ihre Wirtstiere, die häufig unter Gebüsch oder in Gebäuden versteckt liegen. Ohne ihre Opfer zu stören, müssen die Fledermäuse eine geeignete Bißstelle finden. Vampire stürzen sich keineswegs auf ihre Blutspender, sondern nähern sich ihnen auf „leisen Sohlen". Die Vampirfledermäuse landen entweder direkt auf dem ausgewählten Tier oder gleich neben ihm auf dem Boden. In alle Richtungen springend, können sie den Bewegungen des Wirtstieres ausweichen und sich geradezu indianerhaft an ihr Opfer heranpirschen. Mehrere Minuten vergehen, bis der erste Tropfen Blut fließt.

Uwe Schmidt hat den Vorgang eingehend beobachtet und eindrucksvoll beschrieben. Zunächst leckt der Vampir einen etwa quadratzentimetergroßen Hautbezirk seines Opfers sorgfältig ab und speichelt dabei die Fläche intensiv ein. Dann drückt er den geöffneten Mund an die Haut und schließt ihn unter ständigem Weiterlecken. So gerät schließlich eine winzige Hautfalte zwischen die spitzen und rasiermesserscharfen oberen und die winzigen unteren Schneidezähne. Jetzt stemmt sich die Fledermaus ruckartig nach vorne, schließt den Kiefer und beißt die Hautfalte ab. Das Opfer bemerkt den schmerzlosen Biß kaum. In diesem Augenblick springt das Tier wieder zurück, spuckt die Haut aus, um erst jetzt das frisch austretende Blut aufzunehmen. Dabei saugt der Vampir sein Opfer nicht etwa aus, sondern legt vielmehr die Unterlippe an den Wundrand, und seine Zunge bewegt sich etwa zwei bis drei Millimeter vor und zurück. Das Blut bildet eine kleine Brücke zwischen der Wunde und der Unterlippe und fließt sodann in den hinteren Mundbereich. Durch eine rinnenartige Vertiefung in der Zungenmitte gelangt es in den Schlund. Um satt zu werden, verbleibt ein Vampir acht bis zehn Minuten an der Wunde. Oft teilen sich mehrere Tiere eine Bißstelle, zumal es einige Zeit dauert, bis sich diese durch die gerinnungshemmenden Stoffe, die mit dem Vampirspeichel in die Wunde gelangen, verschließt. Auch konnte man schon beobachten, daß eine Fledermaus mehrere Nächte hintereinander dasselbe Beutetier aufsuchte und die alte Wunde immer wieder neu öffnete.

Blutsaugen ist übrigens eine sehr „gewichtige" Angelegenheit. Pro Nacht nimmt eine Vampirfledermaus bis zu 40 Millimeter Blut auf, was etwa 132 Prozent ihres Körpergewichtes entspricht. Der hohe Wasseranteil im Blut ist für den Fledermauskörper eine große Belastung. Einen Teil der Flüssigkeit scheiden die Fledermäuse bereits während der Nahrungsaufnahme über den Urin wieder aus, außerdem wird das Blut im Magen-Darm-Trakt rasch eingedickt. Dennoch bleibt noch ein großes Flüssigkeitsvolumen zurück. Es wird in einem 15 Zentimeter langen Magenblindsack gespeichert, der fast die gesamte Bauchhöhle ausfüllt. So vollgetankt, muß der Vampir ein noch immer großes Gewicht beim Rückflug zu den Schlafplätzen befördern. Berechnungen haben gezeigt, daß ein Energiegewinn durch die Aufnahme von Blut nur in den Tropen funktionieren kann. In den gemäßigten Zonen wird wegen der niedrigeren Luft-/Außentemperatur mehr Energie verbraucht, um die Körperfunktionen aufrechtzuerhalten. Ein Vampir könnte daher nur über eine größere Nahrungsmenge diesen erhöhten Energiebedarf sichern und müßte bis zu doppelt soviel Blut wie in den Tropen aufnehmen. Und das könnte selbst dem Eifrigsten nicht mehr gelingen.

Inzwischen weiß man auch, warum Vampire in Südamerika häufiger Schweizer Kühe als Zeburinder anfallen sowie Kälber und brünftige Kühe bevorzugen. Der Zoologe DENNIS C. TURNER fand heraus, daß diese Vorlieben keine Geschmacksfragen sind, sondern sich mit dem Verhalten der Tiere erklären lassen. Die Vampire wählen ihre Opfer danach aus, wie exponiert und zugänglich diese sind. So waren die Schweizer Rinder ständig am äußeren Rand der Herde zu finden. Kälber schliefen länger als ihre Mütter, und brünstige Kühe hielten sich ebenfalls an exponierter Stelle am Rand der Herde auf. Während TURNER die meisten Bißwunden an der Hals-Schulter-Partie des Viehs fand, stellte er jedoch ab Mitte der Regenzeit mehr Wunden an außergewöhnlichen Körperstellen fest. Erklärung fand TURNER darin, daß junge Vampirfledermäuse aufgetaucht waren, die zunächst einmal lernen mußten, wo es sich am besten beißt.

Die hochspezialisierte Nahrungsaufnahme erfordert entsprechend komplizierte Anpassungen. Nach einer langen Tragzeit von gut sieben Monaten bringen sie meist ein Junges zur Welt. Auch die Jugendentwicklung der Vampirfledermäuse verläuft im Vergleich zu den meisten anderen Fledermausarten sehr langsam. Bis ins Alter von neun Monaten können die Jungen gesäugt werden. Sehr schwierig scheint der Wechsel von der Milch- zur Blutnahrung zu sein, wobei sich zuerst die Verdauung physiologisch umstellen muß. Dabei spielt wohl das Fressen von Kot und damit die Übertragung bestimmter Bakterienstämme eine wichtige Rolle. Schon relativ früh lekken die Jungtiere geringe Mengen Blut aus dem Maul zurückkehrender Alttiere.

Mutterlose Junge müssen keineswegs verhungern, sondern werden von einem anderen Weibchen adoptiert. Falls dieses gerade keine Milch erzeugt, aktivieren die vereinsamten Jungen deren Milchdrüsen, indem sie an ihnen saugen.

Etwa ab dem vierten bis fünften Lebensmonat begleiten die Jungen die Mütter bei der Nahrungssuche und trinken zunächst an der von ihnen gebissenen Wunde mit. Eine charakteristische Beschwichtigungsgebärde schützt das Jungtier vor aggressiven Auseinandersetzungen mit Artgenossen am Beutetier. Dazu hebt es den zusammengefalteten Flügel der Körperseite, mit der es sich annähert, und signalisiert so unmißverständlich: „Ich bin noch klein und unerfahren". Wer hätte Vampiren solche sozialen Züge zugetraut?

Tanz der Vampire: nicht um das Goldene Kalb, sondern zum Stillen des Hungers. Vorsichtig können sich Vampirfledermäuse ihren Blutspendern auf „allen vieren" nähern und ihnen koboldhaft durch Hüpfsprünge in jede Richtung ausweichen (nach SCHOBER 1983).

JÄGER UND GEJAGTE – DIE KONKURRENTEN

In Europa kommt der Baummarder durch „Ausfummeln" von Baumhöhlen zu seiner Fledermausmahlzeit.

Manchmal werden die Nachtjäger selbst zu Gejagten. So hat sich zum Beispiel ein afrikanischer Greifvogel, der Fledermausaar *Machaerhamphus alcinus*, erfolgreich auf Fledermäuse spezialisiert, die er beim Aus- und Einschwärmen vor ihren Höhlen fängt und ganz verschlingt. Vor tropischen Höhlen mit Fledertiermassenquartieren auf Beutezug zu gehen, rentiert sich auch für andere Greife in diesen Regionen. Eine spezielle Greiftechnik beherrscht die afrikanische Höhlenweihe *Polyboroides typus*. Mit ihren überlangen, sehr beweglichen Ständern tastet sie Baumhöhlen nach Beute aus. Sowohl Vögel, vor allem wohl Nestlinge, als auch Fledermäuse ergreift sich dieser Spezialist. Unser Baummarder wendet als „einheimischer Greifer" ähnliche Mittel an. Aus Beutelisten und Direktbeobachtungen wissen wir, daß einige unserer Eulen, der Habicht sowie Wander-, Baum- und Turmfalken gelegentlich Fledermäuse erlegen, wobei am häufigsten Zwergfledermäuse (*Pipistrellus pipistrellus*) und Abendsegler (*Nyctalus noctula*) erwischt werden. Am erfolgreichsten ist hierbei wohl die Schleiereule, gefolgt vom Waldkauz. Als „Quartiernachbarn" können einzelne Schleiereulen sich regelrecht aufs Fledermausbeutemachen spezialisieren. Am engen Ausflug einer Mausohr-Wochenstubenkolonie postiert, flogen ihnen zwar keine gebratenen Tauben, dafür aber schmackhafte *Myotis myotis* in den Mund (Fang).

Gelegentliche Fledermausjäger sind Waschbären (*Procyon lotor*), Skunks (*Conepatus* und *Mephitis*) und einige Schlangen. Die asiatischen Rattenschlangen (*Ptyas* spec.) können ähnlich wie die Greifvögel vor Fledermaushöhlen auf ausfliegende Beute warten. Auch der Python wurde schon beim „Abräumen" von Flughunden in ihren Tagesschlafquartieren beobachtet. Die Liste erfolgreicher Fledertierjäger läßt sich verlängern. Amerikanischen Rotluchsen (*Lynx rufus*) kann gelegentlich Beute zufallen, wenn junge Fledermäuse von der

Ein indischer Zugkauz (Ninox scutulata, rechts) hat eine Gelbe Hausfledermaus (Scotophilus heathi) erbeutet.

Höhlendecke abstürzen. Der Potto (*Perodictus potto*), ein afrikanischer Vertreter der Halbaffenfamilie, wurde schon beim Verzehr eines Palmenflughundes (*Eidolon helvum*) beobachtet. Vom amerikanischen Roadrunner (Rennkuckuck *Geococcyx velox*) wird berichtet, daß er Rote Fledermäuse (*Lasiurus borealis*) fängt. Auch amerikanische und asiatische Krähenvögel sind schon mit Fledermausbeute gesichtet worden. Und selbst Ochsenfrösche (*Rana*) und Regenbogenforellen wurden als „Fledermausfänger" enttarnt. Unsere Hauskatze kann zum Fledermausjäger werden, wenn sie in ihrem Revier ein Quartier entdeckt, an dessen Ausflugsöffnung sie sich postieren kann. Wo Fledermäuse regelmäßig vorbeifliegen, gelingt ihr auch eine Flugbeute. In tropischen Ländern schließlich haben Fledermäuse die Feinde sogar in ihren eigenen Reihen. Die fleischverzehrenden großen Arten, wie zum Beispiel *Phyllostomus hastatus* und *Vampyrum spectrum* in Südamerika, die afrikanische Schlitznase *Nycteris grandis* sowie die asiatischen und australischen Großblattnasen (Megadermatidae), jagen erfolgreich ihre kleinere Verwandtschaft. Der südamerikanische Langohr-Scheinvampir (*Chrotopterus auritus australis*) hat als Lauer- und Ansitzjäger größte Erfolge bei jungen, unvorsichtigen Vampiren (*Desmodus*), die sich noch unvorsichtig seinen Hang- und Ansitzplätzen nähern, umhüllt er blitzschnell in Graf-

Die afrikanische Höhlenweihe (links) tastet langbeinig Baumhöhlen nach unten (Vogelbrut) und oben (Fledermäuse) geschickt ab.

Selten, aber möglich – eine Regenbogenforelle (ganz unten) packt eine Fledermaus, die dicht über der Wasseroberfläche jagt.

Fledermaus (Myotis austroriparius, unten) im Würgegriff einer asiatischen Rattenschlange (Ptyas spec.).

Dracula-Manier mit seinen Flügeln und tötet sie durch einen Biß, ohne sich vom Ansitz zu entfernen.

Schließlich kann ein Fledermausleben sogar im Spinnennetz enden. Auf Papua-Neuguinea drohte einer Zwergfledermaus das Ende als Spinnencocktail im Netz von *Nephila maculata*, wäre sie nicht rechtzeitig entdeckt und nach erfolgreicher Flügelreinigung wieder frei gekommen.

KLEINE PLAGEGEISTER – DIE PARASITEN

Neben Flöhen, Fledermausfliegen, Wanzen und Milben zählen auch Zecken zu den Plagegeistern der Fledermäuse. Hier nimmt eine Zecke ihre Blutmahlzeit über dem Auge einer Fransenfledermaus (Myotis nattereri) ein.

Wie jeder andere Säuger auch, ist wohl kein Fledertier völlig parasitenfrei. Einige leben als Innenparasiten (Endoparasiten) im Wirtstierkörper. Die Außenparasiten (Ektoparasiten) profitieren vom geselligen und ortstreuen Zusammenleben ihrer Fledermauswirte sowie einem für sie günstigen Milieu im Quartier. Während es unter den Fledermausarten nur drei richtige Bluttrinker gibt, verköstigen sich ein ganzes Heer kleiner Plagegeister am Lebenssaft der Fledertiere. Da tummeln sich viele hochspezialisierte Milbenarten und einige Zecken blutsaugend auf den Wirten. Während die Zecken fest in deren Fell sitzen, sind die kleineren Milben als äußerst bewegliche Schmarotzer im Fell und auf den Flughäuten unterwegs, die sie sogar durchlöchern.

Eher schwimmend als laufend huschen die spinnenartigen, flügellosen Fledermausfliegen (Nycteribiiden) weltweit mit 250 Arten in Fledertierfellen umher. Allein unsere heimischen Fledermäuse werden von elf verschiedenen Floharten der Familie Ischnopsyllidae heimgesucht. Typische Fledermausplagemeister sind schließlich Wanzen (Cimiciden). Unter Wanzenforschern spekuliert man, daß der Bettwanze (*Cimex lectularius*) der Umstieg auf unsere Betten gelang, als Menschen in grauer Vorzeit in Höhlen mit Fledermauskolonien zusammen siedelten. Nur zum Einnehmen ihrer Mahlzeit halten sich die Wanzen auf dem Wirt auf. Ansonsten sitzen sie im Fledermausquartier und können es sich dank der Ortstreue der Bewohner sogar leisten, im Sommerquartier zu verbleiben, wenn die Fledermäuse ins Winterquartier umziehen. Mit dem nächsten Frühling kehren die unfreiwilligen Blutspender ja mit Sicherheit zurück! Einige Wanzen machen aber gelegentlich auch eine solche Flugreise mit.

Wie man feststellte, beteiligen sich begattete Wanzenweibchen am Mitflug, die so erfolgreich ihren Nachwuchs auf neue Quartiere verteilen.

Sogar Vorkommen und Arealveränderungen von Fledermausarten lassen sich an der Verbreitung hochspezialisierter Fledermausparasiten ablesen. Wie DIETER KOCK bei seinen Nachforschungen feststellte, stammen die nördlichsten Meldungen und Nachweise der ausschließlich auf Hufeisennasen lebenden Fledermausfliege (*Phthiridium biarticulatum*) in Europa alle aus dem letzten Jahrhundert. Dies ist für den Fledermausforscher ein Beweis, daß der Rückgang der Hufeisennasen in Mitteleuropa bereits im 19. Jahrhundert einsetzte. Gegenwärtig scheinen die Bestände der Wirtstiere für den Fortpflanzungszyklus des Parasiten nicht mehr dicht genug zu sein.

LIEBE UND TOD – EIN FLEDERTIERLEBEN

So unterschiedlich die Lebensweise der Fledertiere ist, so verschieden kann auch ihr Fortpflanzungsverhalten sein. Abhängig vom Lebensraum, dem Nahrungs- und Quartierangebot entwickelten die Arten spezielle Fortpflanzungsstrategien; beginnend mit der Partnersuche und dem Paarungsverhalten bis hin zur Jungenaufzucht.

Kleinere und größere Unterschiede

Bei unseren einheimischen Arten lassen sich die Geschlechter nur schwer unterscheiden. Wie bei den meisten Fledermäusen der gemäßigten Klimazone sind bei ihnen sekundäre Geschlechtsmerkmale wenig oder gar nicht ausgeprägt. Meist sind ihre primären Geschlechtsmerkmale gut im Fell versteckt oder, wie bei den Glattnasen, durch die bauchseitig eingeklappte Schwanzflughaut im Ruhezustand noch zusätzlich abgedeckt. Dabei kann der „kleine Unterschied“ bei schwer bestimmbaren Arten zur sicheren Unterscheidungshilfe werden. Während zum Beispiel das Penisende bei erwachsenen Männchen der Großen Bartfledermaus (*Myotis brandti*) deutlich verdickt ist, haben die Männchen der Kleinen Bartfledermaus (*Myotis mystacinus*) einen dünnen Penis ohne Verdickung am Ende. Auch die Männchen vom Grauen und Braunen Langohr (*Plecotus austriacus, Plecotus auritus*) lassen sich so auseinanderhalten. Die Hoden und Nebenhoden liegen beidseitig im unteren Bereich der Bauchhöhle und treten nur während der Paarungszeit hervor.
Größere Geschlechtsunterschiede finden sich nur bei einigen tropischen Fledertierarten. Körpergröße, Fellfärbung, bestimmte Duftdrüsenfelder und selbst die Bezahnung können auffällige sekundäre Geschlechtsmerkmale sein. Erheblich größer als ihre Weibchen sind beispielsweise die Männchen bei den Flughundgattungen *Pteropus* und *Epomophorus*. Umgekehrt halten es einige Schlitznasen-Fledermäuse (Nycteridae), Großblattnasen (Megadermatidae) und Neuwelt-Blattnasen (Phyllostomidae). Unverwechselbar sind schließlich die Geschlechter beim Hammerkopf-Flughund (*Hypsignatus monstrosus*) mit dem nahezu rechteckigen und hammerförmigen Kopf des Männchens. Auch eine kräftigere Fellfärbung der Männchen kann zum Unterscheidungsmerkmal werden.
Bei einigen Arten zeigen die Männchen einen auffälligen Haarwuchs. Wenn die brünftigen Männchen der afrikanischen Bulldogg-Fledermäuse *Tadarida chapini, T. pumila* und *T. nigreriae* ihre Büschel langer Haare auf dem Kopf aufrichten, erinnert das im Profil an einen Irokesenschnitt. Kragenflughundmännchen (*Myonycteris*) und die Männchen verschiedener Grabflatterer (*Taphozous*) tragen eine bartartige Behaarung in der Kehlregion. Die Schulterbehaarung der *Epomophorus*-Männchen verhalf diesen zu ihrer deutschen Bezeichnung „Epaulettenflughunde“. Auch besondere Hautdrüsen an unterschiedlichen Körperstellen weisen die Männchen vieler Fledermausarten aus. Wegen eines bürstenartig behaarten Drüsenfeldes in der Stirnmitte ihrer Männchen wird eine Rundblattnasen-Fledermausart nach dem einäugigen griechischen Giganten benannt: *Hipposideros cyclops*.

Fledermausliebe – Paarungsverhalten der Fledertiere

„Die Begattung verrichten die Fledermäuse wie die meisten Tiere der Ordnung Primates (!) von vorn, wobei sie sich mit

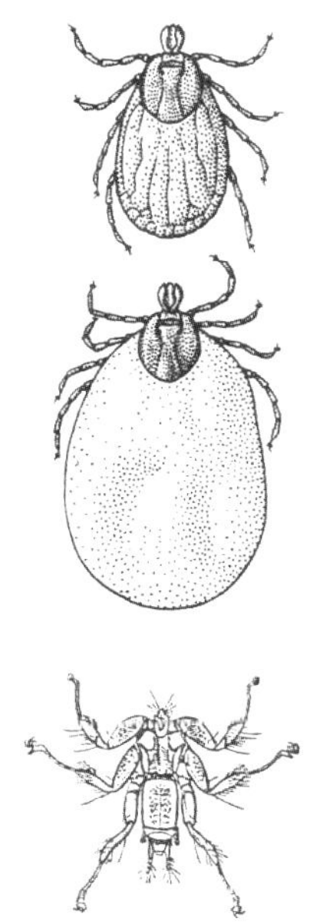

Fledermausparasiten. Von oben nach unten: Holzbock, hungrig und vollgesaugt; Fledermausfliege (Nycteribia biarticulata).

Mausohren (Myotis myotis, oben) paaren sich in sogenannten „Hochzeitsstuben". Ortskenntnis und möglicherweise auch die Duftdrüsen des „Hochzeiters" leiten die wechselnden Damen.

Ein indisches Rundblattnasen-Paar (Hipposideros bicolor, unten) kurz vor der Paarung.

den Vorderextremitäten umklammern", schrieb 1865 der deutsche Fledermausforscher KOCH. Doch diese Feststellung des Altmeisters der Fledermauskunde scheint ebensowenig zuzutreffen wie Berichte, gemäß denen sich die amerikanische Rote Fledermaus *Lasiurus borealis* im Fluge paart. Die Paarungsstellung der Fledertiere ist eher sehr gewöhnlich, findet an Hangplätzen und – wie für die Mehrzahl der Säugetiere üblich – a tergo (vom Rücken des Weibchens her) statt. Doch die Umstände dabei sind oft sehr ungewöhnlich.

So beginnt die Paarungszeit der europäischen Fledermäuse, wenn die Wochenstuben aufgelöst werden. Sie kann sich bei vielen Arten über den Aufenthalt im Winterquartier bis in das Frühjahr hinein erstrecken. Die Spermien der Männchen entwickeln sich im Spätsommer und können, wie es die Zoologen RACEY und KULZER beschrieben haben, den ganzen Winter über im reifen Zustand im Nebenhoden gespeichert werden. Gebärmutter und Scheide der Weibchen befinden sich dagegen von Beginn der Paarungszeit an bis über den Winter hinweg in einem voröstrischen Zustand (Proöstrus). Erst im Anschluß an den Winterschlaf reifen die weiblichen Eizellen und können auch erst dann besamt werden. Die Zeitverschiebung zwischen Paarung und Befruchtung haben die Fledermäuse mit dem einmaligen „Trick" der Spermakonservierung überbrückt: Die Spermien verbleiben in einem Ruhezustand im weiblichen Genitaltrakt. Erst nach dem Eisprung im Frühjahr werden die bis dahin unbeweglichen Spermien wieder reaktiviert und befruchten die Eizelle des Weibchens.

Diese Spermakonservierung bringt eindeutige Vorteile: Die männlichen Samenzellen können zu einem Zeitpunkt reifen, an dem sich die Fledermäuse nach einem nahrungsreichen Sommer konditionell auf dem Höhepunkt befinden. Umgekehrt ist es vorteilhaft, die Keimentwicklung so zu verlegen, daß Embryonalentwicklung und Geburt der Jungen in eine Zeit fallen, in der die Weibchen genügend Nahrung aufnehmen können, um die notwendigen Energien für die Fortpflanzungsleistung zu tanken.

In Europa erreicht lediglich die Langflügelfledermaus (*Miniopterus schreibersi*) auf einem anderen Weg das gleiche Ziel. Während des Winters befinden sich bei dieser Art keine Spermien mehr in den Nebenhoden der Männchen. Winterkopulationen kommen hier nicht vor. Langflügelfledermäuse wenden zur Überbrückung der Winterzeit eine andere, unter Säugetieren häufigere Methode an. Gleich nach der Paarung im Herbst wird die Eizelle zwar befruchtet, die Embryonalentwicklung dann aber auf einer frühen Entwicklungsstufe unterbrochen (Keimruhe), um erst im Frühjahr wieder einzusetzen. Ähnliche Fortpflanzungsstrategien wie bei den Fledermäusen der gemäßigten Klimazone hat man auch bei einigen tropischen Glattnasen-Fledermäusen (*Emballonuridae*) gefunden. Auf diesem Weg können sie erreichen, daß ihre Jungen zu Beginn der nahrungsreichen Regenzeit geboren werden.

Wie die Hufeisennasen leben auch die Rundblattnasen in gemischtgeschlechtlichen Gruppen. Hier interessiert sich der Vater für seinen Nachwuchs, der sich an das Bauchfell der Mutter krallt und zusätzlich an einer leistenständigen Haftzitze festsaugt (*Hipposideros bicolor*, oben).

Munteres Treiben im Winterquartier

Daß unsere einheimischen Arten den Winter nicht nur verschlafen, sondern sich auch im Winterquartier paaren, war ein überraschendes Forschungsergebnis. Paarungen zur Winterzeit konnte man bei der Teichfledermaus (*Myotis dasycneme*), der Kleinen Bartfledermaus (*Myotis mystacinus*), der Fransenfledermaus (*Myotis nattereri*), der Mopsfledermaus (*Barbastella barbastellus*), dem Braunen Langohr (*Plecotus auritus*) und besonders häufig bei der Wasserfledermaus (*Myotis daubentoni*) beobachten. ROER und EGSBAEK untersuchten das Paarungsverhalten der Wasserfledermäuse in den Kalkbergwerken Jütlands eingehend. Ergänzend hierzu beobachteten und fotografierten die Fledermauskundler GRIMMBERGER und HACKETHAL zusammen mit ihrem polnischen Kollegen URBANCZYK das Geschehen im wohl größten europäischen Fledermaus-Winterquartier Nietoperek in Westpolen.

Die häufigsten Paarungsaktivitäten der Wasserfledermäuse stellten alle Beobachter in den Monaten Oktober bis November fest. Die Tiere paarten sich in den wärmeren Bereichen des Winterquartiers (Temperaturen zwischen 7,5 bis 9,2 Grad Celsius), während sie in anderen Teilen mit niedrigerer Temperatur Winterschlaf hielten. Die paarungsaktiven Wasserfledermausmännchen fliegen im Winterquartier umher und landen auf der Suche nach Weibchen immer wieder an den Wänden, um dort ein kurzes Stück herumzukriechen. Versuch und Irrtum spielen bei der Partnersuche der Wasserfledermäuse eine große Rolle. Was bis zur erfolgreichen Begattung alles geschehen kann, konnten GRIMMBERGER, HACKETHAL und URBANCZYK beobachten. Ein aktives Wasserfledermausmännchen

Zur Paarung ist das Graue Langohrmännchen (*Plecotus austriacus*, links) auf seine Partnerin aufgeritten.

Hammerkopf-Flughunde (Hypsignatus monstrosus). Oben ein männliches Tier, unten ein Weibchen mit einer Feige (nach einem Foto von TUTTLE*).*

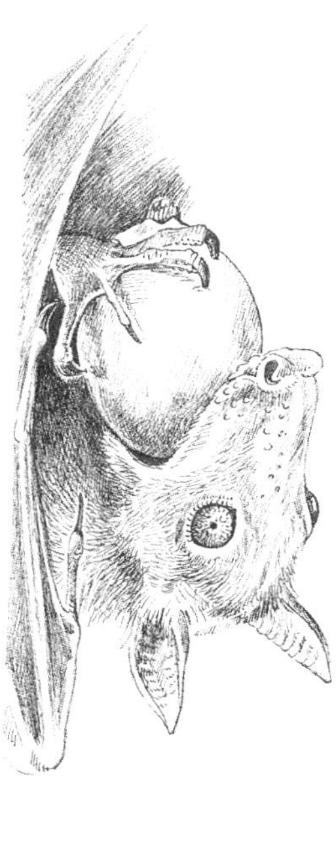

suchte nach einem Weibchen in einem aus Wasserfledermäusen (*Myotis daubentoni*), Mausohren (*Myotis myotis*) und Braunen Langohren (*Plecotus auritus*) bestehenden Cluster. „Es kroch dabei zwischen und über den schlafenden Tieren herum, biß in deren Nakkenfell und Ohren, zwängte den Kopf unter das jeweils untersuchte Tier und kontrollierte die Genitalregion, in kurzen Pausen dazwischen leckte es das eigene Genitale. In kurzer Zeit wurden so alle Tiere des Clusters unabhängig von ihrer Artzugehörigkeit im Winterschlaf gestört. Sie äußerten dabei die typischen langgezogenen, schrillen Laute im Winterschlaf gestörter Fledermäuse, verstummten aber rasch wieder, wenn sich das Männchen einem anderen potentiellen Partner zuwandte. Hat das Männchen ein Weibchen gefunden, nimmt es die Paarungsstellung ein. Dabei umfaßt es in der Regel mit seinen Unterarmen die des Weibchens, sein Rumpf ruht auf dem Rücken des Weibchens, sein Kopf reicht bis in dessen Nackenregion. Die Ohren halten beide Geschlechter seitlich abgespreizt, nicht wie sonst im aktiven ungestörten Zustand aufgerichtet. Sowohl das Männchen als auch das Weibchen hält sich mit den Hinterfüßen an der Unterlage fest. Zu Beginn betrommelt das Männchen das schlafende Weibchen mit den Unterarmen, tritt es mit den Hinterfüßen, reibt seinen Kopf an dessen Nackenregion oder beißt auch in das Nackenfell oder die Ohren. Offenbar erst wenn auch das Weibchen aktiv zu werden beginnt, erfolgt die Intromission (Einführung) des Penis unter dem Uropatagium (Schwanzflughaut) des Weibchens. Da die Vespertilionidae (Glattnasen) in Ruhe das Uropatagium auf den Bauch schlagen, muß das Weibchen dieses vor der Einführung des Penis etwas abspreizen. Es erfolgten dann Phasen, in denen das Männchen für einige Sekunden frequente Bekkenbewegungen ausführte, dabei biß es zum Teil in das Nackenfell und die Ohren des Weibchens, wobei dieses mit aufgerissenem Maul und angehobenem Kopf laut zeterte."

Wohl einmalig für Säugetiere ist der unterschiedliche Wachheitsgrad bei der Paarung im Winterquartier. Während die brünftigen Männchen voll aktiv sind, werden die Weibchen bei der Paarung gerade eben aufgeweckt und befinden sich während dieser Aufwachphase noch in einem halblethargischen Zustand. So haben sie keine Möglichkeit, sich den Partner auszusuchen oder sich auch nur der Begattung zu entziehen. Auf ein Werbeverhalten können die Wasserfledermausmännchen praktisch verzichten. Für den Paarungserfolg reicht es bereits aus, ein Weibchen zu finden und zu wecken. Weitere Stimulationen der Partnerin erscheinen überflüssig. Das Sperma wird im Uterus nur deponiert, bis zur Befruchtung verstreichen noch Monate.

Während man noch nicht weiß, ob die Lautäußerungen der Wasserfledermausweibchen bei der Paarung stimulierend auf andere Männchen wirken, spielt eine solche Stimmungsübertragung beim Indischen Riesenflughund ein große Rolle.

Protestgeschrei führt zu Massenkopulationen

Der Zoologe GERHARD NEUWEILER konnte 14 Monate lang von einem Hochsitz aus das Leben in einer rund tausendköpfigen Kolonie Indischer Riesenflughunde (*Pteropus giganteus*) beobachten, die ihr Tagesquartier in vier freistehenden Banyanbäumen in einem Garten mitten in Madras hatten. Bei den stets auf Abstand bedachten Tieren liegt die erste Schwierigkeit für die Männchen darin, die Individualdistanz der Weibchen zu überwinden. NEUWEILER (1969) beobachtete, daß sich in der Brunstzeit keine echten Paare bildeten, sondern die geschlechtsreifen Männchen mit jedem Weibchen kopulierten, das sich neben ihnen niederließ. Der Forscher schreibt: „Die Anpaarung geht immer vom Männchen aus, selbst während der Hochbrunst im Juli/August verhalten sich die Weibchen passiv und eher abweisend. Die Männchen nähern sich den Weibchen schnuppernd und versuchen, sie in der Genitalregion zu belecken. Dieses Belecken macht die Weibchen weniger abweisend und gefügiger. Dann versucht das Männchen, sich hinter das Weibchen zu hängen. Er packt es mit den Zähnen am Nacken, schiebt den langen, erigierten Penis zwischen den Beinen des Weibchens nach vorne zur Vulva und beginnt zu kopulieren. Die Weibchen wehren sich immer mit schrillen Abwehrschreien gegen Kopulationen. Ganz selten führt die erste Kopulation zu einer Besamung, meist ejakuliert das Männchen erst bei der dritten, unmittelbar aufeinanderfolgenden Kopulation. Die erfolgreiche Kopulation ist erkenntlich an einem weißen Flüssigkeitstropfen an der Vulva des Weibchens und am ruhigen Verhalten des Männchens. Nach erfolglosen

Kopulationen oder wenn es dem Weibchen gelingt, das Männchen abzuwehren, reagiert das Männchen mit lang anhaltendem, sehr lautem Protestgeschrei, welches das Weibchen einschüchtern und für neue Paarungsversuche gefügiger machen soll. Diese gellenden Protestschreie ertönen auch dann, wenn das Weibchen versucht, seinen Ruheplatz zu verlassen.
Die Protestschreie wirken aber auch auf die ganze Kolonie stimmungsübertragend. In der Hochbrunst animiert das Protestgeschrei eines einzelnen Männchens andere Männchen, ihrerseits Kopulationsversuche zu unternehmen. Innerhalb weniger Minuten verwandelt sich so eine bislang ruhige Flughundkolonie in eine ohrenbetäubend schreiende und kopulierende Masse." NEUWEILER stellte fest, daß es in der Hochbrunst täglich zu solchen synchronen, durch das Protestgeschrei eines Männchens ausgelösten Massenkopulationen kommt, die bis zu einer Stunde dauern können. Einschüchterungstaktik und gleichsam erzwungene Kopulationen mit winterschlafenden Weibchen sind nicht die einzigen Annäherungsformen der Fledertiermännchen an ihre Partnerinnen. Manche Arten sind auch – menschlich gesehen – bei ihrer Partnersuche sehr viel charmanter.

Locken und Werben

Baumfledermausmännchen wie Abendsegler und Rauhhautfledermäuse zeigen ein recht ausgeprägtes Paarungsverhalten. Sie beziehen zur Paarungszeit ihre Balzquartiere, wie Baumhöhlen oder Fledermauskästen, in denen sie sich mehrere Wochen aufhalten. Bei seinen Untersuchungen an einer Abendseglerpopulation im Ebersberger Forst östlich von München fand FRITZ KRONWITTER, daß sich das Quartierverhalten der Männchen zur Paarungszeit änderte. Während sich sonst meist mehrere Tiere eine Baumhöhle teilten und häufig das Quartier wechselten, hielten jetzt einzelne Abendseglermännchen über einen längeren Zeitraum an einer Baumhöhle fest und verteidigten diese auch gegen Geschlechtsgenossen. Mit monotonen Rufen lockten sie von ihrem Quartier aus Weibchen an. JÜRGEN GEBHARD, der Basler Fledermausforscher, konnte dieses Verhalten in seiner Fledermausstation bei seinem zahmen Abendseglermännchen „Apus" aus nächster Nähe beobachten. Als sich der freifliegende „Apus" im Herbst zum territorialen Männchen (daß heißt es besetzt und verteidigt ein Territorium) entwickelte, setzte er sich ans Einflugloch der GEBHARDschen Fledermausstation und begann zu „singen". Auf diese Weise lockte er im September 1986 26 Neuankömmlinge an.
Der Fledermausforscher HEISE beobachtete das Paarungsverhalten der Rauhhautfledermäuse in der Uckermark. Die Männchen besetzen dort aufgehängte Fledermauskästen als Balzquartiere. Diese Quartiere verteidigen sie dann mitsamt den umliegenden Revieren gegen andere Männchen. Durch Paarungsrufe aus dem Kasten heraus oder während der Flüge im Paarungsrevier locken die Rauhhautmännchen Weibchen an und verfolgen sie auch im Flug. Mit ihren Haremsdamen beziehen

Paarung der Wasserfledermaus (Myotis daubentoni) im Winterquartier. Während das aufreitende Männchen hellwach ist, befindet sich die Partnerin im lethargischen Zustand. Das langsam wacher werdende Weibchen zetert dabei oft heftig in Richtung „Liebhaber" mit offenem Mund und angehobenem Kopf.

sie dann ihr Paarungsquartier. Doch während ein Paarungsrevier vom selben Männchen oft über Jahre besetzt wird, sind die Weibchen sehr viel wechselhafter und ziehen so nacheinander in mehrere Harems ein. Ein ähnliches Paarungsverhalten zeigt unsere kleinste Art, die Zwergfledermaus. Zweifarbfledermäuse (*Vespertilio murinus*) beziehen ebenfalls regelrechte Balzterritorien während ihrer Wanderungen. Die wohl ursprünglich Felsspalten bewohnende Art scheint bei uns zur Balzzeit gerne hohe felsartige Gebäude anzunehmen und als Balzterritorium zu beziehen. Offensichtlich richten die Zweifarbfledermäuse diese während des Zuges ein, denn sie unternehmen Wanderungen. Nach Beobachtung von VON HELVERSEN (1987) scheint das wie eine einsame Felszacke aufragende Freiburger Münster besondere Anziehungskraft auf Zweifarbfledermäuse auszuüben. Er schreibt dazu: „Jahr für Jahr lassen sich am Freiburger Münster in Spätherbstnächten rufende Tiere (vermutlich balzende Männchen) vernehmen. Die balzfliegenden Tiere (meist einzelne, gelegentlich zwei Tiere) fliegen in relativ langsamem, geradlinigem Flug in großen Schleifen über Münsterplatz und Herrengasse, wobei sie im Abstand von einigen Minuten jeweils wieder an den Münstertürmen vorbeikommen. Der laute Ruf, ein hohes, schnelles, ununterbrochenes „Zit/zit/zit/zit...." ist für jüngere Menschen deutlich hörbar. Die höchste Balzintensität liegt im November, wobei die Tiere wärmere, oft nieselfeuchte Nächte bevorzugen." In München konnten wir an den Türmen der Frauenkirche Ähnliches beobachten.

Erregt durch ein über ihm im Schlafbaum hängendes Weibchen, beleckt der indische Riesenflughund (Pteropus giganteus, oben) aus Ceylon seinen eregierten Penis.

Ein Zweifarbfledermausmännchen (Vespertilio murinus, rechts) startet vom Fels aus zum Balzflug.

Damenwahl bei Hochzeitsstüblern

Eher passiv scheinen sich Mausohrmännchen zu verhalten. Sie beziehen während des Sommers, von ihren Weibchen getrennt, in der Nachbarschaft der Wochenstuben Einzelquartiere, die sie gegen andere Männchen verteidigen. Nach Auflösung der Wochenstuben bekommen die Einzelgänger Damenbesuche. Die Männchenquartiere werden so zu „Hochzeitsstuben", wie BRIGITTE und WILLI ISSEL diesen Quartiertyp treffend bezeichnen. Unsere Beobachtungen an der Mausohr-Wochenstubenkolonie in Au zeigen, daß die Männchen ihre Einzelquartiere unter demselben Dach wie die Weibchen haben können. Allerdings sind selbst dann die Männchen nicht hinter den Weibchen her. Territoriale Mausohrmännchen scheinen eine aktive Werbung nicht nötig zu haben. Die Duftstoffe ihrer großen Gesichtsdrüsen und das am Hangplatz verstrichene Drüsensekret reichen offenbar völlig aus, um liebesbedürftige Damen magisch anzuziehen.

Damenwahl während der Singstunde

Wo Fledertiere von „Haus aus" schon in Kolonien leben, scheinen Partnertreffs nicht besonders problematisch zu sein. Wie aber finden sich Einzelgänger im Pflanzengewirr tropischer Wälder? Eine ebenso ausgefallene wie wirkungsvolle Problemlösung präsentieren uns die Hammerkopf-Flughunde (*Hypsignatus monstrosus*). 1977 hat der amerikanische Zoologe J. W. BRADBURY das wohl interessanteste Paarungsverhalten eines Fledertieres beschrieben. Balzplätze, an denen sich die Männchen zur Paarung gemeinsam zur Schau stellen, findet man eigentlich bei Vögeln, wie zum

In langsamen, relativ geradlinigen Flügen werden zum Anlocken von Weibchen von den Zweifarbmännchen (Vespertilio murinus) Felszinnen oder ersatzweise Gebäude umkreist und dabei hohe, schnelle Balzrufe ausgestoßen.

Beispiel einigen Rauhfußhühnern und Fasanenarten sowie bei Schnurrvögeln. Unter Säugern zeigen nur der Uganda-Kob, eine afrikanische Antilopenart, und eben der Hammerkopf-Flughund eine ausgeprägte „Arena-Balz“. Während die Vogelmannchen mit auffälligem Gefieder um die Weibchen buhlen, nutzen die Uganda-Kobmännchen den Vorteil der offenen Steppe, um in ihren kleinen Brunftterritorien optisch aufzufallen. Die Hammerköpfe haben sich als Nachttiere akustisch einiges einfallen lassen, um die Aufmerksamkeit der Weibchen zu erregen.

Die riesigen Hammerkopfmännchen fliegen zu besonderen, traditionell genutzten Hangplätzen, landen dort nebeneinander in den Bäumen und beginnen ihre ungewöhnliche Singstunde. Das groteske Aussehen der Männchen mit der mächtig aufgetriebenen Schnauze, den lappenförmig vergrößerten Sauglippen und einem riesigen Kehlkopf steht ganz im Dienste des Liebeswerbens. Kaum sind die ersten Sänger gelandet, beginnt ein lautes, metallisches Quarren „honk ... honk ... honk ...“, das sich in einem regelmäßigen Rhythmus 50- bis 120mal in der Minute wiederholt. Immer mehr Männchen gesellen sich hinzu, bis der quarrende Chor einem überfüllten Froschteich ähnelt. Kommt ein Ge-

Kleine Hufeisennase mit Jungtier am Bauchfell (Rhinolophus hipposideros). Neben den brustständigen Milchzitzen besitzen Hufeisennasenweibchen noch ein Paar Haftzitzen in der Lendenregion.

An einer der Haftzitzen saugt sich das Junge fest und findet so zusätzlichen Halt.

schlechtsgenosse einem „Sänger“ zu nahe, wird er mit Fauchen, Keuchen und Flügelschlägen abgewehrt. Nach Einbruch der Nacht erscheinen dann die viel zierlicheren Weibchen und fliegen lautlos die Sängerparade ab. In Erregung versetzt, verstärkt der bis über 100 Mitglieder starke Männerchor jetzt sein Konzert. Findet ein Weibchen an einem bestimmten Männchen Gefallen, flattert es vor ihm hin und her. Der Auserwählte steigert daraufhin sein Werben durch beschleunigtes Flügelschlagen und sein Stakkato-Quarren, das nun ungefähr wie „honkhonkhonk“ klingt. Doch die Weibchen sind wählerisch und fliegen die Männchen oft mehrfach an und wieder weg. Schließlich läßt sich ein Weibchen neben dem Sänger seiner Wahl nieder. Dieser stellt für die 30 bis 60 Sekunden dauernde Kopulation sein Quarren ein, um erneut das Konzert anzuheben, wenn seine Sekundenbraut abgeflogen ist. Während die Sängertreffen in der Regenzeit eher kurz und unberechenbar stattfinden, erreicht die „Arena-Balz“ der Hammerköpfe in Rufrevieren ihren Höhepunkt in der Trockenzeit von Juni bis August und Dezember bis Februar.

Mutter und Kind

Weil durch Spermakonservierung und Keimruhe (verzögerte Implantation) die Zeiten zwischen Paarung und Befruchtung bzw. Befruchtung und Embryonalentwicklung dehnbar sind, können für viele Fledertierarten keine genauen Tragzeiten angegeben werden. Zusätzlich hängt die Länge der Tragzeit auch davon ab, wie häufig die Weibchen ihre Körpertemperatur aufgrund äußerer Bedingungen absenken müssen. Jede Erniedrigung der mütterlichen Temperatur führt schließlich zu einer verlangsamten Entwicklung der Embryonen. Bei unseren europäischen Arten dauern die Tragzeiten etwa zwischen 45 und 70 Tage, wobei die Zwergfledermaus den Kurzzeitrekord hält. Eine sehr viel längere Embryonalentwicklungszeit hat nur die Langflügelfledermaus zu verbuchen, bei der – wie schon bekannt – die Zeit der Keimruhe den Ausschlag für die lange Tragdauer gibt. Die Tragzeit dieser weitverbreiteten Art verkürzt sich in den wärmeren Gebieten der Erde allerdings bis auf vier Monate.

Die längste Trächtigkeitsdauer bei Fledermäusen wurde für den hochspezialisierten Gemeinen Vampir (*Desmodus rotundus*) mit fast acht Monaten nachgewiesen. Bei den Flughunden dauert die Embryonalentwicklung 115 bis 125 Tage beim Kurznasenflughund (*Cynopterus sphinx*), bis zu fünf und sechs Monaten bei den großen Flughundarten (*Pteropus*). Bei den Strohgelben Flughunden (*Eidolon*) in Afrika kann die Tragzeit, bedingt durch die verzögerte Embryonalentwicklung, bis zu neun Monate dauern.

FELIX HEIDINGER aus unserer Arbeitsgruppe wies durch seine Messungen und Beobachtungen an einer Mausohr-Wochenstubenkolonie nach, wie geschickt die trächtigen Weibchen die Embryonalentwicklung aktiv beeinflussen können. Um ihre Jungen möglichst kostengünstig auf die Welt zu bringen, nützen sie alle Energiespartricks aus. Wenn sie genügend Nahrung finden und damit die Energieversorgung der trächtigen Weibchen ausreichend gedeckt ist, halten sie ihre Körpertemperatur selbst bei niedrigsten Umgebungstemperaturen möglichst hoch. Diesen Vorteil einer raschen Embryonalentwicklung erreichen sie durch soziale Thermoregulation, indem sie am Massenhangplatz auf dichteste Tuchfühlung zusammenrücken. Herrscht jedoch Nahrungsmangel, reicht dieser Trick, Energie zu sparen, nicht aus. Jetzt hilft nur noch, auseinanderzurücken und die Körpertemperatur abzusenken, um so den Energieverbrauch zu verringern – allerdings auf Kosten einer raschen Geburt.

Die Fledermausgeburt – ein Trapezakt?

„Wie bekommen Fledermäuse ihre Jungen?“ – ist eine häufige Frage von Fledermausfreunden. Für viele schwer vorstellbar

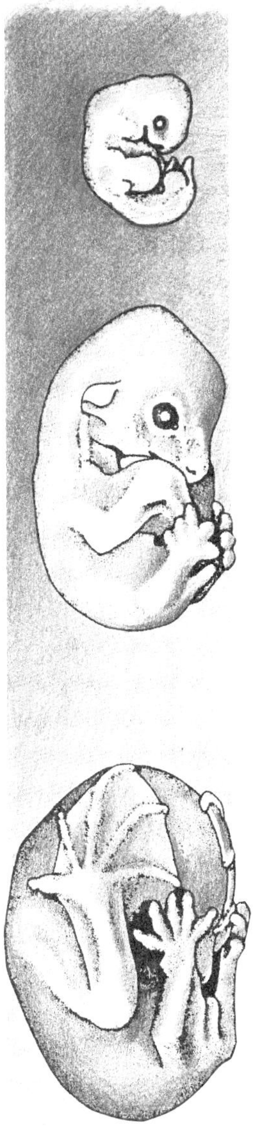

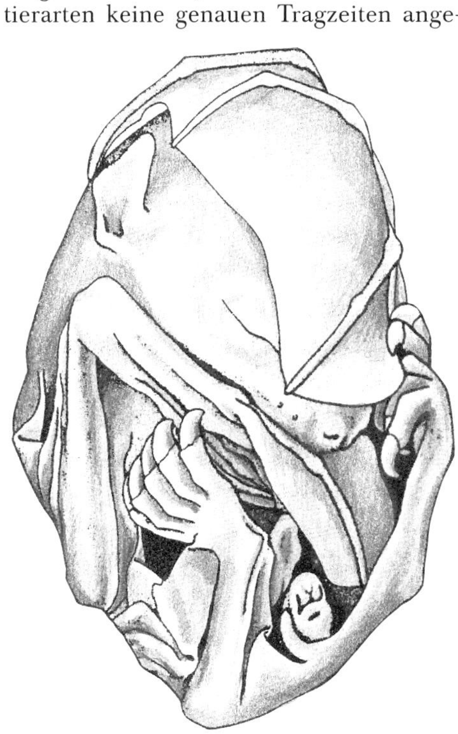

Embryonalentwicklung von Rousettus amplexi caudatus (Pteropodidae). Daß aus dem Tierchen mal ein Flieger wird, zeigt die Anlage elastischer Membranen zwischen Arm- und Fingerknochen. Beim fast geburtsreifen Fötus (rechts) sind die Hinterextremitäten und Zehenkrallen zum Anklammern schon voll ausgebildet. Die Armflügelchen wären zum Fliegen noch viel zu kurz und schwach. Sie brauchen noch das Wachstum während der Jugendentwicklung (nach HILL & SMITH 1984).

ist eine Geburt kopfunter in Trapezkünstler-Stellung ohne Netz und doppelten Boden. Doch die Fledertiere bleiben auch bei diesem Lebensvorgang ihrer auf den Kopf gestellten Welt treu. Ohne die Geborgenheit eines Nestes, wie bei vielen Kleinsäugern, werden die Jungen ganz nach Fledermausart in Hängelage geboren und aufgezogen. Auf ein sicheres „Netz" brauchen viele Fledermauskinder beim „Sprung ins Leben" dennoch nicht zu verzichten. Oft drehen sich die Weibchen zur Geburt um 180 Grad, damit das Junge, nachdem es aus dem Geburtskanal ausgetreten ist, sanft in die Schwanzflughaut wie in eine Tasche gleiten kann. Zusätzlich wirkt noch die feste Nabelschnur bei kleinen Mißgeschikken als „Sicherheitsleine". Auch waagrechte Geburtsstellungen scheinen die Mütter gegenüber der normalen Hanglage zu bevorzugen. Vorwiegend gebären die Fledertiere während ihrer Tagesruhe. Die Jungen kommen meist in Steißlage, gelegentlich auch in Kopflage zur Welt.

GÜNTER HEISE konnte bei seinen gehaltenen Rauhhautfledermäusen beobachten, daß die Neugeborenen, wenn sie in Richtung Zitze hochkriechen, mit dem Kopf pendelnde Suchbewegungen ausführen und sofort nach der Geburt von der Mutter eifrig beleckt werden. Dabei lassen sie ständig „tsett-tsett-tsett"-Rufreihen hören. Über derartige „Stimmfühlungslaute" halten junge Fledertiere während der ganzen Jugendentwicklung Kontakt zu ihrer Mutter. Zwei von uns gepflegte Abendseglerweibchen gebaren ebenfalls in aufrechter Stellung und ließen die Neugeborenen in die Schwanzflughaut gleiten. Stimmfühlungslaute der Jungen und eifriges Belekken durch die Mütter waren auch hier wichtige Verhaltensweisen, eine enge Mutter-Kind-Beziehung zu knüpfen.

In unserer Auer Mausohrwochenstube gelangen SUSANNE VOGEL mehrere Beobachtungen von Geburten unter natürlichen Bedingungen. Sie fanden alle in den Vormittagsstunden statt. Das jeweilige Weibchen hatte sich etwas von der Kolonie abgesondert, es hing meist allein an einem Schrägbalken im Dachbodenquartier. Dort klammerte es sich mit allen vier Extremitäten am Balken fest, den Kopf nach oben oder zumindest horizontal orientiert. Die Hinterbeine waren etwas abgespreizt und die Schwanzflughaut bauchseitig eingeklappt. Das Weibchen beugte oft den Kopf in die so gebildete Tasche; da es mit dem Bauch auf das Holz gerichtet hing, war nicht zu erkennen, was sich dort abspielte. Schließlich sah man Bewegungen in der Schwanzflughauttasche: Die Geburt war erfolgt. Nun beugte sich die Mutter zu ihrem Neugeborenen hinab und leckte das Junge mehrere Minuten lang intensiv ab. Da nie eine Nachgeburt unter dem Hangplatz gefunden wurde, kann angenommen werden, daß diese von der Mutter aufgefressen wurde. Etwa zehn Minuten nach Beginn der ersten Beobachtung hatte sich das Neugeborene mit Hilfe der Mutter an einer Zitze festgesaugt, das Weibchen hing nun wieder kopfunter in der Kolonie. Geburten bei Flughunden haben ERWIN KULZER und GERHARD NEUWEILER beobachtet und beschrieben. Die von KULZER gehaltenen Nilflughundweibchen gebaren in normaler Ruhestellung. Die Neugeborenen wurden trockengeleckt und nahmen mit der Mutter Stimmfühlungslaute auf. Wie wichtig solche Töne sein können, beschreibt GERHARD NEUWEILER (1969) bei seinen Freilandbeobachtungen an Indischen Riesenflughunden: „Ende Januar sammeln sich die trächtigen Weibchen in den oberen Ästen der Ruhebäume, und im März werden die Jungen geboren. Die Neugeborenen fallen kopfüber aus der Vulva in die Armbeugen der Muttertiere, wo die Jungen sofort fiepend nach der Zitze suchen. Fällt dieser Fiepton des Neugeborenen aus (bei Totgeburten und Frühgeburten), so geht das Trockenlecken des Jungen durch das Muttertier allmählich in Kauen und Beißen über, und das Neugeborene wird aufgefressen."

Transportieren und „Parken"

Früchtefressende Flughundweibchen nehmen ihre kleinen Jungen auf den abendlichen Nahrungsflügen zu den Futterbäumen mit. Dabei hängen sich die Jungen mit den Zähnen an den Zitzen, mit den Zehenkrallen am Bauchfell der Mutter fest. Bei den großen Flughunden und einigen tropischen Blattnasen werden die Jungen von ihren Müttern dann an einem Ast für die Zeit der Nahrungsaufnahme „geparkt". Für die jagenden Fledermäuse ist solch ein Transport viel zu hinderlich. Sie lassen ihre Jungen von Anfang an für die Zeit ihrer nächtlichen Jagdflüge im Quartier zurück. Dort drängt sich dann der Kindergarten oft in dichten Trauben, und jedes Kleine wartet geduldig auf die Rückkehr seiner ganz individuellen „Milchquelle". An unseren säugenden Mausohrweibchen haben wir feststellen können, daß sie es ganz besonders eilig haben, ins Wochenstubenquartier zurückzukehren. Während Weibchen ohne Junge oft die ganze Nacht über dem Quartier fernbleiben, flogen die Mütter, vor allem in den ersten beiden Lebenswochen der Jungen, oft schon innerhalb einer Stunde wieder zum Säugen in die Wochenstube

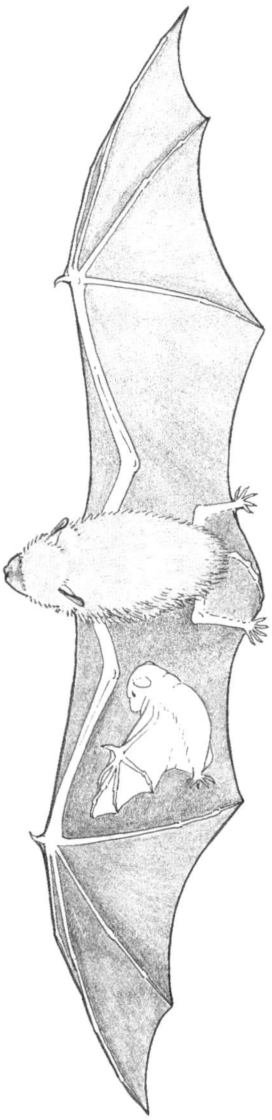

Veränderung der Proportion zwischen Körper- und Flügelgröße bei einer etwa zwei Tage alten Zwergfledermaus und einem erwachsenen Tier.

zurück. Eine Stunde später setzten sie dann meist ihren unterbrochenen Jagdflug noch einmal fort. Für ihre erste Mahlzeit vor dem Säugen suchten die Mausohrweibchen möglichst nahe Jagdgebiete auf.
Im Quartier ist der Kontakt zwischen Müttern und Kindern meist sehr innig. Auch wenn sie nicht hungrig sind, hängen die Kleinen gern an den Zitzen ihrer Mütter. Oft verrät nur eine Beule unter ihrem Flügel, daß ein Weibchen Nachwuchs hat.

Milch- und Haftzitzen

Bei allen Fledertieren liegen die Milchdrüsen in der Achselgegend. Die Weibchen einiger Fledermausfamilien (Mausschwanz-Fledermäuse, Schlitznasen, Großblattnasen, Altwelt-Blattnasen und einige Glattnasenarten) verfügen außerdem noch über zusätzliche „Haftzitzen“ ohne Milchproduktion in der Bauchregion. Daran saugen sich die Jungen fest, wenn sie nicht gerade durstig sind. Wenn der Hunger ruft, wechseln sie einfach ihre Ansaugstelle am mütterlichen Bauch.
Während die Jungtiere unserer einheimischen Glattnasen über ein gut entwickeltes Milchgebiß mit sehr spitzen Zähnchen verfügen, das auch als „Klammergebiß“ bezeichnet wird, sind die ersten Zähne bei unseren Hufeisennasen schon vor der Geburt wieder zurückgebildet. Möglicherweise sind die Haftzitzen der Mütter bei diesen Arten sozusagen als kindlicher „Zahnersatz“ ausgebildet, um den zunächst zahnlosen Kleinen ein sicheres Festsaugen zu ermöglichen. Einige Arten der Bulldogg-Fledermäuse, die in engen Spalten ihr Quartier beziehen, scheinen ihre Jungen auch im Huckepacksystem auf dem Rücken zu hüten.

Jungenentwicklung am Beispiel des Großen Abendseglers (Nyctalus noctula). Links: Die einen Tag alten, nackten und blinden Jungen klammern sich mit ihren kräftigen Hinterfüßen an das Bauchfell der Mutter. Mitte: Die Abendseglerjungen sind fünf Tage alt. Wenn Fledermausmütter zur nächtlichen Jagd ausfliegen, bleiben die Jungen im Quartier zurück und klammern sich dicht nebeneinander am Hangplatz (hier Baumhöhle) fest. Rechts: Junge Abendsegler, zehn Tage alt. Während ein Tier trinkt, beleckt das zweite seine Flügel. Die ersten Putzversuche beginnen bei Fledermäusen schon sehr früh.

Vielumsorgte Einzelkinder

Die intensive Pflege der Fledertierjungen kommt nicht von ungefähr. Schließlich ist die Geburtenrate mit meist nur einem Jungtier pro Jahr für ein kleines Säugetier nicht gerade hoch. Durch mütterliche Sorgfalt muß darum gewährleistet sein, daß möglichst viele Einzelkinder über die Runden kommen. Bei einigen Arten ist der Kindersegen jedoch etwas größer. Unter den europäischen Fledermäusen bekommen Abendsegler sowie die Arten der Gattung *Pipistrellus* meist zwei Junge. Fast schon als kinderreich müssen die Zweifarbfledermäuse (*Vespertilio murinus*) gelten, bei denen ein Weibchen auch drei Junge haben kann. Für diesen Kindersegen sind die Mütter besonders gerüstet, indem sie als einzige europäische Fledermausart über zwei Paar Milchzitzen verfügen. Man vermutet, daß die Zweifarbmütter sogar vier Junge aufziehen können, soviele wie die amerikanischen *Lasiurus*-Arten. Bei den Flughunden sind Zwillingsgeburten nur für die Arten *Epomops dobsoni* und *Pteropus rufus* bekannt.
Ausreichend versorgt wachsen junge Fledermäuse sehr schnell heran. Bei Arten mit einem Jungtier bringen die Neugeborenen etwa ein Drittel bis ein Fünftel des Gewichts der Mutter auf die Waage. Die winzigsten in Europa sind die Zwergfledermausjungen mit Geburtsgewichten von 1,3 bis 1,5 Gramm. Zunächst noch meist nackt und blind, verfügen Fledermausbabys schon über enorm große Extremitäten. Während die Hinterfüße und der Daumen bei der Geburt schon 80 Prozent der endgültigen Länge erreicht haben, besitzt der noch nicht so wichtige Unterarm erst 30 bis 40 Prozent der späteren Größe. Die zum

kleinen Babykörper überproportional groß erscheinenden Daumen und Hinterfüße haben ihren Sinn als Festhalteeinrichtung. Ist die Mutter anwesend, können sich die Tierchen an das mütterliche Fell krallen und zusätzlich an den Milch- und Haftzitzen festsaugen. Dagegen sind sie während der Jagdflüge ihrer Versorgerin ganz auf ihre eigenen Füße gestellt (gehängt). Am Hangplatz sicher festgekrallt zu sein ist deshalb überlebenswichtig für die Jungen. Oft liest man, daß einmal abgestürzte Jungtiere rettungslos verloren sind. Doch die Mutter-Kind-Bindung kann auch dann noch funktionieren. Abgestürzte Junge in unserer Mausohr-Wochenstubenkolonie, die noch laut fiepten und die wir an einen Schrägbalken ansetzten, flog die Mutter kurze Zeit später an und holte sie ab.
SUSANNE VOGEL beobachtete sogar, wie ein Mausohrweibchen in unserem Auer Wochenstubenquartier auf einem toten Jungen landete, das während einer Schlechtwetterperiode an Entkräftung gestorben und auf den Boden gefallen war. Das Weibchen kauerte über dem toten Jungtier ganz geduckt. Seine Position mit etwas nach unten gebeugtem Kopf und leicht ausgebreiteten Flügeln ähnelte der Stellung von Weibchen, die ein Junges aufnehmen.
Neben den Stimmfühlungslauten spielt beim Wiederfinden der eigenen Jungen wohl auch der Geruchssinn eine wichtige Rolle. Die von uns markierten Mausohrmütter landeten nach der Rückkehr vom Jagdflug meist direkt in dem Firstfeld, in dem sie ihr Junges hatten hängenlassen. Die Jungtiergruppe reagierte auf die Landung der Alten mit Fiepen, die Mutter kroch schnüffelnd zwischen den Jungen hin und her. Hatte sie ihr Kind schließlich gefunden, beschnüffelte und beleckte sie es vor allem im Schnauzenbereich und legte ihre Flügel über es.
Wie SUSANNE VOGELs Untersuchungen zeigten, ging in den ersten Lebenstagen dieses Wiederfinden des Jungen ausschließlich von der Mutter aus, aber schon nach vier oder fünf Tagen waren die Jungtiere bei noch geschlossenen Augen in der Lage, dem Muttertier entgegenzuklettern. Sie krabbelten dann auch schon selbständig unter den Flügel, um an die Zitze zu gelangen. Nie konnten wir bei unseren Mausohren Verhaltensweisen beobachten, die darauf schließen ließen, daß sich die Muttertiere auch um fremde Junge kümmerten.
Solches „Babysitter-Verhalten" ist für einige Fledermausarten beschrieben worden. Bei den zwei Mausohrarten *Myotis thysanodes* und *Myotis lucifugus* bleiben immer einige Weibchen bei den Jungen zurück, während die anderen Mütter jagen. Selbst bei den riesigen Wochenstubenkolonien der Mexikanischen Freischwanzfledermäuse (*Tadarida brasiliensis mexicana*) können die Mütter ihr Junges unter Millionen wiederfinden. Hier und bei der Langflügelfledermaus (*Miniopterus schreibersi*) umfaßt die gemeinsame Pflege der Jungen auch das gemeinschaftliche Säugen. Am weitesten geht die Kinderfürsorge beim Gemeinen Vampir (*Desmodus rotundus*). Hier werden fremde verlassene Jungtiere von Weibchen sogar adoptiert. Bei fast allen Arten ist die Jungenpflege reine Weibchensache. Eine Ausnahme bilden die in Harems lebenden Speernasen-Fledermäuse (*Phyllostomus discolor*). Die Herren im Harem tragen oft kleine, noch nackte, schlafende Junge auf ihrem Rücken.
Bei den europäischen Arten öffnen sich die Augen der Jungtiere zwischen dem dritten

Links: Die Jungen sind zwölf Tage alt. Beim Trinken reckt ein Junges den freien Flügel. Mitte: Essen macht müde. Während ein Junges noch trinkt, gähnt das gesättigte Geschwisterchen schon kräftig (Alter: drei Wochen). Rechts: Die Abendseglerjungen sind fünf Wochen alt. Immer häufiger werden die Flügel durch Ausstrecken in der engen Baumhöhle ausprobiert.

und zehnten Lebenstag. Die rosig aussehenden Neugeborenen haben bereits spärliche, kaum pigmentierte Haare. Doch schon während der ersten Lebenswoche setzt die eigentliche Behaarung ein. Mit wenigen Tagen können die Jungen schon recht schnell laufen und krabbeln. Das bleibende Gebiß beginnt etwa ab dem zehnten Tag durchzubrechen. Schon im Alter von drei bis vier Wochen sind kleine Rauhhaut- und Zwergfledermäuse flugfähig. Mausohr- und Abendseglerjunge brauchen ungefähr eine Woche länger für diese Fertigkeit. Die Entwöhnung der Jungen beginnt mit vier bis sechs Wochen. Wesentlich weiter entwickelt kommen die Jungen der Neuwelt-Blattnase *Carollia perspicillata* auf die Welt. Schon fast vollständig behaart, mit offenen Augen und Ohren, wirken sie wie die „Nestflüchter" unter den Fledermäusen. Doch auch diese „Frühreifen" bedürfen der mütterlichen Sorge.

Die Jungen der großen Flughundarten, wie zum Beispiel *Pteropus giganteus*, bleiben bis zu acht Monate mit der Mutter zusammen und werden mit fünf Monaten noch gesäugt.

Im Wochenstubenquartier werden fast alle Fledermausjungen ausschließlich mit Muttermilch versorgt. Von den fleischverzehrenden (carnivoren) Großblattnasen (Megadermatiden) ist allerdings bekannt, daß sie gefangene Beute ins Quartier transportieren und dort ihren Jungen geben. Vampirfledermäuse bringen ihre Jungen von Mund zu Mund auf den Blutgeschmack. Bei unseren Mausohrjungen konnten wir eine echte Fütterung nicht beobachten, dafür aber leckten sie heftig an den Mündern ihrer Mütter. JÜRGEN GEBHARD fand die gleiche Verhaltensweise bei Abendseglern. Ob es dabei um die Übertragung von Antikörpern, Geschmacks- oder Futterproben, Enzymen oder Flüssigkeit oder auch einfach um die Stärkung der Mutter-Kind-Beziehung geht, bedarf noch einer Klärung.

Fliegen und Orten will gelernt sein

Schon früh beginnen Fledertierjunge mit Flugübungen. Zunächst öffnen sie die noch nicht tragfähigen Flügelchen einfach nur abwechselnd. Die „erste Lektion" kann sogar am Bauchfell der Mutter hängend geübt werden. In der Enge von Baumhöhlen- und Spaltenquartieren können junge Fledermäuse bis zum ersten Ausfliegen nur solche Flügelstreckübungen durchführen. Dagegen sind Fledermauskinder in großvolumigen Wochenstubenquartieren im Vorteil. Dort beginnen sie im sicheren Quartier schon früh mit echten Flugübungen. SUSANNE VOGEL beobachtete ab dem 23. Lebenstag solche Mausohr-„Flugschüler" auch tagsüber auf dem Dachboden. Die Jungtiere kletterten dazu an einem senkrechten Balken herab und orteten besonders lange und ausführlich, wobei sie den Kopf mehrmals horizontal hin und her bewegten.

Schließlich flogen sie in einer mehr oder weniger abfallenden Kurve den gegenüberliegenden Balken an. Mit dem Kopf nach oben, die Flügel ausgebreitet, landeten sie. Kam ihnen etwas in die Quere, zum Beispiel die Beobachterin oder die Meßinstrumente, konnten sie nicht ausweichen, sondern landeten auf dem Hindernis. War der Flug erfolgreich, drehten sich die Jungtiere wieder in die Abflugposition und starteten zu weiteren Flugübungen.

Nicht nur fliegen, auch echoorten will erlernt sein! Die ersten Laute der Fledermäuse sind verhältnismäßig tief und undifferenziert. Sie dienen nur der Stimmfühlung mit der Mutter. Messungen haben gezeigt, daß zum Beispiel die Rufe junger Mausohren bis zu einem Alter von 18 Tagen bei einer Frequenz von 20 bis 30 Kilohertz liegen und erst dann langsam auf 50 bis 70 Kilohertz ansteigen. Arten, die mit ihren Müttern zum ersten gemeinsamen Ausflug starten, fliegen hinter diesen in einer Art „Schallschleppe" mit. BODO STRATMANN beschreibt, wie ein Weibchen des Großen Abendseglers (*Nyctalus noctula*) ein Junges geradezu schulte, sich im Raum zu orientieren und heimzufinden, indem es das Jungtier durch Rufe aus dem Quartier lockte und zum Nachfolgen verleitete. Bei Hufeisennasen- und Glattnasenarten konnte man nachweisen, daß die Jungtiere ihren Müttern auf Jagdflügen folgen. Junge Taschenflügelfledermäuse (*Saccopteryx leptura*) wurden beobachtet, wie sie ihren Müttern hinterherflogen und alle Bewegungen nachahmten, die sie bei der Jagd auf Insekten machten.

Im Gegensatz zu den beschriebenen Mutter-Kind-Beziehungen steht das Verhalten unserer Mausohren. Durch Markierungen von Mutter-Kind-Paaren konnten wir zeigen, daß Mutter und Jungtier nicht gleichzeitig ausfliegen und somit das Junge von der Mutter nichts erlernen kann. Mit dem ersten Ausflug ist das Mausohrjunge außerhalb des Quartiers auch gleich auf sich selbst gestellt. Fliegen und echoorten erlernte es vorher per Selbsttraining schon im Wochenstubenquartier. Auch wie man erfolgreich jagt, muß es sich ebenfalls selber beibringen. Für die noch unsicheren Jungtiere sind daher nahrungsreiche Jagdgebiete in unmittelbarer Quartierumgebung von hohem Wert. Daß mit dem ersten Ausflug aus dem Quartier, der ab dem 35. Lebenstag stattfinden kann, aber noch lange nicht die Ablösung der Jungen von ihren Müttern einhergeht, zeigten Beobachtungen von SUSANNE VOGEL. Bereits 61 bzw. 64 Tage alte Jungtiere sah sie noch bei ihren Müttern saugen. Damit war auch erklärbar, warum „Juvenilenkot", ein Gemisch von Milchkot und Resten fester Nahrung, in den Quartieren noch bis Ende August gefunden wurde. Die lange Säugeperiode der Mausohren ist sicher günstig für das Überleben der Jungen. Wenn auch der Jagderfolg gering war, wartete wenigstens eine „Milchquelle" auf die Jagdschüler!

Leben und Sterben

Trotz aller Fürsorge ist die Sterblichkeit junger Fledermäuse recht hoch. Man schätzt, daß insgesamt nur 30 bis 40 Prozent der Jungen das zweite Lebensjahr erreichen und somit durch Fortpflanzung zur Arterhaltung beitragen können. IVAN HORACEK gibt für die von ihm untersuchten Mausohrwochenstuben eine Jungtiersterblichkeit von fünf bis zehn Prozent unter normalen Bedingungen an. In naßkalten Sommern, wenn während längerer Schlechtwetterperioden die Weibchen kaum Nahrung finden können, steigt die Sterblichkeitsrate der Jungen drastisch an. Für Mausohrkolonien sind schon Jungenverluste in dieser kritischen Zeit von über 50 Prozent belegt.

Daß die Mausohrweibchen ihre Jungen ausgerechnet, wenn es kalt wird, weniger versorgen und umhegen und während Schlechtwetterperioden sogar für Tage allein im Wochenstubenquartier zurücklassen, sieht auf den ersten Blick wenig nach mütterlicher Fürsorge aus. Und dennoch ist diese Strategie für die Jungen unter Umständen lebensrettend, wie FELIX HEIDINGER feststellte. Denn ihre Energiereserven reichen um ein Vielfaches länger aus, wenn die Körpertemperatur absinkt und die Jungtiere so in einen Starrezustand verfallen. Auf Körperwachstum müssen die Jungen in Zeiten der Nahrungsknappheit verzichten. Im gleichen Maß, wie der Energieverbrauch während der Kältestarre

Fortpflanzungszyklus der europäischen Fledermäuse. Das zeitlich eng befristete Nahrungsangebot bestimmt den Takt, in dem unsere Fledermäuse arttypisch ihre Quartiere aufsuchen, auf Wanderung gehen und sich fortpflanzen. Dank Spermakonservierung können Paarung und Befruchtung zeitlich unabhängig voneinander erfolgen. (Die Zeichnung zeigt verschiedene Arten.)

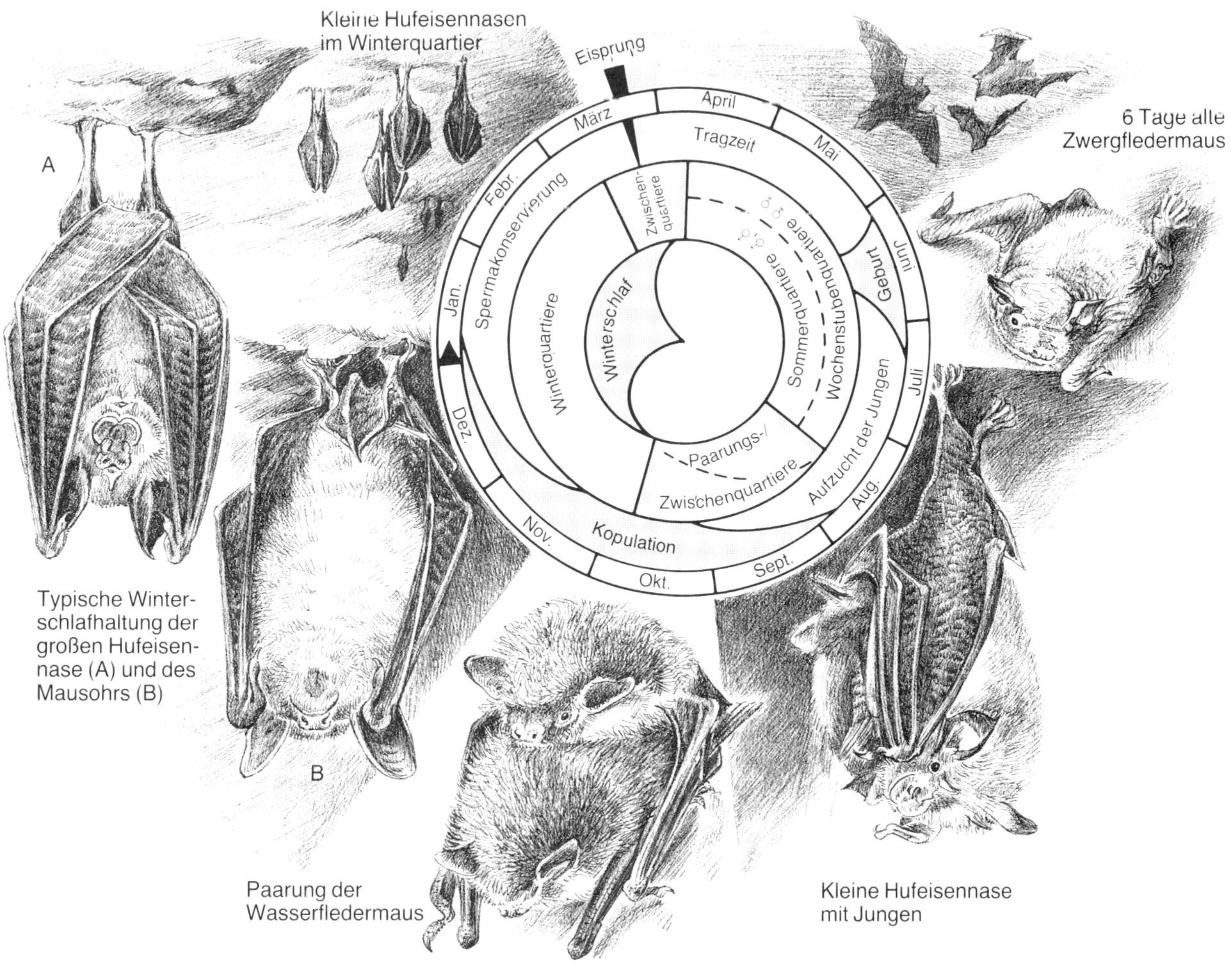

Zwischen dem Kindergewühl in der Kinderstubenkolonie der ceylonesischen Hufeisennasen (Rhinolophus rouxi, rechts) halten sich immer auch einzelne Weibchen wie zum „Babysitting" auf.

Unter dem Kinderhangplatz türmen sich kleine Leichen von Hufeisennasenbabies (Rhinolophus rouxi, unten), die von der bröckeligen Höhlendecke abstürzten und nicht mehr den Weg zurückschafften.

Totes Mausohrjunges (Myotis myotis, rechts) unter Wochenstubenkolonie. Während Schlechtwetterperioden sind besonders in den frühen Aufzuchtphasen die Jungenverluste hoch.

(Torpor) reduziert ist, verringert sich auch das Wachstum der Jungen bei niedrigen Körpertemperaturen. Nähmen jedoch die Weibchen ihre Jungen bei niedrigen Umgebungstemperaturen an und erhöhten deren Körpertemperatur, würden die Kleinen eine kurze Wachstumsphase mit dem Leben bezahlen, denn ihre Energiereserven würden aufgebraucht. Bei knapp bemessenem Energiestoffwechsel der Mausohrmutter muß in Kälteperioden das Wachstum der Jungtiere völlig hinter dem Überleben bei niedrigen Körperfunktionen zurückstehen. Nicht hudernde Mausohrweibchen während Schlechtwetterperioden sind somit noch lange keine „Rabenmütter"!

Unfälle kleiner Jungtiere wirken in großen Kolonien besonders dramatisch. Uns bot sich unter einer zigtausend Köpfe umfassenden Wochenstube von Hufeisennasen (*Rhinolophus rouxi*) in einer ceylonesischen Höhle ein grauenvolles Bild. Die Kotberge waren übersät mit verwesenden Baby-Fledermausleichen. Wir konnten feststellen, daß immer wieder Jungtiere abstürzten. An dem brüchigen Gestein der Höhlendekke hatten sie keinen ausreichenden Halt gefunden. Wie eine Ameisenstraße ließ sich ihr Weg zurück in die Geborgenheit der Kinderstube verfolgen: Die jungen Hufeisennasen suchten wohl – und das scheint für flugunfähige Fledermausjungtiere auf dem Boden eine typische Verhaltensweise zu sein – rückwärts laufend Kontakt mit den senkrechten Höhlenwänden. Wie die Spur der toten Körperchen zeigte, erreichen viele nicht das ferne Ziel. Leben und Sterben so dicht beieinander zu sehen machte uns betroffen. Doch solange der Mensch nicht nachteilig eingreift, ist auch das Sterben von Jungtieren ein natürlicher, im Regelkreis des Lebens einkalkulierter Vorgang. Die kritischste Phase der Fledermausjungen ist die Zeit nach der Entwöhnung von ihren Müttern. Bei schlechter Witterung sind sie dann besonders gefährdet, da sie über wenig Fettreserven verfügen und zudem noch recht unerfahren sind.

Kleine Methusalems

Fledermäuse erreichen ein für kleine Säugetiere geradezu biblisches Alter. Das bisherige Höchstalter der Kleinen Hufeisennase (*Rhinolophus hipposideros*) liegt bei 21, das der Großen sogar bei 30 Jahren. Auch die Flughunde scheinen viele Jahre lang ihre Schwingen auszubreiten. Der Palmenflughund (*Eidolon helvum*) wird bis zu 21,8 Jahre alt, der Altersrekord Indischer Riesenflughunde (*Pteropus giganteus*) liegt immerhin bei 17,2 Jahren.
Mit dem „Methusalem" Große Hufeisennase mithalten kann die nordamerikanische Kleine Braune Fledermaus (*Myotis lucifugus*), die auch schon 30 Jahre alt geworden ist.
Der Große Abendsegler und die Rauhhautfledermaus bleiben mit nachgewiesenen Höchstaltern von etwa sieben Jahren deutlich unter den Altersrekorden der Gattung *Myotis* und *Rhinolophus*. Sie sind waldbewohnende Fernwanderer und haben, im Gegensatz zu den Felsüberwinterern, regelmäßig zwei Junge. Das höhere Risiko bei größerer Wanderfreudigkeit scheinen sie mit einer höheren Fortpflanzungsrate auszugleichen. Ein hohes Alter erreichen allerdings immer nur wenige Einzeltiere. Aus Populationsuntersuchungen weiß man, daß die Verluste in der Zeit von der Geburt bis zur Entwöhnung am höchsten sind. Unfälle und Nahrungsmangel sind die häufigsten Ursachen. Auch der erste Winterschlaf und die dafür notwendigen Vorbereitungen kosten vielen Fledermäusen das Leben. Wer als Fledermausjunges diese gefährlichen Klippen erfolgreich umschifft hat, kann dann mit einem Alter von sieben bis acht Jahren rechnen, das immerhin 40 bis 80 Prozent aller erwachsenen Tiere erreichen. Mit sechs bis sieben Jahren steigt dann die Todesrate wieder stark an. Bis auf die wenigen übriggebliebenen „Methusalems" hat sich dann eine Population alle sechs bis sieben Jahre einmal völlig erneuert. Ob unsere Fledermäuse ihr biologisches Programm mit dem natürlichen Werden und Vergehen auch ablaufen lassen können, hängt immer mehr vom Menschen ab.

An warmen Tagen verteilen sich die Tiere einer Mausohr-Wochenstubenkolonie (Myotis myotis) durch Auseinanderrücken über ganze Firstfelder.

Hier hat eine Abendseglerkolonie (Nyctalus noctula) einen Holzbetonnistkasten als „Ersatzbaumhöhle" bezogen.

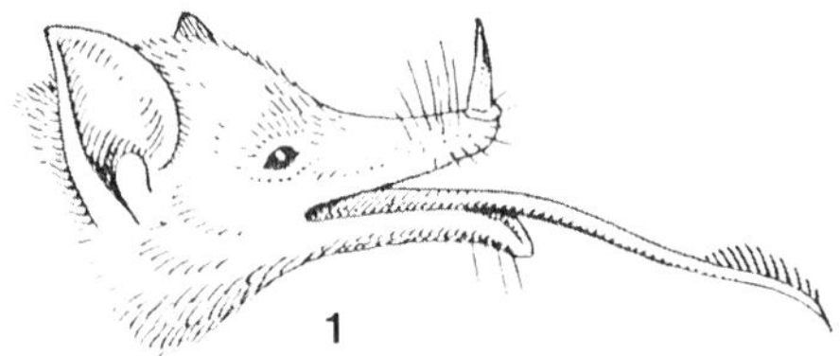

1

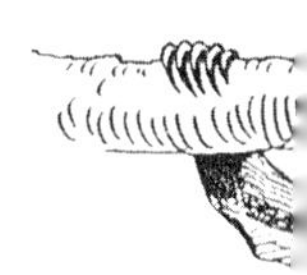

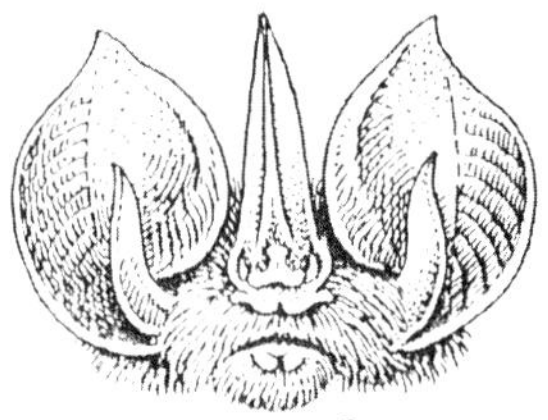

2

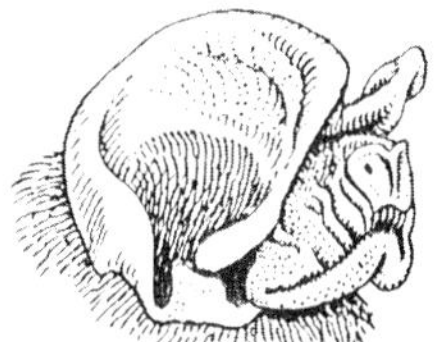

3

Fledertiere, die in mehr oder weniger großen Verbänden leben: **1** *Choeronycteris mexicana, eine Blattnase;* **2** *Lonchorhina aurita, ebenfalls zu den Blattnasen gehörend;* **3** *Tadarida megalotis, eine Freischwanzfledermaus;* **4** *Pteropus vampyrus, der malaiische Kalong;* **5** *Megaderma lyra, der indische Falsche Vampir und* **6** *Pteropus capistratus, einer der größten Flughunde.*

EINSIEDLER UND VERBÄNDE – DIE SOZIALBEZIEHUNGEN

Neben Arten, die bis auf die Paarung einzeln leben, lassen sich bei den Säugetieren fünf Grundformen von Sozialeinheiten unterscheiden: Das Paar (1 Männchen, 1 Weibchen), der Harem (1, 2+), die Weibchen-Einheit (0, 2+), die Männchen-Einheit (2+, 0) und die gemischte Gruppe (2+, 2+). Eine Sozialeinheit ist eine Dauerbindung von mindestens zwei erwachsenen Tieren, die unabhängig von der Paarungszeit existiert und die sich gegen andere Sozialeinheiten abgrenzt. Heranwachsende Jungtiere werden mit der Geschlechtsreife meist aus einer solchen Einheit ausgegliedert. Der amerikanische Fledermausforscher J. W. BRADBURY hat 1977 die Sozialstrukturen der Fledermäuse folgendermaßen eingeteilt: 1. solitär lebende Arten, 2. über das ganze Jahr bestehende Gruppen (saisonal invariabel) mit den drei Organisationsformen Harem, gemischte Gruppen und monogame Arten mit fester Paarbindung sowie 3. saisonal wechselnde (variable) Gruppen.

Zu den Einzelgängern scheinen die afrikanische Bananenfledermaus (*Pipistrellus nanus*), die Gespensterfledermaus (*Diclidurus albus*) und einige *Lasiurus*-Arten zu gehören. Aber auch kleine Arten der Flughunde, wie Langzungenflughunde aus der Gattung *Macroglossus* und *Megaglossus* bzw. die Arten *Myonycteris torquata* und *Micropterus pusillus,* wurden schon einzelgängerisch gefunden. Feste Paare zusammen mit ihrem Nachwuchs fand man zum Beispiel bei den afrikanischen Schlitznasen *Nycteris hispida*, *N. nana* und *N. arge*, der Wolligen Hufeisennase (*Rhinolophus luctus*), der Gelbflügelfledermaus (*Lavia frons*) und der Großen Spießblattnase (*Vampyrum spectrum*).

Einige tropische Fledermäuse leben das ganze Jahr in Harems. Auf Trinidad bildet die südamerikanische Zweistreifentaschenfledermaus (*Saccopteryx bilineata*) Harems aus einem erwachsenen Männchen und bis zu acht Weibchen. Ihr Quartier beziehen die Haremsgruppen an geeigneten Stämmen großer Bäume. Der männliche Haremsbesitzer verteidigt dieses Quartierterritorium durch Lautäußerungen und verjagt männliche Eindringlinge. Wer sich in seinen Harem wagt, bezieht Prügel mit den Flügeln. Umgekehrt setzt der Haremsbesitzer optische, geruchliche und akustische Signale ein, um Weibchen als Haremsdamen zu gewinnen. Die Haremsdamen sind auch gegen die Verlokkungen fremder Haremsbesitzer nicht immun und wechseln wohl gelegentlich den Harem. Die zu Beginn der Regenzeit geborenen Jungen verbringen den Tag im Haremsverband und werden von ihren Müttern auf die nächtliche Nahrungssuche mitgenommen. Der größere Nachwuchs wird auf einem benachbarten Baum zurückgelassen. Wenn die Taschenfledermausmännchen gegen Morgen zurückkehren, kommt es zu territorialen Auseinandersetzungen, die von Lautäußerungen und optischem Zurschaustellen begleitet werden. Schließlich will für die Tagesruhe jeder Mann seinen Harem wieder zusammenbringen oder vergrößern. Die Kleine Zweistreifentaschenfledermaus (*Saccopteryx leptura*) lebt dagegen in gemischten Gruppen von einem bis zwei Männchen und mehreren Weibchen.

Während bei der Zweistreifentaschenfledermaus *(Saccopteryx bilineata)* die ledigen Männchen alleine und oft in engster Nachbarschaft eines Harems leben, bilden bei der asiatischen Glattnasen-Fledermaus (*Thylonycteris*) die alleinstehenden Männchen kleine Junggesellengruppen. Bei der Lanzennase (*Phyllostomus hastatus*) können die Harems bis zu 100 Weibchen umfassen. Man findet sie in Höhlen, in denen auch ledige Männchen in Gruppen leben. Letztere wechseln oft von einem Quartier ins andere. Die Männchen dieser Blattnasenart unternehmen keine Lockversuche um Weibchen. Ihre Haremsdamen bleiben

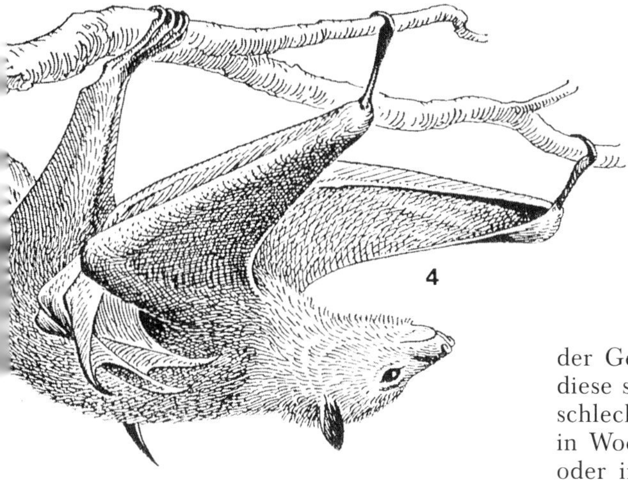

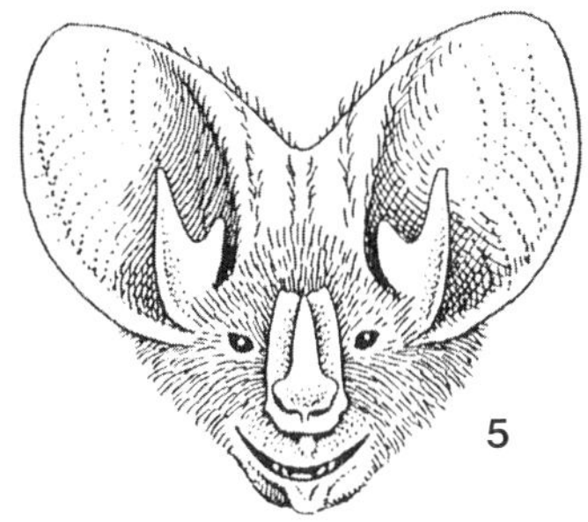

ihnen oft länger als ein Jahr treu. Durch Territorialverhalten verteidigen die Lanzennasen ihren Harem. Die Haremsbesitzer finden kaum Zeit zum Fressen. Während die Weibchen auf Nahrungssuche gehen, verlassen sie das Haremsquartier nur für ganz kurze Zeit. Ihre Besitzansprüche zeigen die Männchen, indem sie die meiste Zeit im Haremsquartier verbringen.

Ein Beispiel für dauerhaft gemischte Gruppen geben uns die Indischen Riesenflughunde *Pteropus giganteus* aus Indien und Sri Lanka. Die Rangordnung der Koloniemitglieder in ihren Schlafbäumen läßt sich an ihren Hangplätzen ablesen. Während die dominanten Männchen ihren Spitzenplatz demonstrieren, indem sie die obersten Hangplätze im Baum in Beschlag nehmen, müssen die nachgeordneten Männchen und Jungtiere ihr Quartier auf den niedrigeren „Stufen des Treppchens" beziehen. Sie hängen an den tieferen und äußeren Ästen. Die Männchen sind bemüht, ihre festen Hangplätze zu halten. Dagegen wechseln die Weibchen ihre Plätze in den Schlafbäumen oft von Tag zu Tag. Für die sehr großen Gruppen australischer Flughunde, die sich mit 50 000 bis 100 000 Tieren in bestimmten Regenwaldgebieten oder in Mangrovenzonen zum Tagesschlaf zusammenfinden, hat sich unter australischen Zoologen der Begriff „Day-Time-Camp" eingebürgert. Innerhalb ihrer Gruppen kommen sich Fledertiere unterschiedlich nahe. Während bei vielen Arten die Koloniemitglieder im Quartier eng zusammenklumpen, halten andere bestimmte Individualabstände ein.

Die wechselnden Jahreszeiten in den gemäßigten Klimazonen wirken sich bei den dort lebenden Fledermausarten auch auf die Sozialbeziehungen aus. Mehr oder weniger ausgeprägt lassen sich im Jahreszyklus drei Phasen unterscheiden. Den Winterschlaf verbringen die Geschlechter gemeinsam. Die zweite Phase beginnt mit der Geburt der Jungen und endet, wenn diese selbständig geworden sind. Die Geschlechter leben getrennt, die Weibchen in Wochenstuben, die Männchen einzeln oder in Junggesellengruppen. Im Herbst entstehen dann häufig Paarungsgruppen. Geradezu ein Modellfall für diese Sozialstruktur ist unsere Zwergfledermaus (*Pipistrellus pipistrellus*), deren Zyklus GRIMMBERGER beschreibt: a) Winterquartier ohne Geschlechtertrennung mit bis zu über 1000 Tieren in der Zeit von November bis März; b) ab Ende Mai Wochenstuben in einer Größe von 20–250 Weibchen. In dieser Zeit leben die Männchen solitär oder in kleinen Gruppen. Die Wochenstuben lösen sich ab Ende Juli bis Mitte August auf. Es entstehen dann die überwiegend aus Jungtieren zusammengesetzten Invasionsgruppen (bis über 100 Tiere); c) nach Auflösung der Wochenstuben bilden sich wie bei der Rauhhautfledermaus (*Pipistrellus nathusii*) oder dem Großen Abendsegler (*Nyctalus noctula*) Paarungsgruppen (Harems).

GÜNTER HEISE und AXEL SCHMIDT untersuchten unabhängig voneinander die soziale Organisation und Ökologie des Braunen Langohrs (*Plecotus auritus*). Sie stellten fest, daß die Weibchen in geschlossenen Gruppen leben, wobei der größte Teil des weiblichen Nachwuchses in dieser Gesellschaft verbleibt. Die Weibchengruppen bauen sich somit aus nahen Verwandten auf. Auch die jungen Männchen kehren im ersten Frühjahr meist in ihre Geburtsgesellschaft zurück, wandern dann aber ab und sorgen so für den Genaustausch.

Nur selten kann man bei den europäischen Fledermausarten beobachten, daß die Tiere sich untereinander putzen. Ganz anders geht es da beim Gemeinen Vampir (*Desmodus rotundus*) zu. Hier verbringen die Partner nach den Beobachtungen UWE SCHMIDTs viel Zeit mit sozialer Fellpflege. Sie belecken sich am Maul, Kopf, Bauch und unter den Flügeln. Oft ist die ganze Gruppe damit beschäftigt, sich gegenseitig minutenlang zu lecken und dabei mit den Flügeln zu umklammern. Nicht nur in dieser Hinsicht haben Vampire unter den Fledermäusen die stärkste soziale Ader.

Zu den wenigen Laubbewohnern der gemäßigten Zonen zählt die nordamerikanische Silberhaarfledermaus (Lasiurus cinereus, links). Hier hängt ein Weibchen mit seinen beiden schon recht großen Jungen frei im Geäst.

Die Hangplätze in den traditionellen Quartierbäumen der indischen Riesenflughunde (Pteropus giganteus, großes Bild) sind durch die Krallen der Benutzer bald entlaubt.

VOM LAUBBLATT BIS ZUM BUNGALOW

Quartiere spielen in einem Fledermausleben eine wichtige Rolle. Nicht nur der Mensch verbringt über die Hälfte seines Lebens im Bett. Auch Fledertiere sind länger als ihr halbes Leben auf Quartiere angewiesen. Dort halten sie ihren Tagesschlaf, paaren sich, ziehen die Jungen groß und verschlafen artgemäß den Winter. Quartiere fördern soziale Beziehungen und Verdauung, bieten Schutz vor den Unbilden der Witterung und vor Feinden.

Geeignete Tagesquartiere sind in einem Fledermausleben so wichtig wie die ausreichende Nahrung. Nur wo das Quartierangebot stimmt, können Fledermäuse sich ansiedeln. Weil sie ihre Unterschlupfe – von Ausnahmen abgesehen – nicht selber herstellen, sind die Fledertiere auf bereits vorhandene artgemäße Verstecke angewiesen. Wenn auch keine Baumeister, so sind Fledermäuse zumindest meisterhaft, wenn es darum geht, Verstecke zu finden. Neben zahlreichen natürlichen Quartierangeboten läßt man als Fledertier auch andere für sich bauen. Als Nach- oder Untermieter ziehen zahlreiche Arten in Bauten von Tieren und in menschliche Bauwerke ein. In manchen Gegenden sind Fledermausarten sogar von diesem „Mietverhältnis“ in menschlichen Gebäuden abhängig.

Südamerikanische Gelbohrfledermäuse (Ectophylla alba). Unter dem Blattgiebel hängend, werden sie bei durchschimmerndem Licht nahezu „unsichtbar“.

Kurznasen-Flugfüchse (Cynopterus brachyotis) haben unter einem Palmblatt in Thailand ihren Vorzugsschlafplatz gefunden.

Bezieher pflanzlicher Wohnungen

„Phytophil“ (pflanzenliebend) bezeichnet man Fledertierarten, die ihre Ruheplätze an oder in Bäumen, Büschen und anderen Pflanzen wählen. Besonders in den Tropen wohnen viele Fledertiere nach Altvätersitte. Dabei bieten die Pflanzen den Tieren Unterschlupfmöglichkeiten in schier unerschöpflicher Vielfalt. Die Mehrzahl der Flughunde hängt sich einfach frei an Ästen und Zweigen an, um so in kleineren oder größeren Gruppen den Tag zu verbringen. Oft tragen solche Bäume nur noch Flughunde. Durch die Masse der Tiere werden traditionelle Flughund-Schlafbäume nicht nur entblättert, sondern auch entrindet, weil sich Tausende mit ihren Krallen anhängen und umherklettern. Wenn dann die Flughunde in ihre Flughäute eingehüllt dort den Tag verdösen, scheint es von weitem, als ob die Bäume Früchte trügen. Die kleineren Flughundarten und verschiedene

Vertreter der amerikanischen Blattnasen kann man dagegen oft nur mit Mühe an ihren Baumhangplätzen erkennen. Ruhig im dichten Blattwerk hängend und manchmal noch mit einer Streifenzeichnung versehen, lösen sich die Tiere im Spiel von Licht und Schatten nahezu auf.

Alle Blattwerksbewohner können ihre Quartiere nur vorübergehend in Anspruch nehmen. Wenn die Blätter absterben oder abfallen, bieten die Pflanzen keine geeigneten Quartiere mehr. Blattwerkquartiere fördern daher ein nomadisches Leben mit häufigem Quartierwechsel und bieten nur wenig Schutz vor Temperatur- und Feuchtigkeitswechseln. Die meisten blattwerkbewohnenden Fledertiere leben einzeln oder in kleinen Gruppen und sind meist auf die tropischen Regionen begrenzt.

Lediglich die größten Flughundarten bilden individuenreiche Zusammenschlüsse. Die wenigen Laubbewohner der gemäßigten Zonen müssen sich dem herbstlichen Laubfall anpassen. So verlassen die in Laubwäldern Nordamerikas hängenden *Lasiurus*-Arten im Herbst ihre Aufenthaltsorte. In den Südstaaten lebende Populationen haben es einfacher. Sie ziehen beim Laubfall der Aprikosenbäume auf die immergrünen Orangenbäume um. Auch Spanisches Moos und Reben dienen *Lasiurus* als Verstecke, wobei *Lasiurus cinereus* durch ihr silbriggraues Fell auch optisch gut getarnt vor Freßfeinden ist.

Besonders günstige Fledermausverstecke bieten die Kronen hoher Palmen. Als Fledermausquartier geradezu geschaffen ist eine Palmenart, die auf Kuba und in anderen mittelamerikanischen Ländern vorkommt. Ihr schopfartiges Blattwerk besteht in seiner unteren Hälfte nur aus vertrockneten Wedeln, die abwärts hängen und dicht aneinander anliegen. So bietet es für Untermieter einen ausgezeichneten Unterschlupf. Bis zu 3000 Fledermäuse benutzen solch ein Baumquartier und verraten dann durch eine dicke Kotschicht am Stammfuß ihre Anwesenheit. Sie sind sogar Namenspaten dieser Palmenart: *Copernicia vespertilionum* (Fledermauspalme) wurde sie von den Botanikern getauft.

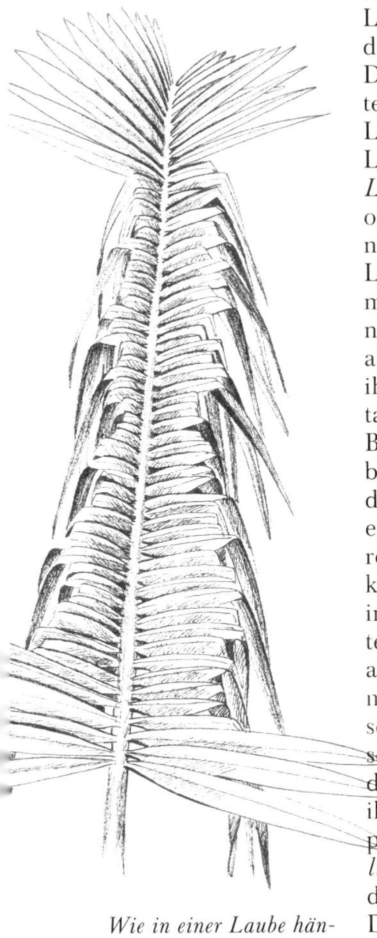

Wie in einer Laube hängen die Fledermäuse unter diesem Palmwedel. Er ist zwar kein Dach überm Kopf, sondern – ganz fledertiergemäß – eins über ihren Füßen.

Daß Bananenblätter einen idealen Schutz vor Sonne und Regen bieten, wird von Fledermäusen schnell erkannt. Unter den Mittelrippen der großen herabhängenden Blätter kann man mehrere Fledertierarten nebeneinander antreffen. Auch in Gegenden, in denen Bananen erst durch Menschen eingeführt wurden, sind diese jetzt in Fledertierhand (oder besser -fuß). Vor ihrer Entfaltung bilden die jungen Bananenblätter Tüten. Eine besondere Vorliebe für diese Blattüten haben vor allem die beiden afrikanischen Glattnasenarten *Myotis bocagei* und die Bananenfledermaus (*Pipistrellus nanus*) sowie die madegassische *Myzopoda aurita* entwickelt, wobei die Zeit der Benutzung äußerst beschränkt bleibt. Meist schon nach einigen Tagen rollt sich das Tütenheim auf und macht einen Wohnungswechsel erforderlich. Ähnlich wie *Myzopoda* haben die zwei Arten der Amerikanischen Haftscheiben-Fledermäuse (*Thyropteridae*) an Handgelenk und Fußwurzel spezielle Haftscheiben entwickelt, mit denen sie sich in den aufgerollten Blättern festsaugen können. Im Prinzip wenden sie eine ähnliche Technik an, wie beim Transport und Einsetzen großer Glasscheiben durch Griffe mit Saugscheiben. Entgegen alter Fledermausgewohnheiten sitzen die Amerikanischen Haftscheiben-Fledermäuse mit dem Kopf nach oben in ihren Blattwohnungen im tropischen Regenwald.

Einzigartig für Fledermäuse bereiten sich einige Neuwelt-Blattnasen durch „Umbau" sogar ihre Schlafquartiere vor. Diese „zeltbauenden" Fledermäuse gehören den Gattungen *Uroderma, Ectophylla* und *Artibeus* an. Die Zoologin JULIANE KOEPCKE hat den Zeltbau von *Ectophylla macconnelli* im Regenwald Perus beobachtet. In kleineren Gruppen von zwei bis acht Individuen bewohnt *Ectophylla* Tagesquartiere, die die Tiere selbst schaffen, indem sie große Blätter umformen. Um das Zelt aufzubauen, durchbeißen die Fledermäuse im mittleren Bereich der bananenartigen Blätter das Blattgewebe zu beiden Seiten längs der Mittelrippe, so daß das Blatt giebelartig zusammenklappt. Dabei besitzen die Fledermäuse mehrere Schlafplätze gleichzeitig, die sie im Abstand von wenigen Tagen abwechselnd aufsuchen. JULIANE KOEPCKE beobachtete, daß ein Quartier durchschnittlich vier bis fünf Monate lang benutzt werden konnte. Nach einem halben Jahr begann sein Zerfall.

Die helle Fellfarbe von *Ectophylla macconnelli* bietet den Tieren im Tagesquartier eventuell einen Sichtschutz vor tagaktiven Feinden. Von unten betrachtet, erscheint das Dach des Schlafplatzes durch das auffallende Licht gelblichgrün; der Raum darunter ist diffus dämmerig. Das hellgraue Fell und die gelbliche Färbung der Ohren, des Ohrdeckels (Tragus) und der Schnauzenpartie bewirken, daß die Fledermäuse mehr oder weniger mit diesem Hintergrund verschmelzen und somit vor Entdekkung getarnt sind.

Auch Spalten und Hohlräume zwischen Früchten und Fruchtständen sowie Luftwurzeln und freistehendes Wurzelwerk von Bäumen dienen als Fledermausverstecke. Spalten in der Rinde oder im Stammholz werden ebenfalls gern angenommen. Zu den beliebtesten Tagesquartieren phytophiler Fledertiere zählen aber Stammhöhlen. In den Tropenwäldern nutzen Hufeisennasen, Rundblattnasen und Bulldogg-Fledermäuse diese Quartiere. In Afrika sind die Große Schlitznase (*Nycteris grandis*) und die Rundblattnase (*Hipposideros cyclops*) an Baumhöhlen gebunden. In den südamerikanischen Regenwäldern beziehen die Große Spießblattnase (*Vampyrum spectrum*) und die Gemeinen Vampire (*Desmodus rotundus*) gerne in hohlen Bäumen ihr Quartier. Unsere einheimischen Arten, die Baumquartiere benutzen, werden kurz und bündig als „Baumfledermäuse" bezeichnet. Bei näherem Hinsehen nutzen die einzelnen Arten ihre Baumquartiere sehr unterschiedlich. Während Baumhöhlen für manche nur ein Zwischenquartier sind, haben sie für andere Bedeutung als Balz-, Wochenstuben- oder sogar Winterquartier. Klassische Baumfledermäuse, die diesen Quartiertyp nahezu exklusiv nutzen, sind Kleiner Abendsegler, Bechstein- und Fransenfledermaus. Höchstens noch Vogelnist- und Fledermauskästen werden von ihnen als Ersatzbäume akzeptiert. Dagegen nehmen Abendsegler, Braunes Langohr, Zwerg-, Rauhhaut- und Wasserfledermaus auch Hohlräume an Gebäuden als Quartiere an.

1
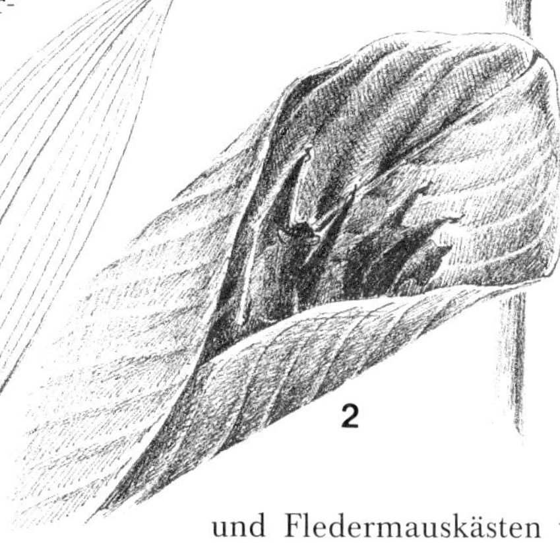
2
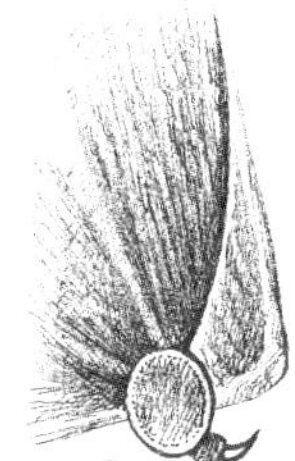
3
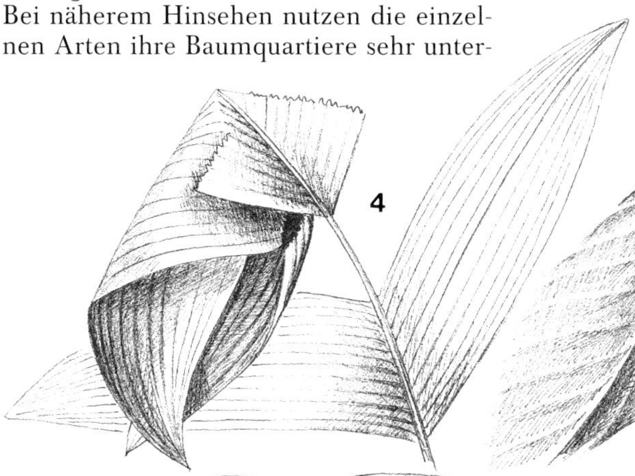
4
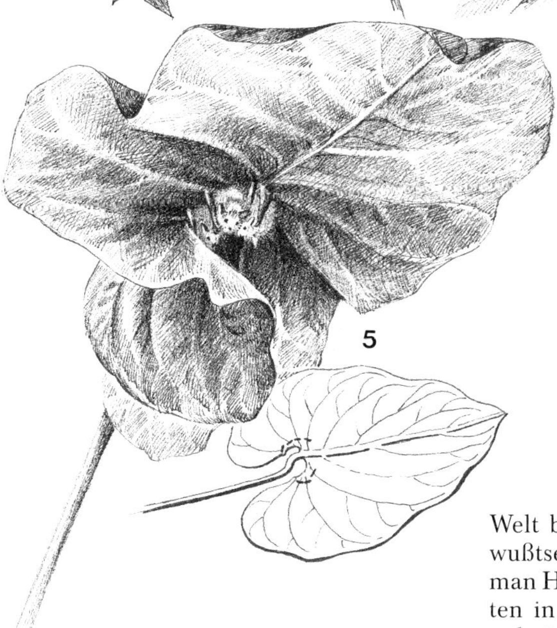
5

Blattwohnungen von Fledertieren. Bewohner als Namensgeber: Unter den vertrockneten, abwärts hängenden Wedeln der Fledermauspalme (Copernicia vespertilionum) halten sich gerne Fledermäuse auf (**1**). *Die jungen, noch tütenartig eingerollten Bananenblätter* (**2**) *sind überall Fledermausvorzugsverstecke. In Amerika beziehen darin unter anderem Haftscheiben-Fledermäuse (Thyroptera spec.) Quartier. Kopfaufwärts sitzend finden sie Halt an den glatten Blätterwänden durch ihre an Handgelenk und Fußwurzel ausgebildeten Haftscheiben* (**3**, *nach einem Foto von* TUTTLE). *Spezialität einiger Neuwelt-Blattnasen ist der „Zeltbau"* (**4**). *Hier hat eine kleine Kolonie von Ectophylla macconnelli die Wedelspitze der Palmenart Geonoma spec. zu ihrem Zeltquartier umgebaut (nach* KOEPCKE *1984). Ectophylla macconnelli* (**5**) *bauen ihre Zeltwohnung aus dem pfeilspitzenförmigen Blatt einer Pflanze der Gattung Anthurium (Araceae) (nach* KOEPCKE *1984).*

Die Höhlenbewohner

Wesentlich beständiger als pflanzliche Wohnungen sind Quartiere aus Stein. Natürliche und künstliche Höhlen werden von vielen Fledertieren in aller Welt bewohnt, und das mit Traditionsbewußtsein. Auf allen Kontinenten kennt man Höhlen, die seit fast undenkbaren Zeiten in Familienbesitz von Fledermauspopulationen sind. Die Zahl ihrer Bewohner kann in die Millionen gehen. In der Niah-Höhle auf Borneo leben etwa 300 000 Fledermäuse. 100 000 Breitflügelfledermäuse (*Eptesicus serotinus*) hat man in der „Höhle der Diebe" nahe Bombay (Indien) gezählt. Auf über eine Viertelmillion Fledertiere schätzen wir anhand von Ausflugszählungen den Bestand einer ceylonesischen Höhle. Dort teilen sich Höhlenflughunde

(*Rousettus seminudus*) mit Abertausenden von Hufeisennasen (*Rhinolophus rouxi*) und mit Rundblattnasen (*Hipposideros lancadiva*) das Quartier.

Die größten bekannten Tieransammlungen bilden die Kolonien der Mexikanischen Freischwanzfledermaus (Guanofledermaus, *Tadarida brasiliensis*) in einigen Höhlen Mexikos und der Südstaaten der USA. Nach Schätzungen leben in manchen Höhlen bis zu 20 Millionen Tiere. Wenn die etwa 500 000 Freischwänze aus den als Nationalpark geschützten Carlsbad-Höhlen in Neumexiko (USA) allabendlich zur Jagd starten, wird ihr Ausflug zum Spektakel. In einem Amphitheater am Höhleneingang sitzend, bestaunen die Nationalparkbesucher die wabernden Wolken der aufsteigenden Fledermäuse als einmaliges Naturschauspiel.

Ähnlich wie sich phytophile Fledertiere ihre Pflanzenquartiere aufteilen, besetzen höhlenbewohnende („lithophile" = gesteinliebende) ebenfalls die ihnen artgemäßen Abschnitte und Verstecke. Viele Arten bevorzugen Nischen und Vertiefungen an der Höhlendecke. Dort hängen sie entweder auf größerem Abstand oder pflegen den Körperkontakt durch Gruppenbildung.

Fledermausarten, die gerne Körperberührung mit der Unterlage haben, plazieren sich an den Seitenwänden mit Vorsprüngen, Spalten und Vertiefungen. Erst wenn sie sich in enge Spalten wie in ein Schneckenhaus zurückziehen können, fühlen sich Bulldogg-Fledermäuse und einige andere Arten richtig wohl. Bei manchen Arten wirken die Körper so flach, als ob sie schon einmal kräftig zusammengepreßt worden wären. Selbst unter dem Geröll auf dem Höhlenboden kann man Fledermäuse finden. Unsere heimische Wasserfledermaus „taucht" gelegentlich zum Überwintern ins Bodengeröll unter.

Wenn die Bedingungen wie Hangplatzangebot, Temperatur, Luftfeuchtigkeit, Dunkelheit und Ungestörtheit stimmen, ist es den Fledertieren gleichgültig, ob sie in natürlichen oder in künstlichen Höhlen wohnen. In ägyptischen Pyramiden und anderen Grabkammern fand man nicht nur Mumien, sondern auch sehr lebendige Fledermäuse. Sogar Teile der Sahara konnten sich einige Arten erobern, indem sie die unterirdischen Kanäle der Bewässerungssysteme bezogen. Während sich in Mitteleuropa Höhlen, Keller, Bergwerkstollen und Bunker für die Fledermäuse meist nur als Winter- oder Zwischenquartiere eignen, werden die Höhlen in Südeuropa auch als Sommerquartiere und zum Aufziehen der Jungen genutzt.

Ungewöhnlich, aber praktisch: Langohrquartiere! Linke Seite, oben: Ein Braunes Langohr (Plecotus auritus) hat sich als Tagesversteck die Gummiabdeckung über einem Schloß an einem Forstkulturzaun auserwählt.
Linke Seite, unten: Hier hängt ein Braunes Langohr (Plecotus auritus) in Tagesschlaflethargie an der Rückseite eines Wandnischentürchens in einer Kirche.

Als sommerwarme Ersatzhöhle benutzt diese Mausohr-Wochenstubenkolonie (Myotis myotis) den Hohlraum einer Spannbetonbrücke in Oberbayern.

Die heimlichen Untermieter

Überall, wo Menschen bauen, bieten sich auch neue Verstecke für Fledermäuse. Häuser, Kirchen, Tempel, Pyramiden, Türme und Festungen nutzen die kleinen Hausbesetzer vom Keller bis zum Dachgeschoß für ihre Bedürfnisse. Fledertierarten, die mehr oder weniger zu Kulturfolgern wurden, bezeichnet man auch als „anthropophil" (menschenliebend). Allerdings ist diese Liebe meist recht einseitig ausgeprägt. Für die Fledermäuse sind menschliche Bauwerke nur Ersatzhöhlen, vor allem in den Regionen, in denen natürliche Höhlen den Wärmebedürfnissen der Fledertiere nicht entsprechen.
Zu den ausgesprochenen „Hausfledermäusen" gehören in Afrika Arten der Gattung *Scotophilus*, in ganz Afrika und Asien und im gesamten tropisch-subtropischen Bereich Amerikas auch die Bulldogg-Fledermäuse (*Tadarida* und *Molossus*).
Von unseren 22 einheimischen Fledermausarten können immerhin 18 Arten Quartiere an und in Gebäuden beziehen. Die engste Bindung zeigen die Kleine und die Große Hufeisennase, Wimper-, Teich-, Zweifarb- und Nordfledermaus und das

Abendsegler (Nyctalus noctula) beim Verlassen seines Baumhöhlenquartiers, einer alten Buntspechthöhle.

Graue Langohr. Sie wurden bei uns im Sommer ausschließlich an diesen Plätzen nachgewiesen. Bevorzugt oder regelmäßig beziehen die Große und die Kleine Bartfledermaus, Großes Mausohr, Breitflügel-, Zwerg-und Mopsfledermaus und das Braune Langohr ihre Sommerquartiere an und in Gebäuden. Selten, aber regelmäßig sind dort auch Großer Abendsegler, Fransen-, Wasser- und Rauhhautfledermaus anzutreffen. Einige Arten überwintern auch gern in Spaltenquartieren an Gebäuden, so die Zweifarb-, Nord-, Breitflügel-, Zwerg- und Rauhhautfledermaus sowie der Große und der Kleine Abendsegler und beide Langohrarten.

Dabei ist die Vorstellung von frei in großen Trauben hängenden Fledermäusen, wie sie viele Menschen haben, gar nicht typisch für unsere Hausfledermäuse. Lediglich die Großen Mausohren sowie die bei uns äußerst selten vorkommenden Hufeisennasen und Wimperfledermäuse bieten (oder besser: boten) solche Anblicke. Daß sie Kirchen, Schlösser und Herrensitze als Domizile bevorzugen, hat nichts mit Frömmigkeit oder eventueller Blaublütigkeit zu tun. Die freihängenden Arten sind echte Traditionalisten, die meist großräumige, ungestörte Dachböden als warme Ersatzhöhlen über viele Generationen hinweg bewohnen. Die Mehrzahl der heimlichen Untermieter lebt dagegen äußerst versteckt und verrät sich oft nur durch ein paar fallengelassene Kotkrümel. Wo sich die vermuteten Verursacher tatsächlich aufhalten, kann selbst bei Einfamilienhäusern schon zum Detektivspiel werden. Auch unser Bild von Fledermäusen in meist alten, baufälligen Gebäuden ist schief. Manche der kleinen Hausbesetzer ziehen ebenso schnell wie die menschlichen Bewohner in einen neuerbauten Bungalow ein.

Dachboden ist nicht gleich Dachboden

Um herauszufinden, welche Ansprüche Fledermäuse an ihr Quartier stellen, untersuchten wir Wochenstubenkolonien des Großen Mausohrs, der Wimperfledermaus und der Kleinen Hufeisennase genauer. Die Mausohren hängen keineswegs zufällig an irgendwelchen Hangplätzen in ihrem Dachbodenquartier auf der Kirche in Au in Oberbayern. Der Dachstuhl bietet den Tieren durch seine Größe und die gegebenen Temperaturschichtungen eine Vielzahl von Hangmöglichkeiten, da er fast ausschließlich mit ungehobeltem Holz ausgekleidet ist, an das sich Fledermäuse mit ihren spitzen Krallen leicht hängen können.

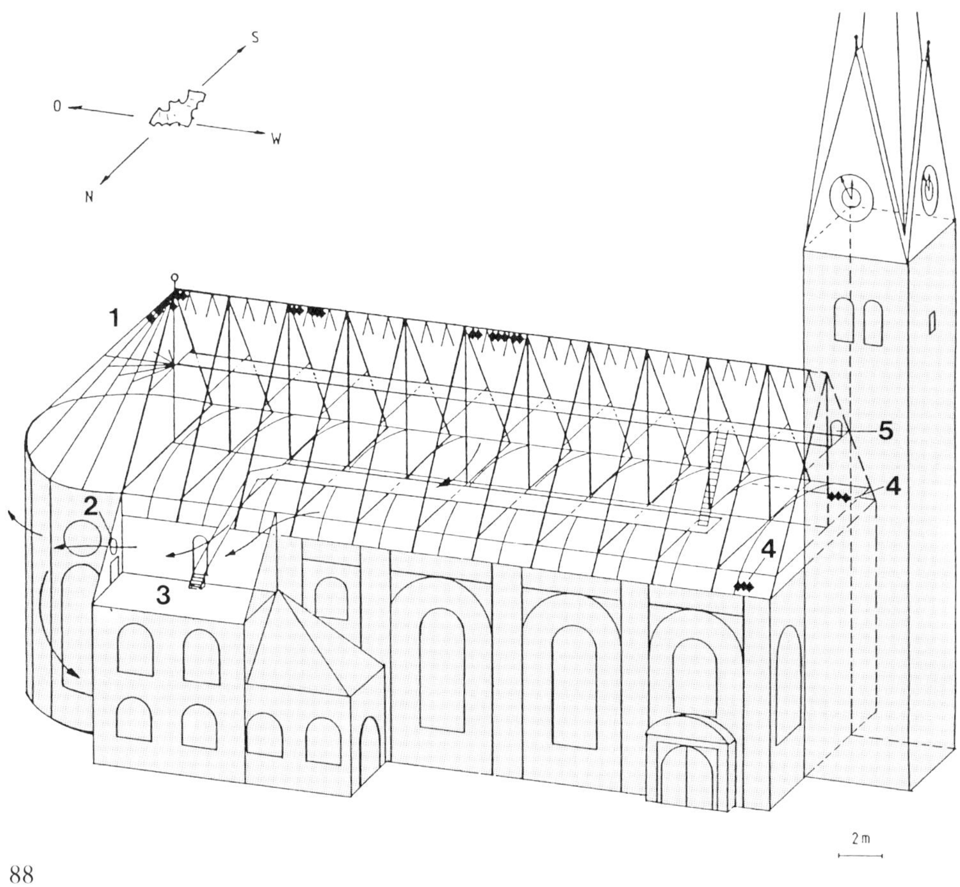

Die Nutzung eines Kirchendachbodens als Mausohr-Wochenstubenquartier (Myotis myotis) am Beispiel der Kirche in Au, Oberbayern: 1 *Apsisfeld,* 2 *Durchflugöffnung,* 3 *Ausflugraum,* 4 *Hitzehangplätze,* 5 *Eingang zum Dachboden,* → *Ausflugrichtung,* ◆ *Haupthangplätze der Kolonie (aus* VOGEL *1988).*

Bei unseren Messungen wurde deutlich, welche enormen Anforderungen an das Thermoregulationssystem der Mausohren gestellt werden, nachdem die Temperaturschwankungen auch im Sommer viel größer sind als in wärmeren Ländern. Sie verbringen ihre täglichen Ruhephasen in einem subtropischen Mikroklima (Erwärmung des Dachbodens an einem „normalen“ Sommertag). Dem polaren Sommertag entsprechen die Umgebungstemperaturen, in denen sie ihre natürlichen Aktivitätsphasen in der Nacht verleben. Während ihres Quartieraufenthaltes nutzen die Mausohren geschickt die ihnen genehmsten Temperaturbedingungen auf dem Dachboden aus. Je nach Temperatur und Jahreszeit wechseln sie ihre Hangplätze.
SUSANNE VOGEL fand zwei verschiedene Strategien, mit denen die Auer Mausohren auf die Erwärmung ihres Quartiers reagierten. Stiegen die Temperaturen langsam an, lösten die Mausohren ihre großen Cluster im Dachfirst auf und bildeten kleine Gruppen, die sich am selben Hangfeld an tiefer gelegenen Brettern und besonders an den schrägen Dachsparren verteilten. Die kühleren Hangplätze suchten sie nicht im Flug auf, vielmehr kletterten sie dorthin. Wenn die Temperatur aber schon am Vormittag stark anstieg, verließen die Mausohren nach und nach fliegend ihren Hangplatz, um sich an einer kühleren Stelle („Hitzehangplatz“) im Quartier wieder zu einer großen Gruppe zu formieren. Die Temperaturen an diesen Ausweichhangplätzen lagen weit unter der Firsttemperatur und erreichten höchstens 32 Grad Celsius.
Die saisonalen Hangplatzwechsel dagegen sind charakterisiert durch einen scheinbar „spontanen“ Umzug der gesamten Kolonie in ein anderes Firstfeld, das keine meßbaren mikroklimatischen Unterschiede zu dem vorher genutzten zeigt.
Während der Schwangerschaft bevorzugen die Tiere einen ganz bestimmten Hangplatz, um sich dann während der Jungenaufzucht über mehrere Dachsparrenfelder zu verteilen. In der Hauptaufzuchtzeit meiden sie die Massenhangplätze regelrecht, die dann wieder gegen Ende der Sommerquartierzeit, wenn die Jungen flügge sind, für alle sehr attraktiv werden. FELIX HEIDINGER fand durch genaue Temperaturmessungen die Ursache für dieses Verhalten. Die trächtigen Weibchen drängen sich am Massenhangplatz dicht zusammen. Durch die so erzielte soziale Thermoregulation bleibt die Körpertemperatur hoch, was zugleich den Energieaufwand für eine rasche Embryonalentwicklung vermindert.
Ganz andere Anforderungen stellt unsere Wimperfledermauskolonie an ihr Wochenstubenquartier. DOROTHEA KRULL wies nach, daß die Wimperfledermäuse ein Dachbodenquartier bevorzugen, das als Wärmespeicher und Temperaturpuffer wirkt. Im Gegensatz zum nahen Mausohr-

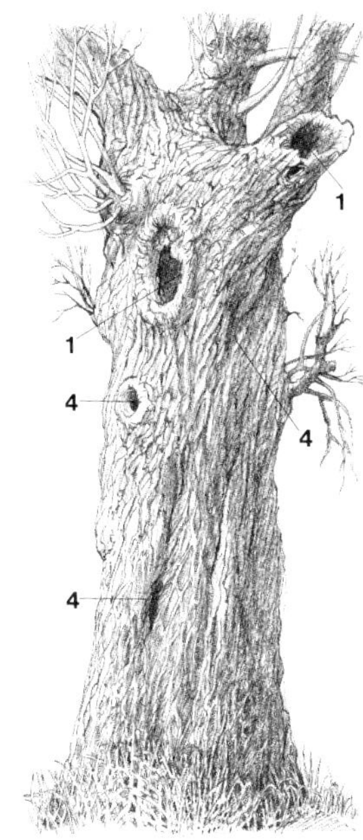

„Natur- und Kunstquartiere“: Dachböden (1) entsprechen sommerwarmen Höhlen in Südeuropa (1) und großvolumigen Baumhöhlen (1); Keller, Stollen u.ä. (2) entsprechen kühlfeuchten Höhlen (2); Mauerrisse und -spalten (3) entsprechen Bodengeröll in Höhlen (3); Hohlräume (innen und außen) (4) entsprechen Felsspalten (4) und alten Spechthöhlen oder loser Rinde (4).

Wimperfledermaus-Wochenstube (Myotis emarginatus, unten). Die bei uns sehr seltenen Wimperfledermäuse bevorzugen Dachbodenquartiere mit eher kühlen, aber sehr konstanten Temperaturen.
Kleine Hufeisennasen (Rhinolophus hipposideros, ganz unten) im Wochenstubenquartier. Unsere beiden Hufeisennasenarten bevorzugen als Sommer-/Wochenstubenquartiere Dachböden, die aus mehreren Raumkomplexen bestehen und deutliche mikroklimatische Unterschiede aufweisen.

quartier in Au sind die Temperaturen auf dem Dachboden der Detterdorfer Kirche relativ kühl, dafür aber sehr konstant. Da sich der Dachstuhl nur sehr langsam erwärmt, erreicht das vom Winter stark ausgekühlte Quartier erst im Mai eine den Wimperfledermäusen genehme Grundtemperatur. Umgekehrt ist im August/September die Temperatur in dem nur langsam Wärme abgebenden Dachstuhl noch recht hoch. Als Folge dieses Temperaturverlaufs nutzen die Wimperfledermäuse im Gegensatz zu den Mausohren nur etwa zweieinhalb Monate lang ihr Wochenstubenquartier. Wo sich die Tiere außerhalb der Winter- und Wochenstubenzeit aufhalten, bleibt bis auf weiteres noch ihr Geheimnis. Wieder andere Quartierkriterien machen Hufeisennasen-Unterkünfte gemütlich. Bei unserer äußerst ungewöhnlichen Umsiedlungsaktion zeigte sich, daß nicht die absolute Raumgröße entscheidet, sondern ganze Raumkomplexe in der Art von „Zimmerfluchten“ mit mikroklimatischen Unterschieden hufeisennasengemäß sind. Wer sich mit Wohnraumansprüchen von „Hausfledermäusen“ näher auseinandersetzt, wird sich bald auch mit Baustilkunde beschäftigen müssen und dabei feststellen, daß unsere kleinen Untermieter oft lebendige Zeugnisse für bestimmte traditions-, stilrichtungs- und landschaftsbedingte Bauformen sind. So nahmen und nehmen Fledermäuse an unserer Kulturgeschichte teil.

Baumeister und Nachmieter – Fledermäuse in Tierbauten

Neben menschlichen Bauwerken nutzen Fledermäuse auch die Bautätigkeit von Tieren als Quartierangebot. Dieser ökologische Parasitismus macht erfinderisch. Afrikanische Fledermäuse der Gattung *Kerivoula* suchen sich beispielsweise als Tagesquartiere die Nester von Webervögeln aus. Das amerikanische Höhlenmausohr (*Myotis velifer*) fand man bereits unter Brücken in den Bruthöhlen von Schwalben. In England wurden Bruthöhlen von Uferschwalben zu Quartieren der Kleinen Bartfledermaus (*Myotis mystacinus*). Blattnasen-Fledermäuse (*Tonatia minuta*) teilen sich in Trinidad Termitenbauten mit kleinen Papageien. Wo Mangel an Quartieren herrscht, können auch Erdbaue von Füchsen, Dachsen, Kaninchen und Stachelschweinen zu Fledermauswohnungen werden, immer vorausgesetzt, daß die Erbauer schon ausgezogen sind oder die Mitmieter dulden.
Selbst Spinnennetze geben Fledermausquartiere her. In Gabun scheint sich die Glattnasenart *Kerivoula barrisoni* ziemlich regelmäßig unter dem Netz der Trichterspinne aufzuhalten. Als Hangplätze bezieht sie die dünnen Ästchen, an denen die Spinnen auch die Fäden ihrer Netze befestigen. Kleine Schlupflöcher in Bambusstengeln, die ursprünglich von Insekten angelegt wurden, dienen der zierlichen Glattnasen-Fledermaus *Tylonycteris* spec. gern als Eingänge zu ihrem Tagesquartier. Und schließlich sind die Vorzugswohnungen unserer einheimischen „Baumfledermäuse“ die der „Marke Specht“. Vor allem alte Buntspechthöhlen, deren Höhlendach sich durch Pilzbefall und Fäulnisprozesse bereits erweitert hat, stellen begehrten Fledermauswohnraum dar. Die häufigen Quartierwechsel der Baumbewohner dienen dem Kennenlernen des Höhlenangebots, haben aber auch hygienische oder klimatische Gründe (zum Beispiel Verschmutzung, Talnebel).

ENERGIESPARPROGRAMM TEMPERATURREGULATION

Die Kleine Hufeisennase (Rhinolophus hipposideros) hüllt sich in der Tagesschlaflethargie fast völlig in ihre Flughäute ein.

Die Mehrzahl der Tierarten kann die Körpertemperatur nicht wesentlich über die Umgebungstemperatur steigern. Wenn es um sie kalt wird, sind sie zur Regungslosigkeit verurteilt. Weitgehend von der jeweiligen Umgebungstemperatur abhängig nennt man solche Arten „Kaltblüter" oder „Wechselwarme" (Poikilotherme). Zu den Wechselwarmen zählen nicht nur Wirbellose, sondern auch Fische, Amphibien und Reptilien. Nur Säugetiere und Vögel können ihre Körpertemperatur auf einem annähernd gleichen Niveau regulieren. Deshalb werden sie auch als „Warmblüter" oder „Gleichwarme" (Homoiotherme) bezeichnet.

Die freihängenden Flughunde (Pteropus giganteus) setzen ihre Flughäute als Wind- und Wetterschutz ein und können damit auch Temperaturen regulieren.

Energiespartricks trächtiger Mausohrweibchen (Myotis myotis, oben und rechts). Wenn genügend Nahrung vorhanden ist, drängen sich die trächtigen Weibchen im Quartier dicht aneinander und halten so ihre Körpertemperatur zugunsten einer raschen Embryonalentwicklung möglichst hoch …

Weil die Wärmeproduktion, wie auch die Kühlung, viel Energie kostet und ein gutes Nahrungsangebot voraussetzt, sind gerade bei Kälte Sparmaßnahmen besonders wichtig. Durch Haar- und Gefiederwechsel wird eine bessere Wärmeisolation erreicht. Weitere Energiespartricks wenden Warmblüter an, indem sie die Durchblutung der Haut vermindern und sich einrollen, um so die Körperoberfläche zu verkleinern.

Manche Säuger, wie Igel und Hamster, lassen sich zu bestimmten Zeiten aber auch erkalten und sparen sich als Winterschläfer die kostspielige Wärmebildung im Körper. „Ungleichwarme" (Heterotherme) ist dafür die Bezeichnung. Durch Steigerung der eigenen Wärmeerzeugung wachen sie aus dem Winterschlaf auf. Die Körpertemperatur im Winterschlaf liegt nur wenig über der Umgebungstemperatur und kann fast bis auf den Gefrierpunkt absinken. Dabei werden alle Stoffwechselvorgänge so stark zurückgedreht, daß diese Tiere ohne Nahrungsaufnahme und nur mit den im Sommer als Energiereserven angelegten Fettvorräten unter der Haut über den Winter kommen.

Infolge ihres Körperbaus und ihrer Lebensweise sind Fledertiere besonders zum Energiesparen verpflichtet und haben daher von allen Säugern die größte Vielfalt an Temperaturregulationsmechanismen aufzuweisen. Die wärmeabgebende Körperoberfläche ist wegen der stark durchbluteten Hautflügel sehr viel größer als bei anderen vergleichbar großen Säugern. Zudem besiedeln Fledertiere Lebensräume mit den unterschiedlichsten Umgebungstemperaturen von feuchtheißem Tropenklima bis zu subarktischer Kälte. Und schließlich müssen viele Arten auch lange nahrungslose Zeiten überstehen.

Die großen Flughunde sowie die mittelgroßen bis sehr großen Fledermäuse regeln ihre Körpertemperatur Tag und Nacht auf nahezu gleichem Niveau. Messungen der Körpertemperaturen dieser Arten zeigen meist nur geringe Veränderungen im Wechsel von Ruhe und Aktivität. ERWIN KULZER hat sich intensiv mit der Temperaturregulation von Fledertieren aus verschiedenen Klimazonen auseinandergesetzt. Der Forscher erkannte mindestens drei unterschiedliche Muster der Temperaturregulation.

Ventilatoren, Regenmäntel und Thermostate

Die frei in den Bäumen hängenden großen *Pteropus*-Arten setzen ihre Flughäute sehr geschickt als Wind- und Wetterschutz sowie zur Temperaturregulation ein. Bei ansteigender Tageshitze entfalten sie die Flügel, und es beginnt ein allgemeines Fächeln. Reicht dieser „Ventilatoreinsatz" gegen die drohende Überhitzung nicht aus, setzen die Flughunde zudem noch ihren Speichel zur Verdunstungskühlung ein. Sie benässen damit Fell und Flughäute und fördern durch heftiges Flügelschlagen die Verdunstung. Bei Regen und Sturm wird die Flügelhaut zum Regenschutz, indem die Flügel wie ein Mantel um den Körper gelegt werden.

Unter dem Flughautmantel kann sich die warme Körperluft stauen, was vor Unterkühlung bei gelegentlich miesem Tropenwetter schützt. Wie ERWIN KULZER herausfand, halten die kleinen und mittelgroßen Arten ihre Körpertemperatur während der Aktivität auf einem hohen Niveau von 36 bis 38 Grad Celsius. Während der Ruhephase sinkt ihre Körpertemperatur jedoch, abhängig von der Umgebungstemperatur, bis auf untere Werte von 18 bis 26 Grad Celsius ab. Viele Fledertiere der Tropen und Subtropen gehören zu dieser Gruppe. Die abgesenkte Körpertemperatur macht die Fledertiere zwar träge, wirkt aber erheblich „kostendämpfend".

Den Übergang zu echten Winterschläfern bilden einige Bulldogg-Fledermäuse. Deren Vertreter, die bis in gemäßigte Breiten vorkommen, können vor allem in den Wintermonaten ihre Körpertemperatur bis auf 10 Grad Celsius absenken. In diesem Zustand sind sie absolut lethargisch. Allerdings hält diese Lethargie nicht lange an. Mit Beginn der Aktivitätsphase wachen Bulldogg-Fledermäuse aus ihrem Starrezustand regelmäßig wieder auf.

Am weitesten sinkt die Temperatur bei

einer dritten Gruppe von Fledertieren ab. Die kleinen bis mittelgroßen Arten regeln im Wachzustand ihre Körpertemperatur auf einem hohen Betriebsniveau. Im Ruhezustand gleichen sie diese der Umgebungstemperatur an und können so Werte bis knapp oberhalb des Gefrierpunktes erreichen. Bei Kühlschranktemperaturen ruhen sie in tiefster Lethargie (Torpor) und fallen sogar in Winterschlaf. Vor allem Arten aus den Familien der Glattnasen und Hufeisennasen ertragen als echte „Heterotherme" die ungewöhnlich hohen Schwankungen ihrer Körpertemperatur.

Tagesschlaflethargie – Energiesparen nach Bedarf

Der Unterschied zwischen Wach- und Ruhetemperatur bei den Fledermäusen der gemäßigten Klimazone fiel dem Fledermausforscher MARTIN EISENTRAUT als erstem auf. In den dreißiger Jahren stellte er fest, daß Fledermäuse, die im Mai in ihren Sommerquartieren während des Tages untersucht worden waren, zu niedrige Körpertemperaturen aufwiesen (16 bis 18 Grad Celsius), um noch fliegen zu können. In den Abend-und Nachtstunden dagegen erreichten sie ihre Betriebstemperatur zwischen 35 und 42 Grad Celsius. Den lethargischen Zustand während der täglichen Schlafphase bezeichnete EISENTRAUT als Tagesschlaflethargie. Viele Laboruntersuchungen dieses Phänomens haben ergeben, daß die Schlaftemperatur wesentlich von der herrschenden Umgebungstemperatur abhängt. Die Fledermäuse können ihre Tagesschlaflethargie auch jederzeit abbrechen. In weniger als 30 Minuten wärmen sie sich selbst wieder auf. Auch tritt die Absenkung der Körpertemperatur nur dann ein, wenn die Fledermäuse ungestört sind und wenn die Umgebungstemperatur erheblich unter der Wachtemperatur liegt. Und schließlich können die Tiere auch völlig auf die Tagesschlaflethargie verzichten, wenn etwa Junge zu versorgen sind oder wenn es darum geht, die Embryonalentwicklung nicht zu verzögern. Immer setzen die Fledermäuse diese Fähigkeit der Temperaturregulation aber dazu ein, um möglichst sparsam mit ihren Energievorräten umzugehen. In der Tagesschlaflethargie liegt die Körpertemperatur zwischen 10 und 28 Grad Celsius. Je tiefer sie ist, desto mehr schränkt sich die Bewegungsfähigkeit der Fledermäuse ein. So sind die Bewegungen bei 15 Grad Celsius nur noch zeitlupenhaft langsam.

... bei Nahrungsmangel hilft nur noch Energiesparen durch Auseinanderrücken; dadurch sinkt die Körpertemperatur, allerdings auf Kosten einer schnellen Geburt (verlangsamte Embryonalentwicklung).

Winterschlaf – eine Meisterleistung an Meß- und Regeltechnik

Um die lange, nahrungslose Winterzeit in den gemäßigten Breiten zu überstehen, stellen sich für die Fledermäuse nur zwei Alternativen: abwandern in wärmere Gebiete mit einem ausreichenden Nahrungsangebot oder ausharren ohne Nahrung. Zugvogelähnlich in wärmere Gefilde wandern zum Beispiel nordamerikanische Populationen der Mexikanischen Freischwanzfledermaus (*Tadarida brasiliensis*) ab.
Viele Arten überstehen jedoch den Winter in Dauerlethargie. Dabei sinkt ihre Körpertemperatur noch weit unter die während der Tagesschlaflethargie erreichten Werte ab. Winterschlafende Fledermäuse können fast bis zum Gefrierpunkt auskühlen. Ihre Stoffwechselvorgänge sind dabei so stark reduziert, daß sie ohne Nahrungsaufnahme über Monate auskommen können. Allein mit Hilfe der im Sommer aufgespeicherten Energiereserven überstehen sie die Kälteperiode. Als Energiedepot dient den Fledermäusen ein besonderes Fettgewebe, das Braune Fett, das sich polsterartig zwischen den Schulterblättern, aber auch am Hals und an den Flanken befindet. Vor allem im Spätsommer, bei günstiger Witterung bis in den November hinein, fressen sich unsere Fledermäuse ihre Fettspeicher an. Den Eigenverbrauch halten sie in dieser „Speicherzeit" durch tiefe Tagesschlaflethargie besonders niedrig. Mit dem „Fettpolster im Rücken" wiegen die Energiesammler 20 bis 30 Prozent mehr als im Frühjahr. Von diesem Vorrat müssen die Winterschläfer dann bis zu sechs Monate zehren. Die Zellen des Braunen Fettgewebes sind netzartig von Haargefäßen und Nervenfasern umsponnen. ERWIN KULZER beschreibt die Freisetzung der Energiereserven folgen-

Mitglieder einer Mausohr-Wochenstubenkolonie (Myotis myotis) hängen in einer dichten Traube in Tagesschlaflethargie.

Überwinternde Kleine Hufeisennasen (Rhinolophus hipposideros) hängen immer frei an den Decken ihrer Winterquartiere: Völlig in die Flughäute eingehüllt, seitlich (rechts) oder vom Rücken her (oben) betrachtet, wirken die Winterschläfer wie verhutzelte kleine Früchte.

dermaßen: „In den Zellen (des Fettgewebes) selbst liegen kleine Fetttröpfchen eingeschlossen, die die oxidierbaren Stoffe (Neutralfett) enthalten. Auf ein Zeichen hin, das die Zellen über das sympathische Nervensystem erreicht, setzt in ihnen eine rasante Wärmebildung ein, die durch einen biochemischen Trick erreicht wird. Alle bisherigen Untersuchungen haben gezeigt, daß dieses Gewebe der raschen Wärmebildung dient, die man deshalb auch als die „chemische und zitterfreie" Art der Wärmebildung im Körper bezeichnet. Durch das Blut wird die gebildete Wärme rasch in die übrigen Bereiche des Körpers befördert. Daneben trägt aber auch das „Muskelzittern" zum Wiedererwärmen des Körpers bei; es läßt sich am „Vibrieren" des ganzen Körpers beobachten."
Im Winterschlaf sind die Fledermäuse fast völlig erstarrt. Mit einer Körpertemperatur von null bis zehn Grad Celsius sind sie nur zu wenigen, unter Umständen lebensrettenden Reflexbewegungen fähig: Flügelspreizen (beim Absturz aus der Ruhelage), Sperren des Mauls, Kreischen, Abwehrbiß, Klimmzüge und Suchbewegungen.

Lebenslicht auf Sparflamme

Länger als andere winterschlafende Säugetiere verharren Fledermäuse in Kältelethargie. Über einen Monat kann eine Tiefschlafperiode dauern, bis sich eine winterschlafende Fledermaus spontan oder durch einen äußeren Weckreiz wieder erwärmt. Doch nur solange ausreichende Energievorräte vorhanden sind, behält der Winterschläfer auch die Kontrolle über seine Temperaturregelung. Sind die Energiereserven vorzeitig aufgebraucht, gerät die Fledermaus in eine lebensgefährliche Unterkühlung und stirbt den Kältetod. Damit die „getankten Brennstoffe" ausreichen, laufen alle Lebensvorgänge sehr sparsam ab. Die Atmung kann von minutenlangen Pausen unterbrochen sein. Im tiefen Winterschlaf liegt der Sauerstoffverbrauch bei einer Körpertemperatur von fünf bis sieben Grad Celsius extrem niedrig und beträgt zwischen 0,02 und 0,07 Milliliter je Gramm und Stunde. Das entspricht nur etwa einem Prozent des Verbrauches im Wachzustand. Auch die Herzfrequenz sinkt ab. Beim Großen Mausohr zum Beispiel beträgt sie mit 15 bis 20 Schlägen je Minute nur etwa ein Vierzigstel des höchsten Wertes im Wachzustand. Bereits beim Einschlafen sinkt die Herzfrequenz ab, um stufenweise Minimalwerte zu erreichen. Überhaupt findet das

Umschalten auf „Winterbetrieb" nicht plötzlich statt. Der Organismus der Fledermäuse stellt sich vielmehr langsam auf den Winterschlaf um, wenn im Herbst die Nächte zunehmend kälter werden. Ab Oktober/November suchen die Fledermäuse ihre Winterquartiere auf. Der genaue Zeitpunkt wird dabei sowohl durch die Außentemperatur als wahrscheinlich auch durch innere Zeitgeber bestimmt. Der Eintritt in die Lethargie läßt sich besonders gut daran erkennen, daß regelmäßige Atmung in lange Atempausen übergeht. In dieser Phase genügt schon das kleinste Geräusch als Wecksignal, damit die Fledermaus ihre Atmung wieder beschleunigt.

Wie die Fledermäuse ihre Körperheizung (Wärmeproduktion) regeln, beschreibt Erwin Kulzer: „Bei der winterschlafenden Fledermaus befindet sich der Regler im Zwischenhirn; er besteht aus Hunderten von Nervenzellen, aus Zentren, die für das Heizen, und solchen, die für das Kühlen verantwortlich sind. Hier laufen ständig die Meldungen von den Temperaturfühlern der Haut ein und geben dem Regler schon eine „Vorwarnung", falls sich in der Umgebung größere Temperaturveränderungen abspielen. Hier werden auch winzige Veränderungen in der Bluttemperatur gemessen. Von dem Regler kommen nun die Informationen an die „Stellglieder" (Orte der Wärmebildung, Blutgefäße der Haut, Einrichtung zur Verbesserung oder Verhinderung der Wärmeabgabe)."

Die Regelung der Körpertemperatur der Fledermäuse ist außerdem einem „Programm" für Tag und Nacht unterworfen. Für Lethargie und Winterschlaf wirken zusätzliche Programme mit. Möglicherweise wird im Winterschlaf nicht nur die Wärmebildung gedrosselt, es wird auch noch die bei jedem gleichwarmen Tier in der Kälte anlaufende Schutzreaktion (Zurückhalten der Körperwärme) aufgegeben. Dadurch kühlt der Körper „gezielt" auf ein neues, tieferes Niveau ab, das der Umgebungstemperatur entspricht. Die Fledermäuse suchen sich innerhalb des Winterquartiers die günstigsten Temperaturbedingungen aus, die es erlauben, den Energieverbrauch so sparsam wie nur möglich zu halten. Die Überwachung dieses Zustandes darf keinen Augenblick aussetzen. Die „Kältewarnung" ist dafür als letzte Sicherung eingebaut. Durch einen Frosteinbruch in das Winterquartier geraten winterschlafende Fledermäuse sofort in Alarmstimmung und verstärken dann ihre Wärmebildung. Die Herzfrequenz steigt an, damit das Blut rasch in die lebenswichtigen Organe gelangen kann. Dies geschieht bis zur „Entwarnung" oder bis zum vollständigen Erwachen.

Winterschlafende Wasserfledermaus (Myotis daubentoni, links). Sie bevorzugt zum Überwintern Spaltenquartiere.

Braune Langohren (Plecotus auritus, unten) überwintern bei geeigneten Umgebungstemperaturen auch in oberirdischen Räumen von Gebäuden. Hier hängen vier Winterschläfer in einer Wandnische hinter dem Chorgestühl einer Kirche.

Kleine Bartfledermaus (Myotis mystacinus, links) im Winterschlaf. Durch die hohe Luftfeuchtigkeit im Winterquartier ist ihr Fell mit großen Tautropfen bedeckt.

WINTERQUARTIERE – JEDE ART HAT EIGENE ANSPRÜCHE

Jeden Herbst wiederholt sich der große Umzug der Fledermäuse aus ihren sommerlichen Schlaf- und Wochenstubenquartieren in geeignete Winterunterkünfte. Wie sie die Winterschlafplätze finden, bleibt zunächst noch weitgehend ihr Geheimnis. Da Echoorientierung nur im Nahbereich funktioniert, scheinen sich die wandernden Fledermäuse viel eher optisch an Landmarken wie Bergen, Flüssen, Tälern oder auch am Sonnenstand und den Gestirnen zu orientieren. Felshöhlen, Stollen, Felsspalten, Fugen in Außenmauern, separate Bier- und Eiskeller, Kellerräume, aber auch Höhlen in großen alten Bäumen, Spaltenverstecke an und in Gebäuden und selbst die Lücken im Brennholzstapel in luftigen Schuppen oder im Freien dienen als Winterquartiere, die die unterschiedlichen Arten in typischer Weise und abhängig vom Angebot benutzen. Die meisten heimischen Fledermausarten bevorzugen allerdings feuchtkühle Winterschlafplätze vom Typ „Höhle" mit konstant niedrigen Temperaturen und einer hohen Luftfeuchtigkeit. Oft findet man in solchen Winterquartieren gleich mehrere Fledermausarten, die dann artunterschiedliche Schlafplätze beziehen.

Ein- und Auszug der Winterschläfer

Ins Winterquartier begeben sich die Fledermäuse nach Art und Geschlecht zu unterschiedlichen Zeiten. Wie die Zoologen DAAN und WICHERS beispielsweise bei ihren Untersuchungen in limburgischen Kalksteinhöhlen in den Niederlanden feststellten, trafen über den ganzen Oktober hin Kleine Bartfledermäuse (*Myotis mystacinus*) und Wasserfledermäuse (*Myotis daubentoni*) ein. Mausohren (*Myotis myotis*) wanderten Mitte Oktober, Fransenfledermäuse (*Myotis nattereri*) gegen Ende Oktober und Braune Langohren (*Plecotus auritus*) erst Anfang November ins Winterquartier ein. Dabei kamen die weiblichen Tiere vor den Männchen an, flogen dafür aber im Frühjahr eher wieder aus. Für ein Winterquartier in Deister/Niedersachsen gibt EHLERS folgende Zeiten für die Auswanderung an: Fransenfledermaus Anfang März bis Ende März, Wasserfledermaus Anfang März bis Ende April, Braunes Langohr Anfang April und Großes Mausohr Mitte April bis Anfang Mai. Während Kälteperioden Ende April/Anfang Mai beobachteten wir Quartierwechsel bei Kleinen Hufeisennasen, die nach Umzug ins Sommerquartier wieder Unterschlupf zu Winterquartierbedingungen suchten. Möglicherweise ziehen sich Fledermäuse bei Kälteeinbrüchen im Frühjahr noch einmal in nahegelegene Winterquartiere zurück.

Was Winterquartiere attraktiv macht

Je nach bevorzugtem Winterquartier, unterscheidet man zwischen „Baum"- und „Felsfledermäusen". Felshöhlen bieten im allgemeinen konstantere und günstigere Überwinterungsbedingungen als Baumhöhlen. „Baumfledermäuse" müssen deshalb vor allem wegen der Kälte und Lufttrockenheit widerstandsfähiger sein als „Felsfledermäuse".

Eine ganze Reihe von Kriterien muß erfüllt sein, damit eine Höhle oder ein Stollen als Winterquartier angenommen wird:

1. Sicherheit vor Räubern.
2. Geringer Lichteinfall.
3. Die Eignung einer Höhle als Winterquartier hängt auch von ihrer Länge ab: Je länger sie ist, desto mehr Fledermäuse werden in der Regel in ihr angetroffen.
4. Temperaturregime: Je nach Bewetterung, Lage, Form und Größe der Höhle

ergeben sich verschiedene Temperaturbedingungen. Die Messungen der Fledermausforscher zeigen, daß die einzelnen Fledermausarten bestimmte Temperaturbereiche bevorzugen.

KOWALSKI fand in den polnischen Winterquartieren sieben Arten winterschlafender Fledermäuse im Temperaturbereich von null bis acht Grad Celsius. Dabei bevorzugten die einzelnen Arten folgende Temperaturen:

Mopsfledermaus	0 – 4 °C,
Kleine Bartfledermaus	2 – 4 °C,
Nordfledermaus	0 – 5,5 °C,
Braunes Langohr	0 – 7 °C,
Großes Mausohr	2 – 7 °C,
Wimperfledermaus	7 – 8 °C,
Kleine Hufeisennase	6 – 7,5 °C.

Temperaturmessungen, die GÜNTER HANSBAUER bei uns im Winter 1985/86 und 1987/88 an den Hangplätzen von sechs Fledermausarten in den Höhlen der Bayerischen Alpen durchführte, boten das gleiche Bild. Während sich die Mopsfledermäuse an den kühlsten Stellen (1 – 5 °C) aufhielten, überwinterten unsere Kleinen Hufeisennasen am wärmsten (6 – 8,3 °C). Daher sind die Arten räumlich nicht gleichmäßig über die ganze Höhle verteilt, vielmehr ergeben sich Schwerpunktvorkommen. Wegen ihres Hanges zur Kühle halten sich Mopsfledermäuse hauptsächlich in der Eingangsregion auf, Kleine Hufeisennasen findet man dagegen mehr in den tagfernen Höhlenteilen.

Nicht nur bestimmte Temperaturwerte, sondern auch eine spezielle Schwankungsbreite der Temperaturen im Winterquartier ist für einige Fledermäuse wichtig. Bei seinen Untersuchungen zum Winterschlafverhalten der Großen Hufeisennase (*Rhinolophus ferrumequinum*) in England fand RANSOME, daß in Höhlen mit sehr geringen Temperaturschwankungen (weniger als ±1 °C) auffallend wenige Tiere überwinterten. Als er in dichtbesetzten Quartieren die Temperaturschwankungen abmilderte, ging die Anzahl der Überwinterer stark zurück. Erst nachdem der Forscher die ursprünglichen Verhältnisse wieder hergestellt hatte, nahm die Zahl der Winterbesucher wieder zu.

Auch die Seehöhe eines Winterquartiers beeinflußt die Temperaturverhältnisse und ist deshalb wohl ebenfalls ein Kriterium für die Quartierwahl, wie Fledermausforscher in der Schwäbischen Alb und in den Bayerischen Alpen beobachteten. Bei sonst gleichwertiger Quartierausstattung bevorzugen Fledermäuse die Winterquartiere, die ihnen für sie günstige Überwinterungstemperaturen bieten.

5. Luftfeuchte: Wasserverluste sind für überwinternde Fledermäuse genauso gefährlich wie Energieverluste. Vor allem die empfindlichen Flughäute können bei zu hoher Verdunstung austrocknen. Für ihre riesigen Ohren als zusätzliche „Problemflächen" fanden Langohren eine elegante Lösung. Sie falten ihre Schalltrichter zusammen und klemmen sie nach hinten unter die Flügel. Für exponiert hängende Arten, wie zum Beispiel Hufeisennasen, ist eine hohe Luftfeuchtigkeit besonders wichtig. Vor allem die Kleine Hufeisennase klappt ihre Flughäute im Winterschlaf

Hangplatzverteilung und Vorzugstemperatur einiger in Höhlen überwinternder mitteleuropäischer Fledermausarten. Während es Mopsfledermäuse (**1**) *eher kühl mögen, zeigen Braune Langohren* (**2**) *eine breite Toleranz bezüglich Hangplatz und Umgebungstemperatur. Wasserfledermäuse* (**3**) *verstecken sich gerne in Decken- und Wandspalten und im Bodengeröll. Die konstantesten Temperaturen benötigen die „Freihänger" Kleine Hufeisennasen* (**4**).

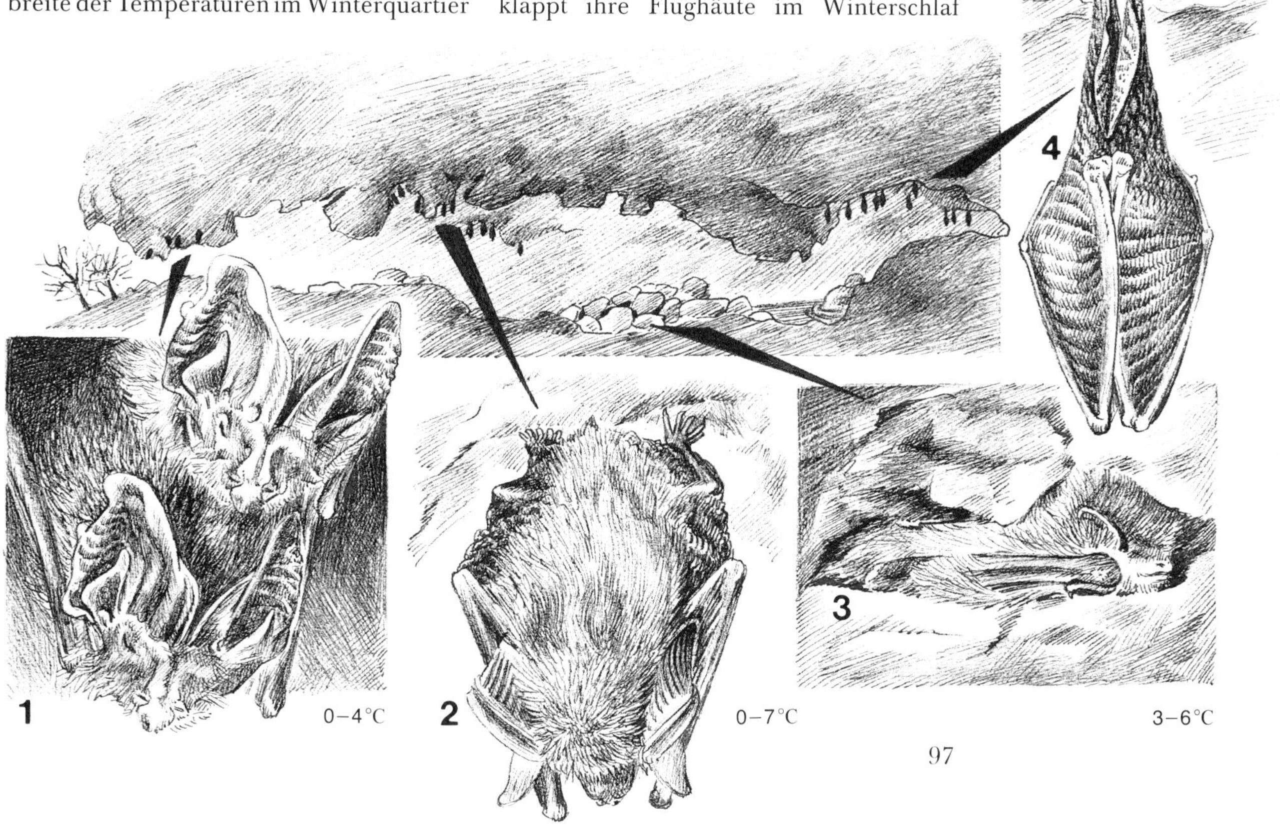

Winterschlafende Mausohren (Myotis myotis) sind recht variabel. Sie können einzeln an Wänden (rechts) oder an Höhlendecken hängen, aber auch in kleinen Gruppen (unten) und selbst in Spalten überwintern (rechts Mitte).

nicht zusammen, sondern schlägt sie als isolierenden Mantel um ihren kleinen Körper. Die meisten Arten benötigen im Winterquartier eine Mindest-Luftfeuchtigkeit von 85 Prozent.

6. Geeignete Hangplätze: Weil unsere mitteleuropäischen Arten in recht unterschiedlichen Schlafstellungen überwintern, müssen im Winterquartier die dafür passenden Plätze vorhanden sein. Man unterscheidet die Winterschläfer nach ihrem Körperkontakt zum Hangplatz in drei Kategorien: Während die einen vollkommen frei an ihren Schlafplätzen (meist an der Höhlendecke) hängen und nur mit ihren Fußkrallen Kontakt halten, suchen andere zusätzlich Schutz in Vertiefungen. Sie schlafen quasi in einem „Mikrobiotop" und sichern sich so auch vor kleinsten Temperaturveränderungen in der Umgebung. Die dritte Kategorie umfaßt Arten, die möglichst allseitig Kontakt mit der Unterlage suchen. Diese Fledermäuse schlafen nur in Spalten, Ritzen oder röhrenartigen Vertiefungen im Gestein. Sie bereiten wegen ihres Versteckspiels den Fledermausforschern und -schützern unbeabsichtigt die größten Schwierigkeiten. Oftmals nur durch größte Anstrengungen, einige Tricks wie Ausspiegeln von Hohlräumen und mit viel Spürsinn lassen sie sich in ihrem Win-

Langohren (links) falten ihre riesigen Ohren beim Winterschlaf zusammen und klemmen sie unter die Flügel. Durch Verkleinerung der Oberfläche werden die Verdunstungsverluste verringert.

Kleine Bartfledermaus (Myotis mystacinus, unten) im Winterquartier. Sie hat sich durch die Tautropfen im Fell silbern „umgefärbt".

terschlafversteck, ausfindig machen. Gemäß ihrem zunehmenden Bedürfnis, sich zu verstecken, kann man unsere häufigsten Felshöhlenüberwinterer in folgende Reihe bringen: Kleine Hufeisennase – Große Hufeisennase – Großes Mausohr – Wimperfledermaus – Kleine Bartfledermaus – Teichfledermaus – Braunes Langohr – Wasserfledermaus – Fransenfledermaus.
Arten, die in der Hangplatzwahl variabel sind, bevorzugen in inneren Höhlenteilen, in denen geringe Klimaschwankungen herrschen, oft ungeschütztere Schlafplätze. In der bewetterten Eingangsregion verstekken sie sich meist in Spalten. Daß manche Fledermaus selbst ins Bodengeröll zum Überwintern abtauchen kann, wurde schon an anderer Stelle gesagt. An solch unwirtlich erscheinenden Plätzen fand man schon Mausohren, Kleine Bartfledermäuse und Wasserfledermäuse.
Mit Ausnahme der immer auf Distanz zu ihrem Nachbarn bedachten Hufeisennasen können wahrscheinlich alle anderen europäischen Fledermäuse im Winterquartier auch Gruppen (Cluster) bilden. Der Vorteil von Schlafgruppen liegt in der Verringerung von Wärme- und damit Energieverlust. Durch dichtes Beieinander- oder sogar dachziegelartiges Übereinanderhängen haben vor allem die Tiere im Inneren sol-

cher Gruppen geringere Wärmeverluste infolge der sozialen Thermoregulation. Bei der Clusterbildung herrscht im übrigen eine große zwischenartliche Toleranz. Bis zu fünf Arten schliefen so schon friedlich vereint.

Erstaunlich ist immer wieder die relative Betriebsamkeit der Winterschläfer. So

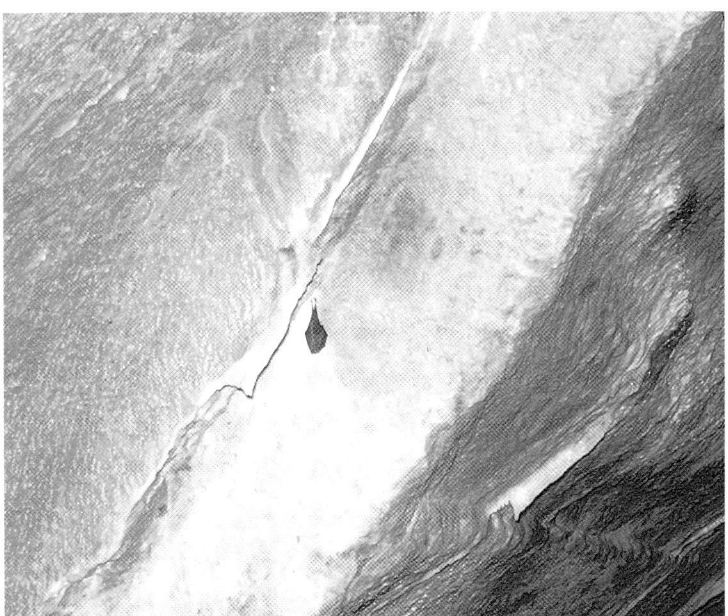

Dokument des Niedergangs: Wo 1957 noch eine ganze Winterschlafgesellschaft Kleiner Hufeisennasen (Rhinolophus hipposideros) überwinterte (oben), findet sich heute nur noch ein Winterschläfer ein (unten).

wechseln sie ihre Hangplätze, mitunter sogar das Quartier. Schlafunterbrechungen und Platzwechsel werden durch Änderungen der Vorzugstemperatur ausgelöst, können aber auch reine „Gefühlssache" sein, wie wir das von den Wasserfledermäusen kennen.

Aufschlußreiche Ergebnisse konnte LAURENT PERRIN an einem Felsspaltenwinterquartier des Großen Abendseglers (*Nyctalus noctula*) in der Nähe von Basel sammeln. Das Felsspaltenquartier wies ein von den beiden anderen Abendsegler-Winterquartiertypen (Baum, Gebäude) unterschiedliches Mikroklima auf. Im Herbst war es zwischen den Felsspalten bedeutend wärmer, weshalb die Fledermäuse dort erst später einzogen. Im Spaltensystem des Jurafelsens fand PERRIN Temperaturunterschiede zwischen den äußeren und den inneren Zonen vor. Die überwinternden Abendsegler nutzten diesen Temperaturgradienten geschickt aus, indem sie ihre Winterschlafplätze im Spaltensystem wechselten und so ihr Mikroklima weitgehend selbst bestimmten. Der Vorteil des Felsspaltenquartiers lag vor allem in der Frostsicherheit. Sie war in Spalten ab einem Meter Tiefe gegeben, während alle Baum- und Gebäudequartiere in der Umgebung durchfrieren konnten.

Störungen durch Menschen in den Winterquartieren wirken sich auf Fledermäuse besonders gefährlich aus. Bereits leichte Berührungen, längeres Ausleuchten mit einer Taschenlampe, mehrmaliges Blitzlichtfotografieren oder selbst längerer Aufenthalt in enger Nachbarschaft der winterschlafenden Tiere (Temperaturerhöhung durch Wärmeabstrahlung) wirken als Weckreize. Die Tiere erwachen und suchen eventuell sogar andere Schlafplätze auf. Längere Wachphasen sind jedoch kritisch, denn die gespeicherten Energiereserven werden schnell verbraucht. Damit erhöht sich die Gefahr, daß den Fledermäusen im Frühjahr die Energie für das Aufwachen fehlt oder daß ihre Kräfte nicht mehr zum Jagen ausreichen. Deshalb bedürfen Winterquartiere unseres ganz besonderen Schutzes. Noch in den fünfziger Jahren gab es in den deutschen Überwinterungsquartieren Massenansammlungen von Fledermäusen. Sowohl Geselligkeit als auch die bessere Temperaturregulation mögen die Winterschläfer veranlassen, sich so zahlreich zu versammeln. Berühmt wurden beispielsweise in Bayern die Winterschlafgesellschaften von 100 Großen und 200 Kleinen Hufeisennasen im Großen Schulerloch bei Kelheim, von 7500 Mausohren im Hohlloch bei Weißenberg oder die 3000 Möpse im Bodenmaiser Bergwerk. Eine solche Fülle an Winterschläfern gehört bei uns längst der Vergangenheit an. Massenwinterquartiere finden sich nur noch im osteuropäischen Raum. Doch ob im Massenwinterquartier Nietoperek in Westpolen mit über 20000 Fledermäusen oder wenige in einem kleinen Bierkeller: Weil wir um ihre Gefährdung wissen, sollten wir allen Winterschläfern einen ungestörten Schlaf gönnen.

AUCH FLEDERTIERE WANDERN

Schon früheren Naturforschern fiel auf, daß die Fledermäuse in den gemäßigten Klimazonen erst zur wärmeren Jahreszeit in den Sommerquartieren eintreffen und diese im Herbst auch wieder verlassen. Wie Zugvögel, so nahm man an, würden auch die Fledermäuse den Winter in südlichen Gefilden verbringen. Doch für die meisten Fledermausarten geht es bei den Wanderungen nicht um den reich gedeckten Nahrungstisch, sondern um geeignete Winterquartiere. Langstreckenwanderer, wie zum Beispiel Zugvögel, gibt es unter nordamerikanischen und russischen Fledermäusen. Alle Mitglieder oder auch einzelne Arten der Gattungen *Nyctalus, Vespertilio, Lasiurus, Lasionycteris, Miniopterus, Pipistrellus* und *Tadarida* legen auf ihren jahreszeitlichen Wanderzügen, die hauptsächlich Nord-Süd gerichtet sind, mittlere (300 bis 500 Kilometer) bis lange Entfernungen (1000 bis 1500 Kilometer) zurück.

Die Herren der Ringe

Um das Wanderverhalten der Fledermäuse zu ergründen, griff man auf Ornithologen-

Langstreckenwanderungen von Großen Abendseglern (Nyctalus noctula) in Europa (links unten). Das saisonale Wanderverhalten ist deutlich richtungsgebunden. Im Sommerquartier ● beringte Tiere wandern im Herbst hauptsächlich in Richtung Süden oder Südwesten. Die im Winterquartier ○ markierten Abendsegler fliegen im Frühjahr entsprechend nach Norden oder Nordosten (aus HILL & SMITH *1984).*

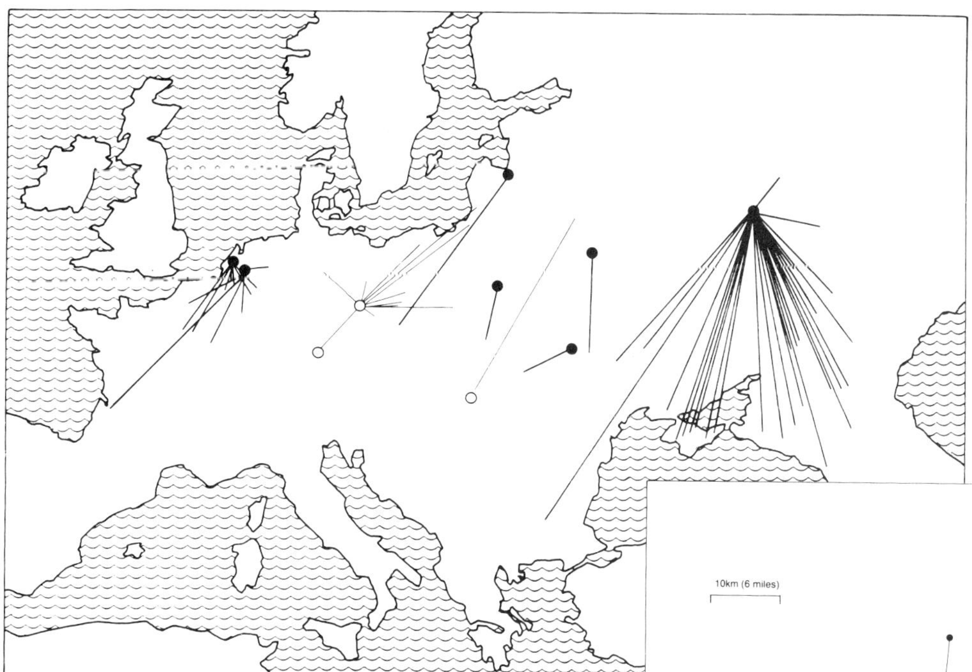

Große Hufeisennasen (Rhinolophus ferrumequinum, ganz unten), die das Forscherehepaar HOOPER *in Devon, England, beringte, kehrten vielfach zum Beringungsort (zentraler Punkt) zurück (dickere Linien mit Doppelpfeilen). Manche der Kurzstreckenwanderer gingen aber auch auf Tour (dünnere Linien), wohl um weitere Quartiere auszutesten (aus* HILL & SMITH *1984).*

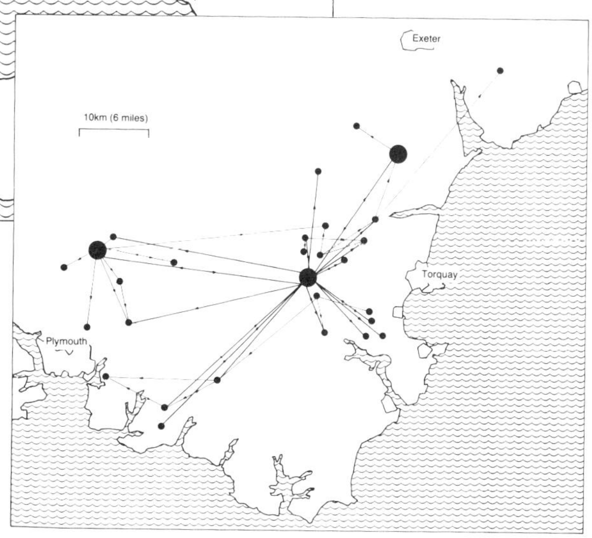

Mit Aluminiumklammer beringter Kleiner Abendsegler (Nyctalus leisleri, oben). Wiederfunde geben Aufschluß über Wanderungen, Populationsbiologie und Quartierverhalten.

Bei ihren Quartierwechseln im Spätsommer verfliegen sich Zwergfledermäuse (Pipistrellus pipistrellus, Mitte) immer wieder einmal in Wohnungen und nehmen dort gerne Vorhänge als Verstecke an.

Langflügelfledermauskolonie (Miniopterus schreibersi, unten) in einer südeuropäischen Höhle. Diese typischen Höhlenfledermäuse sind die am weitesten natürlich verbreitete Säugetierart der Erde und kommen von Europa über Asien bis Australien vor.

erfahrung zurück. Für die ersten Fledermausberingungen im Jahre 1916 legte der amerikanische Zoologe ALLEN den Fledermäusen Vogelringe um die Füße. Für Europa begann 1932 EISENTRAUT in Deutschland mit Fledermausberingungen. Der Altmeister der Fledermausforschung „erfand" zur Markierung der Tiere spezielle Aluminium-Klammern, die den Fledermäusen so an den Unterarm angelegt werden, daß sie noch frei verschiebbar sind. Beringungszentralen wurden in vielen Ländern eingerichtet, um die rasch zunehmende Markierungstätigkeit zu koordinieren. Die von diesen Stellen ausgegebenen Ringe enthalten eine Ringnummer und die Kurzanschrift der Zentrale. Mit Gewichten zwischen 0,10 und 0,19 Gramm behindern die Ringe das Flugvermögen ihrer Träger nicht, doch beißen die Fledermäuse oft auf diesen Fremdkörpern herum, was bei nicht sachgerecht angelegten Ringen oder zu weichem Material zu Verletzungen an der Flughaut führen kann.
Heute ist der große „Beringungsboom" vorüber. Naturschutzrechtliche Ausnahmegenehmigungen für das Beringen von Fledermäusen werden bei uns nur noch dann erteilt, wenn durch die Beringung wissenschaftliche Fragen gelöst werden können, deren Ergebnisse auch direkt oder indirekt dem Schutz der Tiere zugute kommen. Bis 1945 war das Zoologische Museum der Universität Berlin die deutsche Beringungszentrale. Für den Bereich der neuen Bundesländer ist das Institut für Landesforschung und Naturschutz (INL) der Akademie der Wissenschaften, Zweigstelle Dresden, zuständig. In den alten Bundesländern ist HUBERT ROER am Zoologischen Forschungsinstitut und Museum Alexander Koenig in Bonn der „Herr der Ringe". Die Kennzeichnungsmethode half, viele Fragen zu beantworten, vom Wanderverhalten über die Populationsbiologie bis hin zum Quartierverhalten.

Unterschiedliche Wanderfreudigkeit

Der Bonner Zoologe ROER teilt die europäischen Fledermäuse nach den Beringungsergebnissen in wanderfreudige, wanderfähige und standortgebundene Arten ein. Mit durchschnittlichen Wanderdistanzen von über 250 Kilometern gehören Großer Abendsegler, Langflügelfledermaus, Kleiner Abendsegler, Rauhhautfledermaus, Alpenfledermaus und Nordfledermaus zu den wanderfreudigen Fernwanderern. (Wanderfähige) Mittelstreckenwan-

Langflügelfledermäuse (Miniopterus schreibersi) wandern bei ihren saisonalen Quartierwechseln 100 bis 350 Kilometer.

derer wie Zwergfledermaus, Teichfledermaus, Wasserfledermaus und Breitflügelfledermaus legen durchschnittliche Distanzen zwischen 20 und 250 Kilometer zurück, während die Kurzstreckenwanderer, wie zum Beispiel Graues und Braunes Langohr, Wimperfledermaus sowie Große und Kleine Hufeisennase mit Strecken meist unter 20 Kilometer ausgesprochen standortgebunden sind.
Der sowjetische Zoologe P. P. STRELKOV untersuchte das Wanderverhalten osteuropäischer Abendsegler, die wohl den kalten Festlandwintern durch lange Wanderungen ausweichen. Ihr Zug verläuft im Herbst hauptsächlich in südlicher oder südwestlicher Richtung, im Frühjahr dagegen nördlich bzw. nordöstlich. Man vermutet, daß die russischen Abendsegler in Südost-Europa oder im östlichen Mitteleuropa, möglicherweise auch im Kaukasus oder auf der Halbinsel Krim überwintern. „Rekordtier" ist ein im August 1957 bei Woronesch beringter Abendsegler, der im Januar 1961 in Südbulgarien auftauchte. Das Tier hatte eine Entfernung von 2347 Kilometern Luftlinie zurückgelegt.

Amerikanische Langstreckenwanderer sind die Mexikanischen Freischwanzfledermäuse (*Tadarida brasiliensis*). Verschiedene Populationen dieser Tiere zeigen ganz unterschiedliches Wanderverhalten. Während zwei Populationen keine richtigen Wanderungen unternehmen und während des milden Winters nur kurzzeitig lethargisch werden bzw. einfach wärmere Quartiere aufsuchen, wandert die in Südost-Utah, Südwest-Colorado, Ost-Arizona und im westlichen Neumexiko lebende Population jährlich bis zu 1000 Kilometer nach Süden ins westliche Mexiko. Die vierte Gruppe umfaßt die Population von Oklahoma, des östlichen Neumexiko, Texas und der restlichen Südoststaaten. Hierzu gehören auch die Tiere der berühmten Carlsbad- und Bracken-Höhlen. Dieser Millionenzug verbringt ebenfalls die Wintermonate im nahrungsreichen Mexiko.
Besonders gut sind die Wanderungen der Großen Hufeisennase in Devon, England, durch die Arbeit des Forscherehepaars HOOPER dokumentiert. Ihre Saisonwanderungen reichen kaum weiter als 30 Kilometer.

Wanderfähige und standortgebundene Fledermausarten haben gemeinsam, daß sie keine bestimmte Zugrichtung bevorzugen. Ihre Wanderwege richten sie im wesentlichen nach geeigneten Quartieren aus.
Ganz streng an wenige Überwinterungshöhlen gebunden ist die nordamerikanische Graue Fledermaus (*Myotis grisescens*). MERLIN D. TUTTLE untersuchte die Art viele Jahre lang und konnte nachweisen, daß über 95 Prozent aller Tiere in nur neun Höhlen überwintern. Davon liegen zwei Höhlen mit einer Gesamtwinterpopulation von ca. 375 000 Tieren im östlichen Tennessee. Die meisten Grauen Fledermäuse überwintern in einer Höhle im nördlichen Alabama (ca. 1 500 000 Individuen). Gleichmäßige kühle Temperaturen und hohe Luftfeuchtigkeit machen diese Wintertreffs attraktiv. Unabhängig davon, wie sie ihre Sommersaison verbringen, kehren die Grauen Fledermäuse fast vollzählig in ihr jeweiliges Winterstammquartier zurück. Wie TUTTLE feststellte, wechseln sie dieses im Winter nicht. Von 3220 im Winterquartier beringten Tieren konnte der Forscher in 14 Jahren Untersuchungstätigkeit kein einziges in einem der anderen Winterquartiere wiederfinden. Die Nibelungentreue der Grauen Fledermäuse birgt jedoch eine große Gefahr. Der Verlust eines einzigen Winterquartiers würde den Fortbestand einer ganzen Art ernsthaft gefährden.

Kleine Invasoren

Am häufigsten kommen Fledermäuse im August und September in die Schlagzeilen von Zeitungen. Alle Jahre wieder werden dann in der Stadt X im Gebäude Y kleine Fledermäuse in den Gardinenfalten hängend oder in einem Raum umherflatternd aufgefunden. Wenn nun die von den Hausbesitzern gerufene Feuerwehr oder Polizei die kleinen Hausbesetzer unblutig entfernt, haben die Fledermäuse noch Glück gehabt. Ausgerechnet unsere kleinste Art, die Zwergfledermaus, verursacht so große Verwirrung. Nach Untersuchungen verschiedener Fledermausforscher weiß man, daß die invasionsartigen Masseneinflüge typisch für diese Art sind. Dabei handelt es sich wohl um Tiere aus aufgelösten Wochenstuben, die sich in einem Zwischenquartier treffen. Ein einmal bezogenes Zwischenquartier suchen sie dann möglicherweise über Jahre hindurch auf.
Invasionen können auch ohne Fremdeinwirkung tödlich enden. Manchmal finden die in Gebäude eingedrungenen Zwergfledermäuse nicht mehr heraus oder fliegen sogar in eine echte Falle. So fand ROER in Entlüftungsrohren eines im Bonner Zentrum gelegenen Krankenhauses 1180 tote Zwergfledermäuse. Die Tiere waren in die oben offenen Zinkrohre eingedrungen und darin umgekommen. Offensichtlich kennen die geselligen Kerlchen kein Warnverhalten, das nachfolgende Artgenossen vor dem Absturz ins Unglück bewahren könnte.

Tropenreisende, Vogelbegleiter und Verdriftete

Auch tropische Fledertiere wandern. Ihre Züge richten sich nach dem Nahrungsangebot, wie beispielsweise der Reifezeit von Früchten. Australische Graukopf-Flughunde (*Pteropus poliocephalus*) fressen nur dann Kulturfrüchte, wenn die Wildnahrung knapp wird. Bevorzugt werden Blüten und Nektar von *Eucalyptus* und Wildfrüchte. Im März/April wird die Nahrungsgrundlage im südlichen Teil ihres Verbreitungsgebietes knapp. Dann brechen die Graukopf-Flughunde nach Norden auf (Winterwanderungen) und können so in wenigen Wochen 1000 Kilometer weit bis an die Küste Queenslands fliegen.
Große Wanderflüge von etwa 1000 Kilometern unternehmen auch die afrikanischen Palmenflughunde (*Eidolon helvum*), wobei die Gründe für ihr Wanderverhalten noch nicht völlig geklärt sind.
Die amerikanischen *Lasiurus*-Arten (*L. cinereus, L. borealis* und *L. seminolus*) sowie die amerikanische Gelbe Fledermaus (*Dasypterus intermedius*) wandern sogar gemeinsam mit den Zugvögeln oder benutzen die gleichen Wanderrouten. Manchmal verunglücken sie dabei auf die gleiche Weise wie ihre gefiederten Kollegen: Sie kollidieren mit dem Empire State Building mitten in New York oder einem hohen Fernsehturm in Florida – Gebäuden, die in ihrer Zugstraße stehen.
Wenn der Wind besonders kräftig bläst, werden Fernwanderer unfreiwillig Reisende zu neuen Ufern. Die australischen Graukopf-Flughunde erreichen so Tasmanien. *Lasiurus cinereus* hat sogar die 4000 Kilometer vom amerikanischen Festland entfernten Hawaii-Inseln erreicht und dort in der Isolation schon Merkmale einer Inselrasse entwickelt. Manchmal spielen Fledermäuse auch blinder Passagier und reisen mit Schiff oder Flugzeug in ferne Länder. Allerdings hat es noch keiner dieser Mitreisenden geschafft, dort, wie zum Beispiel die Nagerkollegen Hausmaus oder Ratte, auch seßhaft zu werden.

FLEDERMÄUSE UND MENSCH

Niemals waren Fledermäuse dem Menschen gleichgültig. Ihre ungewöhnliche Gestalt und ihr geheimnisvolles Leben regten zu allen Zeiten die menschliche Phantasie an. Ursprung aller Gruselmärchen, Mythen und abergläubischen Vorstellungen, die sich um die Fledermäuse ranken, ist wohl ihre heimliche und stille, nachtaktive Lebensweise. Was sich dem menschlichen Auge und Verständnis weitgehend entzieht, bekommt sehr schnell den Stempel des Unheimlichen, Gefährlichen, ja Bösartigen. Das „Handwörterbuch des deutschen Aberglaubens" liefert eine Fülle von Angaben zu all dem, was Mythologen und Legendenweber aller Zeitalter und Kulturkreise den Fledermäusen andichteten. Obwohl das Böse eindeutig dominiert, werden die angeblich dämonischen Tiere aber auch zur Abwehr gegen Böses verwendet und gelten sogar als Glücksbringer. Der eigenartige Dualismus bei der Betrachtungsweise der Fledermäuse ist letztlich Spiegel unserer eigenen menschlichen Seele. Hin- und hergerissen zwischen Gut und Böse, Leben und Tod, Glück und Unglück, müssen die Fledermäuse als Symbol für die vielen Facetten unseres eigenen flatterhaften Lebens herhalten.

Doppelwesen Fledermaus

„Die Fledermaus, die Fledermaus, die zieht der Braut die Strümpfe aus ...". Daß die Fledermaus in dem alten Volkslied von der „Vogelhochzeit" auftaucht, kommt nicht von ungefähr. Seine Wurzeln reichen bis zum Jahre 1530 zurück, eine Zeit, in der die Flattertiere offiziell noch zu den Vögeln gestellt wurden. „Die Flädermauß ist ein unreiner Vogel nicht allein im Jüdischen Ge-

Mesoamerikanische „Fledermausdämonen" zeigen Fledermäuse als Lebensspenderinnen: **a.** *Klassische Maya-Hieroglyphen der „Schleifen-Fledermaus";* **b.** *„Fledermaus-Formeln";* **c.** *„Geburt der Fledermaus";* **d.** *Klassische Standardformen der Fledermaus-Hieroglyphe;* **e.** *Zapotekisches Räuchergefäß „Fledermaus mit Rosetten-Attributen" (aus* DOBAT *1985).*

setz verbotten, sondern auch ein Greuwel anzusehen", schreibt 1581 der Naturforscher CONRAD GESNER in seinem großen Tierbuch. GESNER konnte sich dabei auf Moses stützen, der die Fledermaus in der Bibel unter den unreinen Vögeln aufzählt. Auch bei HOMER erscheint sie als Vogel und wird in der älteren deutschen Zoologie als „Vogel ohn' Zung, der säuget seine Jungen" dargestellt. „Leerspecht" (= Lederspecht) wird sie im Westfälischen nach ihren nackten Flughäuten genannt.
ÄSOP beschreibt in zwei Fabeln die Begegnung von Fledermäusen und Wieseln. Als ein Wiesel eine heruntergefallene Fledermaus gepackt hatte und ihr erklärte, er sei ein Feind aller Vögel, antwortete diese schlagfertig, sie sei kein Vogel, sondern eine Maus. Ein andermal redete sie sich bei einem mäusejagenden Wiesel damit heraus, daß sie Flügel besitze und somit ein Vogel sei. Eine solche Doppeldeutigkeit hat Folgen. So wird der elsässische Begriff „fledermüsle" im Sinne von „zweideutig reden oder handeln" gebraucht. „Speckmaus" ist eine weitere, häufige Bezeichnung für Fledermäuse, weil man glaubte, die häufig in Rauchfängen angetroffenen Tiere fräßen dort den Speck. Auch für ihre Verwandlung fand sich eine Erklärung: Nach einem bukowinischen Volksglauben muß jede Maus, die am geweihten Brote genagt hat, zur Fledermaus werden.

Tod und Teufel

Tod und Dunkelheit stehen in der menschlichen Vorstellungswelt in enger Beziehung. So wie die Nacht an das Verlöschen des Lebens mahnte, wurde das Nachttier Fledermaus ähnlich den Nachtraubvögeln (Eulen) zum bösen Omen, ja sogar zum Sinnbild des Todes. Das Erscheinen von Fledermäusen im Traum galt als Vorzeichen für drohendes Unheil oder Verlust, für einen Sturm auf dem Meer oder einen Überfall durch Wegelagerer. Vorbote des Todes ist häufig die Krankheit, die in Fledermausgestalt herannaht. In Indien und auf Sri Lanka als Fieberdämonen geltend, verkörperten Fledermäuse bei den Südslawen die Pest. Fledermaus-Kot auf dem Kopf bedeutete Krankwerden. Noch häufiger ist sie aber Todesbote, indem sie Todgeweihten über den Kopf fliegt oder Haare ausreißt.
Die Beziehung zur Hölle wird durch einen Brauch der Zigeuner in Siebenbürgen besonders deutlich. Gegen eine ins Zimmer geflogene Fledermaus schützten sie sich, indem sie schleunigst so viele glühende Kohlen zum Fenster oder zur Türe hinauswarfen, als das Haus Familienmitglieder zählte. In vielen Kulturen findet sich der Glaube, daß menschliche Seelen nachts als Fledermäuse umherfliegen, seien es diejenigen Verstorbenen, die keine Ruhe finden, oder die von Schlafenden bis zum Erwachen, wie man in Finnland erzählt. Oft geschieht die Verwandlung in eine Fledermaus auch als Strafe für ein sündiges Leben.

Nach einem alten Volksglauben kann man mit Hilfe von Fledermauszauber dem Teufel aber auch einiges wieder abnehmen: So viele Tropfen Blutes man von einer getöteten Fledermaus auf Seide fallen läßt, so viele Seelen entreißt man dem Teufel. Der Aberglaube stellt zwischen Fledermäusen, Hexen und dem Teufel enge Verbindungen her. „Flederwisch" (englisch „flittermouse") ist einer der üblichsten Teufelsnamen. Nach einem Volksglauben der Zigeuner ist die Fledermaus aus einem Kuß entstanden, den der Teufel einem schlafenden Weibe gab. Auch soll der Satan hinter den Fledermäusen ins Haus einfliegen. Dies geschieht natürlich auf häutigen Flügeln. Auch in der sakralen Kunst schlägt sich nieder, Gut und Böse anhand des Flugapparats zu unterscheiden. Während Engel immer auf Vogelschwingen schweben, tragen die Höllenwesen Fledermausflügel. Auch zur Teufelsbeschwörung müssen Fledermäuse herhalten: Teufelspakte unterschrieb man gern mit Fledermausblut. Wollte man ein Mädchen zum Tanzen zwingen – der Tanz galt als teuflisches Lockmittel zur Sinneslust –, so schrieb man

Tod und Teufel mit Fledermaussymbolen. Auf der Teufelsdarstellung in einer kleinen oberbayerischen Kirche trägt der Teufel Fledermausflügel (links). Gevatter Tod als Sensenmann greift an eine Sanduhr, als Symbol für die Endlichkeit des Lebens (rechts).

den Namen des Mädchens mit Fledermausblut auf einen Zettel und warf ihn zu Boden. Die darauftretende Maid mußte tanzen, ob sie wollte oder nicht. Bei Teufelsaustreibungen sollte der böse Geist aus dem Munde einer Besessenen „ähnlich einer Fledermaus" ausfliegen. In einigen italienischen Dialekten wird die Fledermaus nach dem Teufel genannt, so zum Beispiel in Brindisi „diaulicchiu" (das „Teufelchen").
Bei den Maya Zentralamerikas stand die Fledermausgottheit „Camazótz" (die Todesfledermaus) in hoher Verehrung. Auf Darstellungen der Maya hat sie Menschengestalt, trägt Fledermausschwingen und einen lanzettenförmigen Nasenaufsatz, so wie ihn viele amerikanische Blattnasen-Fledermäuse besitzen. Doch Camazótz war nicht nur der „Todes-Vampir", sondern auch ein Symbol für Auferstehung. Nach diesem benannte sich im Hochland von Guatemala ein ganzer Clan: „Zotzil" (der Fledermaus gehörig). Neuere Deutungen der Bilderschriften und Malereien der Maya, Zapoteken und anderer alter Völker im südlichen Mexiko und nördlichen Mittelamerika lassen die Fledermausdarstellungen aber auch in ganz anderem Licht erscheinen. Unter der Voraussetzung, daß den alten Völkern blütenbesuchende Fledermäuse bekannt waren, könnten die alten Künstler anstelle des blutrünstigen Fledermaustreibens wie „Kopfabreißen" oder „Herzherausreißen" auch den Blütenbesuch und das Aussaugen von Nektar gemeint haben.
Als dämonisches Tier verwendete man die Fledermaus homöopathisch zur Abwehr von Dämonen, in christlicher Zeit auch von Hexen und Teufel. Der von PLINIUS beschriebene Brauch, das Haus gegen Einflüsse böser Dämonen dadurch zu schützen, daß man eine lebende Fledermaus dreimal um dieses herumträgt, um sie dann an die Tür oder das Fenster zu hängen, hatte seine Entsprechung auch in Bayern. In Schwaben wurden Fledermäuse als Schutz vor Hexerei an das Haustor genagelt. Im Allgäu geschah dies auch an Scheunentoren. In der Gegend von Landshut sollte die Fledermaus über der Haustür oder der Scheune vor Feuer und Blitz schützen. Auch steckte man sie dort sogar dem Rindvieh an die Hörner, damit es nicht verhext würde. Im Stall soll sie Ungeziefer abhalten. Doch während tote Fledermäuse lediglich in der Phantasie des Menschen hierzu ihren Beitrag leisten, erbringen quicklebendige Fledertiere diesen erwünschten Effekt. Die Siebenbürger Sachsen und Slowenen schließlich versenkten Fledermäuse als Bauopfer in den Grund des Hauses oder in Stallungen.

Glück und Liebe

In China heißt die Fledermaus „fu", was gleichzeitig auch Glück bedeutet. Im kantonesischen Dialekt wird sie „Fuk-schii", „Ratte des Glückes", genannt. Als Glückssymbole zieren die Flattertiere häufig chinesische Fahnen. Besonders bekannt wurde eine chinesische Glückshiero-

„Fledermaus-Flugzeug", Typ Nr. 3 von CLEMENT ADER, das noch im Original erhalten ist.

glyphe, die den Mondturm als kreisrunde Öffnung zeigt, umflattert von fünf stilisierten Fledermäusen.

Auch im europäischen Kulturkreis finden sich glücksbringende Fledermäuse, hier allerdings meist in dualistischer Betrachtungsweise mit deutlichen Bezügen zum Bösen.

Sehr weit verbreitet ist der Volksglaube, daß Fledermäuse beim Spiel Glück verheißen: Ob Karten, Kegel, Würfel oder Lotterie, Fledermausfetische halfen gewinnen. Um sein Glück zu zwingen, brauchte man den Kopf, das rechte Auge, das Blut oder am häufigsten das Herz der Fledermaus. Dabei spielte auch der Klerus fleißig mit. Oft waren es Mönche, die das Kartenspiel nach außen hin als des „Teufels Gebetbuch" verbannten, innerhalb der Klostermauern aber eifrig „zockten". Mit einer List versuchten sie sich – ebenso wie viele Spieler aus dem Volk – jedoch vom „Teufel, der am Spieltisch sitzt", zu befreien: Als „zuverlässiges Gegenmittel" galt das an einem roten Faden am rechten Unterarm getragene Herz einer Fledermaus.

Von Vorteil für unsere Schutzbemühungen um die Fledermäuse wäre es manchmal, wenn sich etwas vom alten Volksglauben Bosniens und der Herzegowina bis zu uns herumgesprochen hätte. Ähnlich wie hier die Schwalben genießen dort die Fledermäuse großes Ansehen. Nisten sie sich mit ihren Jungen in ein Haus ein, bringen sie Glück und müssen geschont werden. Kommt eine Fledermaus durch den Rauchfang herab, so bedeutet dies dem Bauern reichen Viehbestand. Im Laden des Kaufmannes zieht sie Kunden an.

Glück und Liebe liegen bekanntlich dicht beieinander. Da ist es nicht mehr verwunderlich, daß Fledermäuse auch als Liebeszauber herhalten müssen. So können die angeblich blinden und zudem nachts schlaflosen Tiere in allen möglichen Formen und Mixtürchen zu Erweckern einer blinden, schlaflosen Liebe werden. Die Organe der Fledermaus in pulverisierter Form, aber auch ihre Haare oder ihr Blut wirken, in Getränke gemixt, auf widerspenstige Liebhaber unwiderstehlich. Berühren mit Fledermausknöllchen und -krallen soll den potentiellen Liebhaber gefügig machen. Selbst wenn die Liebe zu Ende geht, ist die Fledermaus wieder hilfreich. In Posen pflegten eifersüchtige Frauen eine lebendige Fledermaus im geschlossenen Topf zu braten, wodurch der untreue Mann gleiche Schmerzen empfinden sollte wie das gequälte Tier.

Jagdzauber und fliegende Apotheke

„Schiessen, dabey zu treffen, was man will. Nehmet Herz und Leber von einer Fledermaus, thut es unter das Bley, wann man Kugeln gießt, so soll man treffen können was man will. Diß wäre ein herrliches Kunststück für die Jäger, schade, daß dieselbe nichts davon halten", steht in einem „Zauber-Lexikon" von 1759. Die Treffsicherheit der Fledermäuse im Dunkeln sollte sich durch Schießzauber auf den Schützen übertragen. Hierzu wurden nicht nur Fledermausorgane unters Blei gemengt oder vom Schützen mitgetragen und Fledermausaugen (die rechten) in Gewehrschäfte eingelegt, sondern als Gipfel der Grausamkeit auch lebende Fledermäuse samt Blei zu Kugeln gegossen.

Auch die Hexen hatten durch Fledermäuse ihren Vorteil. Ihr Flugvermögen erlangten sie durch Einreiben mit dem Flugfett, das sie aus Fledermäusen herstellten.

Sehr vielfältig ließen sich Fledermäuse in der Volksmedizin einsetzen. Schon PLINIUS wußte von ihrer Verwendung gegen verschiedene Übel wie Darmentzündungen, Schlangenbiß, Hautverletzungen, Bauchschmerzen, Triefaugen und als Enthaarungsmittel. Letztere Indikation hängt sicher mit den haarlosen Flügelflächen der Fledermäuse zusammen. Weiterhin mußten Fledermäuse in der menschlichen Medizin herhalten gegen Erkrankungen der Augen bis hin zu Hühneraugen. Fledermausasche sollte die Bildung von Muttermilch fördern.

Die nachtaktiven Tiere galten als gute Mittel gegen Schläfrigkeit und Schlaflosigkeit. Selbst in die volkstümliche Tiermedizin fanden Fledermäuse Eingang. Eine an krankes Zugvieh gebundene Fledermaus sollte die Tiere von Schmerzen befreien. Die Zigeuner schwörten auf Fledermäuse als Heilmittel gegen Blähungen bei Pferden. Und schließlich heilte man im Mittelalter Beizhabichte, die an „hinfallendem Siechtag" (Epilepsie) litten, mit gekochten Fledermäusen, die sie fressen mußten.

Fledermäuse und Haare – ein Kapitel für sich

Fast unausrottbar scheint der Aberglaube zu sein, daß Fledermäuse in die Haare fliegen. „Haarrafferl" ist ein österreichischer Dialektname für die Zwergfledermaus. Wenn sich eine Fledermaus in den Haaren verfängt, soll sie nach altem Volksglauben nur schwer, und dann unter Verlust der Haare, zu entfernen sein. Tiroler Mädchen, denen einmal eine Fledermaus in die Haare flog, mußten ledig bleiben. „Fledermaus, Fledermaus, rauf' mir nicht die Haare aus, laß mir meine Zöpfe steh'n, daß ich kann zum Tanze geh'n", dichteten die Mädchen in Mecklenburg. Doch nicht nur entgangenes Tanzvergnügen und Liebesentzug drohten nach Haarattacken. Man sollte sogar den „Wichtel" oder „Weichselzopf", eine zopfartige Verfilzung der Haare, davon bekommen und konnte daran sterben. Von Haarausfall bis zu eiternden Kopfwunden und Grind reichten die Scheußlichkeiten, die man durch Fledermausberührung auf dem Kopf, aber auch durch Fledermauskot oder -urin bekam. „Pissorato" heißt sie deshalb in Südfrankreich und ist bei uns als elbischer „Pißdämon" bekannt. Bei diesen der Fledermaus angedichteten Fähigkeiten lag es nahe, Fledermausblut als Enthaarungsmittel zu verwenden.

Abwehr gegen echte und falsche Vampire – blutsaugende Hexen und Postboten des Teufels

Bei der Landbevölkerung Mexikos gelten die Vampirfledermäuse zum Teil auch heute noch als Hexen, die den schlafenden Menschen das Blut aussaugen. Um Unheil abzuwenden, bringt man in den Höhlen Opfer in Form von Nahrung, Blumen oder Kupfermünzen dar. Gleichzeitig nutzt man aber auch die Vampirfledermäuse als Repräsentanten Luzifers, indem dort Briefe an den Teufel hinterlegt werden.
Von den echten Vampiren spannt sich der Bogen bis hin zur Kultfigur des Grafen Dracula, den der englische Schriftsteller BRAM STOCKER mit seinem Roman „Dracula" (1897) unsterblich machte. BRAM STOKKERs Romanvorlage war der von 1452 bis 1462 in Tirgoviste, Walachei, regierende Fürst VLAD TEPES. Grausame Spezialität des Mannes, der zu den Gründungsvätern Rumäniens zählte, war das Pfählen von Tausenden von Türken und Verbrechern. TEPES hatte das Aufspießen im übrigen von den Türken übernommen, gegen deren Fremdherrschaft er mit einem Volksheer zu Felde zog. BRAM STOCKER nannte nach den Recherchen über VLAD TEPES seinen Romanhelden Dracula. So nämlich hieß VLADs Vater, was auf rumänisch sowohl Drachen als auch Teufel (Dracul) bedeutet. Zudem ist im slawischen Vampirglauben der Vampir ein mystisches Wesen, halb Mensch, halb Fledermaus, das zur Strafe für sein grauenhaft sündiges Erdendasein nach seinem Tode seelisch-körperlich komplett bleibt und nachts Menschen als Blut-

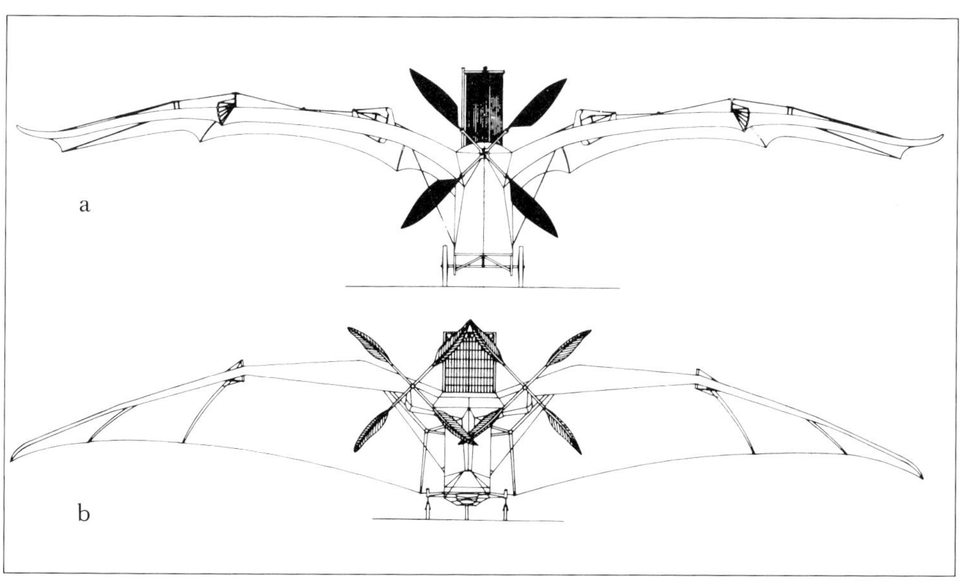

Fledermaus-Flugzeug Nr. 3 von CLEMENT ADER (um 1890) als Konstruktionszeichnung (a) *und in der tatsächlichen Vorderansicht* (b) *(aus NACHTIGALL 1986).*

bank anzapft. So war eine Figur entstanden, die schier unerschöpflichen Stoff für Gruselmärchen und Gruselfilme liefert.

Fledermäuse als „special effects“ und echte Bomber

Fledermäuse als geduldete Tempel- und Palastbewohner: Grabflattererkolonie (Taphozous spec., unten) in einem indischen Tempel. Auch die Großblattnasen (Megaderma lyra, ganz unten) beziehen solche Quartiere. Hier hängt eine Kolonie Lyrafledermäuse in den Grundmauern eines indischen Palastturmes.

Wenn heute in Comics oder Filmen Spannung und Gruseln erzeugt werden soll, tauchen oft Fledermäuse symbolisch auf. Einmal wären sie beinahe zu echten Todesbringern geworden: Während des Zweiten Weltkrieges experimentierten die amerikanischen Streitkräfte an einer Geheimwaffe, die „Project X-Ray“ genannt wurde. Man wollte große Mengen von Mexikanischen Freischwanzfledermäusen (*Tadarida brasiliensis*), denen kleine Zeitzünder-Brandbomben angelegt worden waren, über feindlichem Gebiet aus Flugzeugen freilassen. Man hoffte, daß die „Freischwanzbomber“ dann so schnell wie möglich Verstecke in Gebäuden suchen würden, um mit diesen in die Luft zu fliegen. Die Militärstrategen bedachten jedoch nicht, daß sich die sozialen Tiere in nur wenigen Quartieren zusammenfinden. Als schließlich noch mehrere hundert der kleinen Bomber auf dem Wüstentestgelände im Südwesten der USA entkamen suchten sie ausgerechnet Zuflucht in einem Tanklager, das sie zusammen mit Militärgebäuden in die Luft sprengten.

Lieferanten von echtem Sprengstoff

Echten Sprengstoff liefern Fledermäuse quasi als „Hinterlader“. Ihr Kot enthält Salpeter, der für die Schießpulver- und Sprengstoffherstellung nutzbar ist. Im amerikanischen Bürgerkrieg bauten die Südstaaten in den texanischen Höhlen daher Fledermauskot ab. Auf Ceylon erfuhren wir, daß die von uns untersuchte Fledermaushöhle zeitweise von Engländern beschlagnahmt worden war, um zu verhindern, daß sich Aufständische mit „Munition“ in Form von Fledermauskot versorgten.

Friedliche Verwendung fanden Fledermäuse bei der Royal Army während der Wüstenfeldzüge 1940 bis 1942 im Nahen Osten. Der militärische Bluttransfusionsdienst der Armee hatte als Emblem eine Fledermaus-Silhouette gewählt. Auch der Dreitonnen-Kühlwagen der Blutübertragungseinheiten, die auf dem europäischen Kontinent eingesetzt wurden, um die Blutversorgung der vorgeschobenen chirurgischen Stützpunkte im Reichswald und für den Rheinübergang von Brüssel aus zu gewährleisten, trug die Fledermaus als Symbol der Hilfe.

Und etwas blieb sogar von den Weltkriegen für die Fledermäuse übrig: Bunkeranlagen in vielen Teilen der Welt dienen heute manch einer Fledermauspopulation als Winter- oder Wochenstubenquartier.

Alle abergläubischen Vorstellungen und daraus resultierenden Rezepte zusammengenommen, konnten den Fledermäusen über die Jahrhunderte sicher weit weniger anhaben als die Folgen neueren menschlichen Gewinnstrebens.

Flugapparate nach Fledermausvorbild

Ausnahmsweise nicht als Vertreter finsterer Mächte, sondern als Ideenlieferant für

Eine indische Mausschwanzfledermaus (Rhinopoma microphyllum) findet Halt an Palastornamentik.

ihren Traum vom Fliegen betrachteten einige Pioniere der Fliegerei die Fledermäuse. So wie sie Anleihen für ihre Gleitflugapparate und Motorflugzeuge aus der Vogel- und Insektenwelt nahmen, dienten auch die Fledermäuse als Vorbilder für ihre kühnen Konstruktionen.
Schon der geniale LEONARDO DA VINCI entwarf um 1500 den Flügel eines Flugapparats in Anlehnung an einen Fledermausflügel. Und CLEMENT ADER bewahrte nicht umsonst die Arm- und Fingerknochen eines *Pteropus*-Flughundes in seiner Schreibtischschublade auf. Der französische Flugzeugkonstrukteur hat sich in seinem Patent von 1890 die Urheberrechte mehrerer Flugzeuge gesichert: „Flügel für niedere Geschwindigkeiten nach der Art der Fledermaus, Flügel für hohe Geschwindigkeiten nach Art des Vogels." Getreu dem tierischen Vorbild konstruierte ADER seine Flugapparate und kam mit seinem noch heute im Original erhaltenen „Flugzeug Nr. 3" dem „Fledermausbauplan" wohl am nächsten. Sein in den Jahren 1893 bis 1897 gebauter Prototyp des Fledermausflugzeuges absolvierte sogar erfolgreiche Flugversuche. Genau wie die Arme und Finger der Fledermäuse baute CLEMENT ADER bis ins Detail die Flügel seines Flugzeuges nach, das bei einer Spannweite von 15 Metern mit Hilfe zweier Propeller und einem 40-PS-Alkoholmotor angetrieben wurde.
Man mag die getreue Nachahmung des natürlichen Vorbildes, die sogar die Mechanik des Fledermausflügels berücksichtigte, als naiv belächeln. Fachleute bewundern jedoch zunehmend die vielen originellen technischen Neuerungen, die CLEMENT ADER sich ausgedacht hatte. Wenn auch unsere modernen Fluggeräte ganz anders konstruiert sind, gilt immerhin ADERs „Riesenfledermaus" aus Stoff und Holz als der interessanteste Fehlschlag des Flugzeugbaus.

Fledermaus als Sicherheitssymbol: Auf Island – wo es gar keine Fledermäuse gibt – macht ein Wach- und Schließdienst mit der Fledermaus Reklame!

DUNKLE ZEITEN FÜR FLEDERTIERE

Wissenschaftler registrieren heute weltweit die Bedrohung der Fledertiere. Während 1986 nur zwölf Arten in der Roten Liste der Naturschutzorganisation IUCN als weltweit gefährdet auftauchten, sind es in der aktuellen Ausgabe 1990 bereits 26 Flughund- und 28 Fledermausarten, deren Zukunft nach Expertenmeinung ungewiß ist. Davon sind bereits vier Flughund- und eine Fledermausart endgültig ausgerottet, eine Flughund- und zwei Fledermausarten sehr wahrscheinlich. Mit der weltweiten Naturzerstörung verlieren auch die Fledertiere immer mehr Lebensräume und Wohnquartiere, ihre Nahrungsgrundlage wird ständig kleiner. Überall dort, wo Fledertiere mit wirtschaftlichen Interessen kollidieren, werden sie als Konkurrenten oder Schädlinge auch direkt verfolgt. Man sprengt die Wohnhöhlen oder vergast die Tiere mit Giftstoffen. Vielen Flughundarten wurde auch schon ihr „guter Geschmack" zum Verhängnis. Besonders die kleinen Inselpopulationen wanderten oft bis zum letzten Exemplar in menschliche Kochtöpfe.

Mit dem Verbot des kommerziellen Handels dieser Arten gelang dem Naturschutz ein wichtiger Teilerfolg. Doch auch noch so gute Handelsbeschränkungen nach dem Washingtoner Artenschutzabkommen können die weiteren Lebensraumzerstörungen nicht aufhalten. Nach wie vor schreiten diese besonders in den Tropen rasant voran. Mit dem Verschwinden der tropischen Regenwälder ist vor allem das Schicksal vieler früchte- und nektarverzehrenden Fledertierarten besiegelt.

Ein tragisches Eigentor

Der Umstieg von „Natur"- auf „Plantagenkost" hilft den Früchtefressern wenig. Überall wo sie in den Obstplantagen auftauchen, verfolgt man sie als „Ernteschädlinge". Die verheerenden Auswirkungen von ungezielten Bekämpfungsmethoden gegen früchteverzehrende Flughunde sind besonders gut für Israel belegt. Dort begann man in den fünfziger Jahren, die Nilflughunde (*Rousettus aegyptiacus*) in ihren Wohnhöhlen auszuräuchern. Gegen die, laut israelischem Naturschutzgesetz, als Schädlinge deklarierten Flughunde setzte man die Gifte Ethylendibromid und das besonders lang wirksame Lindan ein. Die Nilflughunde verkrafteten die Bekämpfung gut, denn sie pflanzen sich leicht fort und können auf Ersatzquartiere ausweichen.

Dagegen traf die Kampagne vor allem ihre Mitbewohner in den Flughundhöhlen, nämlich insektenverzehrende Fledermausarten. Innerhalb von 15 Jahren nahmen diese um 90 Prozent ab, obwohl alle israelischen Fledermausarten als schutzwürdig gelten.

Geradezu explosionsartig vermehrten sich daraufhin einige Insektenarten und gefährdeten auf diese Weise tatsächlich die Ernten. Das empfindliche Ökosystem war aus den Fugen geraten. Internationale Proteste und die Einsicht in ökologische Zusammenhänge führten inzwischen dazu, daß in Israel den Fledermäusen mehr Beachtung geschenkt wird.

Zementindustrie contra Gespensterfledermaus

Höchst gefährdet durch die Zerstörung ihrer Quartiere beim Kalksteinabbau ist die australische Gespensterfledermaus (*Macroderma gigas*). Im November 1988 wurden zwei ihrer wichtigen Wohnhöhlen am Mount Etna, Queensland, von der zuständigen Zementindustrie mit Zustimmung der queensländischen Regierung gesprengt. Doch Resolutionen der IUCN daraufhin zeigten Wirkung. Die queensländische Regierung hat ein 15-Hektar-Gebiet um den Mount Etna in den „Fitzroy-Caves"-Nationalpark eingegliedert.

Kontrollieren ja, Ausrotten nein

Die ungezielte Bekämpfung der Vampirfledermäuse traf auch viele andere lateinamerikanische Arten gravierend. Der Vernichtungsfeldzug begann, als man um 1930 den Zusammenhang zwischen Tollwut und Vampirfledermäusen erkannte. Man verbrannte hohle Bäume, zerstörte mehrere tausend Höhlen mit Dynamit und versprühte Gifte in Fledermaushöhlen. Neben den Vampiren vernichtete man dabei auch Abertausende von anderen Fledermausarten.
Heute werden von professionellen Vampirjägern die Vampirfledermäuse gezielt abgefangen oder durch sekundenschnell wirksamen Strychnin-Sirup, den man auf das Rinderfell streicht, vergiftet. Und schließlich bringen den Vampiren gerinnungshemmende Substanzen – den Rindern eingespritzt oder gefangenen Vampiren, die von den Artgenossen beleckt werden, aufgetragen – den Tod durch inneres Verbluten.
Vampirkontrollen sind sicher notwendig. Dennoch bleibt zu hoffen, daß für die interessanten und hochspezialisierten Tiere noch genügend Nischen zum Überleben übrigbleiben.

Entwarnung trotz Horrormeldungen

Während in Übersee und anderen tropischen Ländern die Übertragung von Tollwut oder weiterer Krankheiten durch Fledermäuse Bekämpfungsmaßnahmen auslösen, schrieb man den europäischen Fledermäusen lange Zeit kein Gesundheits

Fledertiere als Delikatesse (oben): In Thailand werden abgehäutete Flughunde (hier Eonycteris spelaea) auf Märkten feilgeboten.

Fledermausguanosammeln in Thailand (unten): In Höhlen mit großen Fledermauskolonien (Asien, Südamerika) rentiert sich auch heute noch der Abbau des wertvollen Düngers.

Blühende Streuobstwiesen um ein oberbayerisches Dorf (rechts). Strukturreiche Kulturlandschaften zählen in Mitteleuropa zu den wertvollsten Fledermausbiotopen.

Beseitigung von Streuobst (unten). Weil Streuobstanbau unrentabel wurde, beseitigte man vielerorts die hochstämmigen Obstbäume. Mit ihrer Vernichtung verlieren Fledermäuse (und andere Tierarten) wertvollste Jagdbiotope und Quartiermöglichkeiten.

Arnsberger Leite im Altmühltal (rechte Seite, großes Bild). Die wärmebegünstigten, nur extensiv genutzten Trockenhänge (Schafbeweidung) im fränkischen Jura sind unverzichtbare Biotopbausteine für die dortigen Fledermauspopulationen.

Durch Fällen von alten, morschen Bäumen in Parkanlagen und Wäldern werden Fledermaus-Baumhöhlenquartiere vernichtet (rechte Seite, unten). Weil Fällaktionen oft im Winter stattfinden, kommen vielfach dabei auch winterschlafende Fledermäuse zu Tode.

risiko zu. Erst in allerjüngster Vergangenheit wurden Naturschützer und Fledermausfreunde verunsichert durch groß aufgemachte Schlagzeilen über tollwütige Fledermäuse. Doch die Realität ist weit weniger dramatisch als in der Sensationspresse dargestellt. Tatsächlich gelang es, tollwutverwandte Rhabdoviren bei europäischen Fledermäusen nachzuweisen. Dieses Virus ist jedoch nicht identisch mit jenem, das bei uns die Wild- und Haustiertollwut verursacht. Ganz neu ist die Fledermaustollwut auch nicht. Von 1954 bis 1988 sind insgesamt 345 Tollwutfälle bei europäischen Fledermäusen beschrieben worden, wobei 97 Prozent auf die Breitflügelfledermaus (*Eptesicus serotinus*) fielen. Die meisten Fälle wurden aus Dänemark, Norddeutschland und Holland bekannt. Wahrscheinlich ist das Virus bei weniger als einem halben Prozent der heimischen Fledermäuse vorhanden.

Das Risiko, bei uns von einer virusinfizierten Fledermaus gebissen zu werden, ist außerordentlich gering. Keine Gefahren gehen von den jagenden Tieren und von den Fledermausquartieren aus. Nur wer regelmäßig mit Fledermäusen umgeht – und das muß aus Naturschutzgründen ausschließlich den Fledermausexperten vorbehalten bleiben –, sollte Handschuhe tragen und sich sicherheitshalber gegen Tollwut impfen lassen. Für alle Fledermausfreunde – und solche, die es hoffentlich noch werden wollen – besteht keinerlei Grund zur Besorgnis!

Braunes Langohr (Plecotus auritus) fliegt Fledermauskasten an (Typ I*SSEL). An geeigneten Stellen (vor allem in baumhöhlenarmen Wäldern) aufgehängt, tragen Fledermauskästen zur Erweiterung des Quartierangebotes für „Baumfledermäuse" bei.*

Erst die Fledermaus, dann der Mensch?

Die insektenjagenden Fledermäuse werden als Endglieder in der Nahrungskette durch ihre mit Insektiziden kontaminierten Beutetiere besonders stark belastet. In gleicher Weise wirken Holzschutzmittel. Über die Flughäute und Atemwege werden sie von Fledermausarten, die ihre Quartiere in Gebäuden beziehen, aufgenommen und schädigen deren Organismen. Sterilität und erhöhte Mortalität sind bei starker Kontamination die Folgen. Die in den Insektiziden enthaltenen Chlorkohlenwasserstoffe, wie zum Beispiel Lindan, Hexachlorbenzol, DDT, DDD und DDE sowie die polychlorierten Biphenyle (PCB), sind nur schwer abbaubar und auszuscheiden. Als leicht fettlösliche Substanzen können sie sich über Jahre im Organismus anreichern. Wenn die Fledermäuse im Winter von ihren gespeicherten Fettreserven zehren, konzentrieren sich die Giftstoffe im Reservefett und in den anderen Geweben. Im Gehirn wirken sie, entsprechend konzentriert, tödlich. Selbst bei Fledermausjungen, die noch niemals selbständig Nahrung zu sich genommen hatten, ließen sich chlorierte Kohlenwasserstoffe nachweisen. Die Gifte wurden schon während der Schwangerschaft über die Gebärmutter und später über die Muttermilch an den Nachwuchs weitergegeben. Daß die Rückstandsbelastung der Fledermäuse weit höher ist als bei vergleichbaren Säugetiergruppen hängt sicherlich mit der hohen Lebenserwartung der Nachtjäger zusammen. Die Auswirkungen der Pestizidrückstände bei den Fledermäusen sind ein ernstes Warnsignal für uns Menschen. Überall dort, wo Fledermäuse und Menschen sich den Lebensraum teilen, könnte das „Säugetier Mensch" als nächste Art dran sein.

Was unseren Fledermäusen alles schadet

Die Gründe für den Rückgang unserer Fledermäuse sind vielfältig. Fast alle Schadfaktoren haben gemeinsam, daß sie „hausgemacht" sind. Unsere Fledermäuse benötigen mindestens dreierlei Lebensräume – das macht sie in unserer immer mehr verarmenden Umwelt gleich dreifach empfindlich. Im Sommer brauchen die Nachtschwärmer warme und trockene Quartiere und Wochenstuben, winters dagegen sollten ihre Dauerschlafplätze kühl, feucht und frostfrei sein. Außerdem sind alle Arten auf reich strukturierte Jagdreviere angewiesen. Doch gerade diese wurden im Zuge von Landschaftsveränderungen weggesäubert und mit ihnen die Nahrung der Fledermäuse, das reichhaltige Insektenangebot.

Den Rückgang des Fledermausbestandes in Mitteleuropa bemerkte bereits EISENTRAUT im Jahr 1937.

Die Liste der Schadfaktoren läßt sich komplettieren. ULRICH JÜDES schlägt für die vom Menschen hervorgerufenen Ursachen des Fledermausrückganges folgende Übersicht vor:

Schadfaktoren und ihre anthropogenen Ursachen

Nahrungsmangel

- Vereinheitlichung und Technisierung der Landschaft (Schaffung riesiger Monokulturen, Nährstoffeinträge, Versiegelung von Flächen etc.);
- Änderung des Mikroklimas durch Landschaftsgestaltung;
- Zerstörung von Jagdhabitaten (Baumalleen, Tümpeln etc.);
- Wirtschaftsweise, die den Lebenszyklus wichtiger Nahrungsinsekten stört (Herbizidanwendung, „Pflege" von Brachland und Rasenflächen etc.).

Nahrungsvergiftung

- Ausbringen von Insektiziden in der Land- und Forstwirtschaft;
- Giftanwendung im Gemeindebereich (insbesondere in Hausgärten);
- Sonstige Schadstoffe verschiedener Herkunft in der Umwelt.

Quartierveränderung und Quartierzerstörung

- Moderne Bauweise (vermörtelte Schalenfugen an Wohnhäusern, Füllmaterial in Hohlschichten etc.);
- Abriß alter Gebäude;
- Verschließen von Mauerritzen und Fugen an Gebäuden (insbesondere zur Wärmedämmung);
- Abdichten von Dachluken, Verschließen von Eulenlöchern sowie Einsetzen herausgefallener Fenstergläser (zum Beispiel in Kirchen zum Schutz gegen Tauben);
- Zimmerausbau auf Dachböden mit Fledermäusen;
- Verschließen und Trockenlegen feuchter Kellerräume, von Eis- und Kartoffelkellern;
- Imprägnieren von Dachgebälk mit Holzschutzmitteln in Häusern und Kirchen;
- Fällen alter Bäume mit Astlöchern und Höhlen (insbesondere in forstlichen Altholzbeständen, in alten Obstgärten und von Kopfweiden);
- Zuschütten von alten Erdhöhlen und Erdbunkern;
- Beseitigen alter Steinmauern mit tiefen offenen Fugen;
- neugierige „Naturschützer", die Quartiere „kontrollieren" (zum Beispiel auch zu frühe Kontrolle von Kunsthöhlen); Tierfotografen und Beringer.

Direkte Verletzung oder Vernichtung

- Erschlagen, Ertränken, Vergiften durch Holzschutzmittel etc.;
- Energieverlust im Winterschlaf infolge häufiger Störungen;
- Beringen;
- Katzen (an Einfluglöchern zu Höhlen und auf Dachböden);
- Eulen (zum Beispiel bei Eulenansiedlung auf Dachböden mit Fledermäusen);
- Marder (zum Beispiel bei nicht sachgerecht konstruierten künstlichen Höhlen und in Quartieren).

Schutzmaßnahmen für Fledermäuse

Wichtigste Voraussetzung zum Schutz ist, die Tiere nicht zu stören. Deshalb sind unbedingt vier Grundregeln zu beachten:

1. Jede Schutzmaßnahme beruht auf intensiven Beobachtungen, die die Tiere nicht beeinträchtigen dürfen.
2. Wenn es um die Kontrolle und den Schutz von Fledermausquartieren geht, sollte immer ein Experte hinzugezogen werden.

Mausohr-Wochenstubenkolonie (Myotis myotis). Oben: Während der Wochenstubenzeit dürfen die Tiere nicht gestört werden. Hier sind die Jungtiere schon relativ groß, aber noch dunkler als die Adulten gefärbt. Links: Mitglieder der gleichen Kolonie an einem anderen Hangplatz.

Einige Fledermausarten ziehen in Vogelnist- oder Fledermauskästen auch ihre Jungen auf. Hier eine Kolonie Brauner Langohren (Plecotus auritus, unten) in einem Vogelnistkasten.

Aus ihrem Wochenstubenquartier ausfliegende Mausohren (Myotis myotis, oben).

3. Wochenstuben müssen im Juni und Juli völlig in Ruhe gelassen werden, weil Fledermausmütter mit kleinen Jungtieren ganz besonders empfindlich gegen Störungen sind.
4. Das Begehen von Sommer- und Winterquartieren muß auf ein Minimum beschränkt bleiben. Jede Kontrolle bedeutet auch eine Störung für die in den Quartieren lebenden Fledermäuse.

Die Regeln 1. bis 4. zum Schutz der Fledermäuse gelten selbstverständlich auch für Experten.

Zweifarbfledermausweibchen (Vespertilio murinus, unten) mit Zwillingen.

Schutz der „Hausfledermäuse"

Das Überleben der in Gebäuden vorkommenden Fledermausarten hängt immer davon ab, mit welchem Verständnis die Eigentümer oder Bewohner ihnen begegnen. Dieses Verständnis zu wecken und über die liebenswerten Hausgenossen aufzuklären ist daher die wirksamste Hilfe für Hausfledermäuse. Besondere Gefahr droht den Hausfledermäusen bei Renovierungen (Um- und Ausbau von Dachstühlen, Behandlung der Balken mit giftigen Holzschutzmitteln). Sind Renovierungen geplant, sollten immer Experten (siehe Seite 189) hinzugezogen werden. Folgende Punkte gilt es zu beachten:

- Baumaßnahmen am Dachstuhl möglichst auf Spätsommer und Herbst (ab September) verlegen.
- Einflugöffnungen erhalten, Schlitze von zehn Zentimetern Höhe und 30 Zentimetern Breite reichen für die Fledermäuse im allgemeinen aus und halten gleichzeitig die oft unerwünschten Tauben ab. Zusätzliche Einschlupfmöglichkeiten durch Entfernen der Siebe aus Lüftungsziegeln oder durch Einbau von Fledermausziegeln schaffen (Achtung: durch neue und zusätzliche Lüftungs- bzw. Fledermausziegel können sich die mikroklimatischen Bedingungen, zum Beispiel durch Zugluft, im Dachraum nachteilig ändern). Deshalb bei Dachböden mit fehlender Zugänglichkeit nur wenige für Fledermäuse passierbare Ziegel im maximal mittleren Dachstockbereich einbauen, damit sich die Warmluft im Giebel weiterhin stauen kann. Wenn irgend möglich, die alten, von den Fledermäusen bisher benutzten Einflugöffnungen erhalten. Diese können ohne Störung ermittelt werden, indem man die ausfliegenden Fledermäuse beobachtet.
- Mit Blech beschlagene Dächer nach Möglichkeit erhalten (höhere Temperaturen im Quartier). Wenn sich durch Renovierungen die Temperaturen auf dem Dachboden wesentlich ändern sollten, kann den wärmebedürftigen Tieren unter Umständen durch eine Wärmelampe – thermostatgesteuertes Schwarzlicht – geholfen werden.
- Das Dach nicht mit imprägnierten Betonziegeln, sondern mit Tonziegeln (oder nichtimprägnierten Betonziegeln) decken.
- Kritischer Punkt ist die Holzschutzbehandlung: Erst feststellen, ob eine Holzschutzbehandlung überhaupt durchgeführt werden muß. Ist sie notwendig, möglichst das ungiftige Heißluftverfahren anwenden. Alle üblichen che-

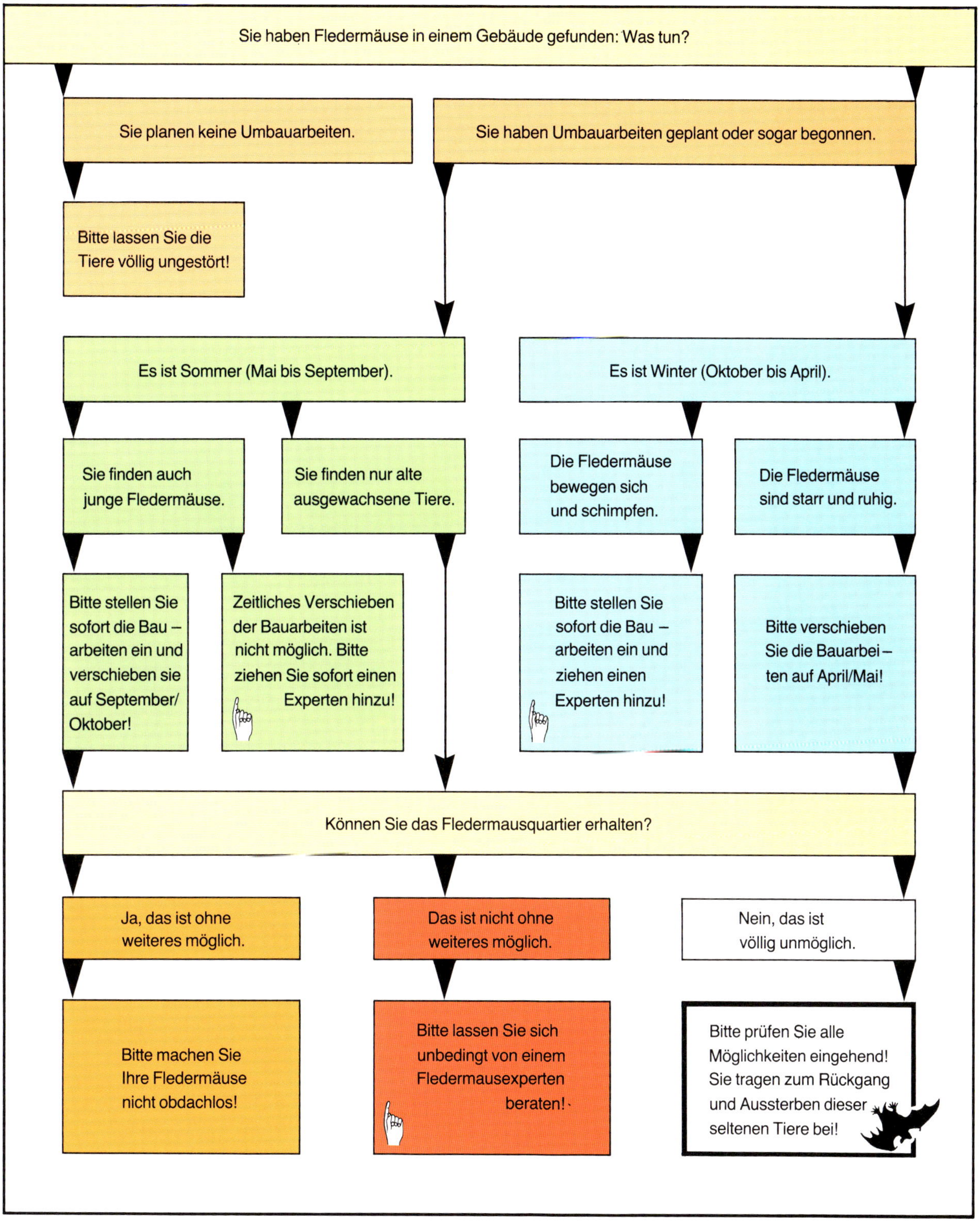

mischen Verfahren mit giftigen Holzschutzmitteln unbedingt vermeiden. Auf keinen Fall Präparate verwenden, die Lindan enthalten. Als Ersatz für lindanhaltige Mittel sollte zwischen Holzschutzmitteln mit synthetischen Pyrethroiden (Permethrin) gewählt werden, die, für Fledermäuse verträglich sind.

Neuerdings sind diese pyrethroidhaltigen Produkte aber als Nervengifte in Verruf geraten. Trotz ihrer Giftigkeit sind sie nach wie vor dennoch zu empfehlen, wenn ungiftige Verfahren, wie zum Beispiel Heißluft oder Borsalze, nicht angewendet werden können. Wenigstens vier Wochen vor dem Einzug

Sie haben Fledermäuse in Ihrem Gebäude gefunden – was zu tun ist, verrät dieses Schema. Adressen von Fledermausexperten finden Sie auf Seite 189.

der Fledermäuse ins Sommerquartier muß die Holzbehandlung abgeschlossen sein.
Wurden Holzschutzmittel verwendet oder neue Balken und Bretter eingezogen, sollten unbehandelte Bretter an den bevorzugten Hangplätzen der Tiere über die behandelten Balken genagelt werden (nach Möglichkeit die alten Hangbretter verwenden – sie sind an einer Dunkelfärbung zu erkennen, die vom Körperfett der Fledermäuse herrührt).

- Auf Dachböden mit Fledermauskolonien keine Ansiedlungsversuche für Schleiereulen durchführen. Manchmal lernen Schleiereulen, sich von Fledermäusen zu ernähren.

len. Gegebenenfalls Bäume in Parks und an Wegen verkehrssicher machen lassen, zum Beispiel durch „Entlastungsschnitte" (Absägen einzelner Äste).

- Höhlenangebot verbessern durch Nistkästen und spezielle Fledermauskästen. Die Öffnungsrichtung des Kastens ist nicht bindend, sofern kein Regenwasser eindringen kann. Dagegen spielt die Standortwahl eine große Rolle: Fledermauskästen müssen einen freien Anflug haben, mindestens fünf Zentimeter hoch hängen und 50 Meter voneinander entfernt sein. Die Mehrzahl der Kästen sollte man im lichten Hochwald anbringen. Ein kleiner Teil kann der Sonne ausgesetzt sein, um im zeitigen Frühjahr und im Herbst warme Quartiere anzubieten.

Fransenfledermaus mit Jungtier (Myotis nattereri, links).

Höhleneingang in Südeuropa (Mitte). Nur in abgelegenen, touristisch unbelasteten Höhlen finden Fledermäuse noch ausreichend Ruhe zur Jungenaufzucht und zum Winterschlaf.

Vergitterte Überwinterungshöhle (rechts). In dieser oberbayerischen Höhle überwintern immer noch regelmäßig ein gutes Dutzend der sehr seltenen Mopsfledermäuse (Barbastella barbastellus).

- Verschlossene Dachböden von Kirchen, Schlössern, alten Schulhäusern und ähnlichen Gebäuden wieder für Fledermäuse zugänglich machen: Einflugschlitze oder Fledermausziegel einbauen.
- Auch bei Privathäusern und Neubauten ruhige und ungenutzte Dachabteile den Fledermäusen offenhalten, indem Einflugmöglichkeiten geschaffen werden.
- Für Arten, die Spaltenquartiere bevorzugen, Einflugschlitze hinter Holzverkleidungen und Wandverkleidungen erhalten oder neu schneiden, Fledermausbretter und -steine anbringen, auch ungenutzte Fensterläden erhalten.

Schutz der „Baumfledermäuse"

Naturnahe, totholzreiche Wälder und alte Baumbestände sind für Baumfledermäuse mehr wert als jeder Nistkasten. Deshalb Höhlenbäume erfassen, kennzeichnen und in Absprache mit den Besitzern erhalten.

- Alle Höhlenbäume mit bekannten Fledermausvorkommen unter Schutz stel-

Schutz der Winterquartiere und der Jagdbiotope

- Winterschlafende Fledermäuse nicht stören, niemals aufwecken.
- Winterquartiere von Oktober bis März durch einbruchsichere Gittertore oder Türen mit 10 x 30 Zentimeter großen Einflugöffnungen verschließen.
- Für Ritzenbewohner in künstlichen Höhlen und Kellern die Hangmöglichkeiten verbessern: Vertiefungen (zehn Zentimeter tief; Durchmesser drei Zentimeter) bohren, Mörtelfugen (anderthalb bis zwei Zentimeter breit) ausstemmen, Hohlblocksteine an Decken befestigen (Öffnung nach unten).
- Werden Winterquartiere verbessert oder neu angelegt, darauf achten, daß der Raum frostsicher ist (Temperatur null bis zehn Grad Celsius) und die relative Luftfeuchtigkeit über 85 Prozent beträgt.

Fledermäuse brauchen als Jagdbiotope eine vielfältige, naturnahe Landschaft; Biotope erhalten, neu schaffen und pflegen.

Höhle im fränkischen Jura mit Eisstalaktiten im Eingangsbereich: Ein zerbrechliches Naturwunder, das Fledermäuse und andere Höhlentiere, aber keine Menschen verträgt!

FLEDERMAUSSCHÜTZER UND IHRE SCHÜTZLINGE

Ehepaar Drs. ISSEL (links), die bayerischen Pioniere der Fledermausforschung!

WILLI ISSEL ist nicht nur Fledermausforscher, sondern auch Fledermausliebhaber. Hier umsorgt er liebevoll verunglückte Abendsegler (Nyctalus noctula, rechts).

Durch die stille und heimliche Lebensweise der Fledermäuse läßt sich der Zugang zu dieser Tiergruppe viel schwerer finden als etwa zu den Vögeln. Doch während sich heute Interessierte aktiven Fledermaus-Schutzgruppen in den Naturschutzverbänden anschließen können, betraten unsere Altmeister der Fledermauskunde noch weitgehend Neuland. Zu den echten „Fledermauspionieren" zählt das Zoologenehepaar Dr. BRIGITTE und Dr. WILLI ISSEL. Vor rund 40 Jahren begannen sie mit ihren gemeinsamen Untersuchungen.

Die ersten Fledermauskontakte hatte WILLI ISSEL (Jahrgang 1915) bereits als Schüler, als er abenteuerliche Entdekkungstouren in die uralten Erzbergwerke des Westerwalds unternahm. Zu seinen ersten Erfolgen zählte die Wiederentdeckung der Großen Hufeisennase für das Rheinland.

Zum anerkannten Fledermauskundler sollte er jedoch erst über Umwege werden. Zunächst studierte WILLI ISSEL Medizin, um schließlich bei seiner Leidenschaft, der Zoologie, zu landen. Nachdem seine Doktorarbeit über Vögel dem Krieg zum Opfer gefallen war, besann sich ISSEL seiner Fledermäuse und begann in München bei Prof. KAHMANN eine vergleichende Populationsstudie über die Kleine Hufeisennase. Mindestens ebenso bedeutend wie die neue Doktorarbeit war, daß er hierbei seine Frau kennenlernte. BRIGITTE ISSEL arbeitete zur gleichen Zeit bei KAHMANN über Mäuse. Da lag es nahe, daß das junge Paar von da an gemeinsam „fledermäuselte".

Schon vor seiner Tätigkeit an der Vogelwarte in Garmisch hatte WILLI ISSEL die Idee, Waldfledermäuse in Fledermauskästen anzusiedeln. Im Grafen GOERTZ aus Schlitz/Hessen fanden die ISSELs einen Freund und Gönner, der die Bemühungen des jungen Zoologenehepaars unterstützte. Sogar die Parfümindustrie wollten sie einschalten: Um hinter die Zusammensetzung der Geruchsstoffe von Fledermäusen zu gelangen, die sicher wichtig für die Quartierannahme sind, nahmen BRIGITTE und WILLI ISSEL Kontakt zu 4711 auf. Für derartige Analysen hätten jedoch zu viele Tiere geopfert werden müssen. Deshalb wurde die Idee bald wieder verworfen. Ein Stipendium der Deutschen Forschungsgemeinschaft und die Zusammenarbeit mit dem Forstzoologen ZWÖLFER sen. brachten schließlich den

endgültigen Durchbruch für die ersten großangelegten Versuche, Waldfledermäuse in Spezialkästen anzusiedeln. Auch während seiner Tätigkeit als Chef des Naturwissenschaftlichen Museums der Stadt Augsburg von 1954 bis 1977 widmete sich WILLI ISSEL mit seiner Frau während der Freizeit und im Urlaub den Fledermäusen. Noch heute erleichtern die ISSELs mit ihrer großen Erfahrung und Herzlichkeit nachrükkenden „Fledermäuslern" den Einstieg in die Materie.

Jürgen Gebhard, der „Adamson" der Fledermäuse

Als JOY ADAMSON 1960 ihr berühmt gewordenes Buch „Born free" (Frei geboren) veröffentlichte, schlug die Geschichte der Löwin Elsa wie eine Bombe ein. Das Wildhüterehepaar JOY und GEORGE ADAMSON hatte im Norden Kenias das Löwenkind Elsa mit der Hand aufgezogen und im Alter von drei Jahren in die Wildnis entlassen. Obwohl Elsa Kontakt zu freilebenden Löwen findet, kehrt sie immer wieder zu ihren Zieheltern zurück und präsentiert ihnen später sogar wild geborenen Nachwuchs. Durch den engen persönlichen Kontakt zu Elsa gelingen den ADAMSONs ganz ungewöhnliche Einblicke in das „Privatleben" der Löwen. Ähnlich intim mit ihren „wilden" Tierpartnern wurden die Tierforscherinnen JANE GOODALL mit ihren Gombe-Schimpansen sowie die unvergessene DIAN FOSSEY mit ihren Berggorillas.

Daß Entsprechendes auch mit den so scheuen und heimlichen Nachtjägern möglich sein könnte, daran wagte wohl kaum jemand zu glauben, zumal bei vielen ernsthaften Wissenschaftlern geradezu eine auffallende „Berührungsangst" gegenüber ihren Forschungsobjekten besteht. Gefühle scheint sich der moderne Wissenschaftsbetrieb nicht leisten zu dürfen, und einer, der mit dem Vieh und den Vögeln redet, wird im Zeitalter der Computer, Telemetrie und Statistik eher milde belächelt, selbst wenn er KONRAD LORENZ heißt. GEBHARD setzt sich über solche Bedenken hinweg. Er bekennt sogar öffentlich seine subjektive Liebe zu seinen Forschungsobjekten. In seinem ersten Beruf ist JÜRGEN GEBHARD Tierpräparator am Naturhistorischen Museum in Basel. Seine passionierte Beschäftigung mit dem Leben der Fledermäuse brachte ihm darüber hinaus den Ruf eines international bekannten und anerkannten Zoologen ein. Weltweit dürfte der sympathische Basler mit Schweizer Akzent und „Seehundschnauzer" der einzige Forscher sein, der mit handzahmen Wildfledermäusen arbeitet. Die ungewöhnliche „Zusammenarbeit" zwischen Forscher und Objekt begann, als er, wie so oft schon, wieder einmal verunglückte Fledermäuse mit der Hand aufzog. Zwei Räume unter dem Museumsdach dienen als Pflege- und Aufzuchtstation. Doch daneben ist JÜRGEN GEBHARD stolzer Besitzer einer separaten Fledermaus-Forschungsstation. Durch seine sensationellen Veröffentlichungen und Vorträge wurde GEBHARDs Fledermausstation „Hofmatt" in Fachkreisen schon zur Institution. Im Turmzimmer einer Trafostation wurden raffiniert konstruierte Fledermauswohnungen für handzahme Abendsegler (*Nyctalus noctula*) eingebaut. Über eine „Tür zur Freiheit" nahmen die Tiere Kontakt zu wilden Artgenossen auf und lockten diese dem Forscher direkt vor die Nase. So kann JÜRGEN GEBHARD, wenn er nach Dienstschluß zu seiner „Hofmatt" fährt und über eine eiserne Feuerleiter die Forscherklause im ersten Stock erklommen hat, von einem Logenplatz aus das Leben der Großen Abendsegler einsehen. JÜRGEN GEBHARDs Tiere sind in erster Linie keine Forschungsobjekte, sondern „freie Mitarbeiter". Was „Ala", „Apus", „Artus" oder „Coco" erleben, bringt der Forscher exakt zu Papier und lehrt uns dabei das Staunen. Neben vielen verblüffenden Einzelheiten aus dem Intimleben der Abendsegler fand JÜRGEN GEBHARD auch eine interessante Variante bei den Jungen: Sie neigen zur „Kleptolaktie", daß heißt, die Fledermäuschen gehen auf Milchklau, indem sie ihre Mahlzeiten mit einem Dessert aus fremder Mutterbrust abrunden. „Basels Batman", wie JÜRGEN GEBHARD schon genannt wurde, kennt in der Schweiz inzwischen fast jedes Kind. Und das kommt allen Fledermäusen unmittelbar zugute.

Abendsegler (Nyctalus noctula) mit Telemetriesender. Mit Hilfe der Minisender geben Fledermäuse manches Geheimnis preis.

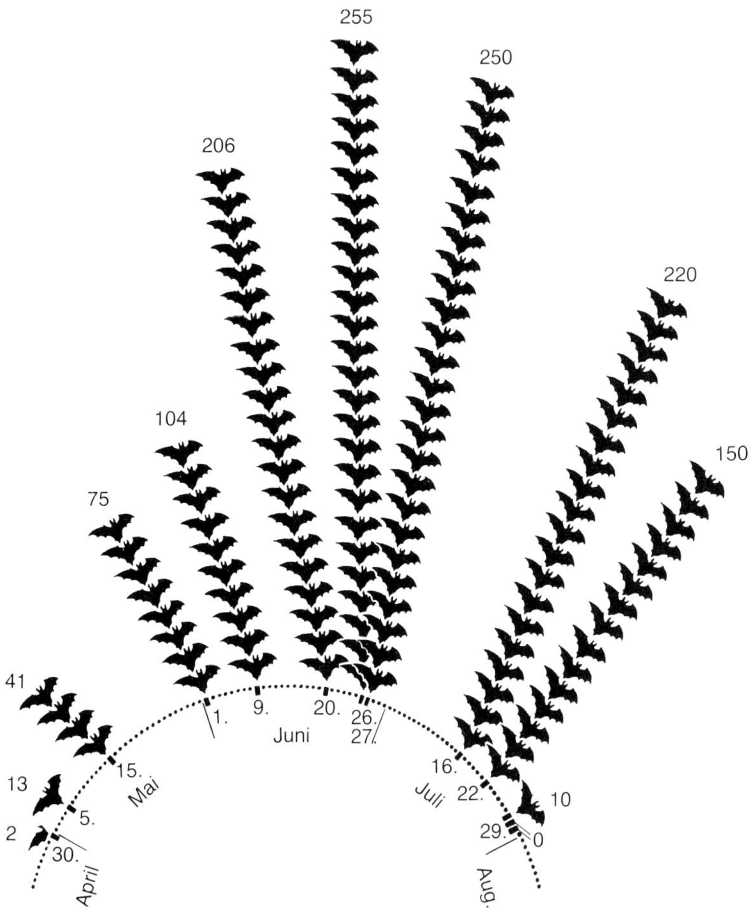

Ausflugszahlen einer Sommerkolonie (Männchengesellschaft) von Zweifarbfledermäusen (Vespertilio murinus), die unter einem Garagendach in Raisting, Oberbayern lebt (Zählungen 1988 von JOSEF SPORRER). Ende April wird das Quartier zunächst von wenigen „Zweifarbmännern" besetzt. Ende Juni/Anfang Juli erreicht die Kolonie ihre maximale Kopfzahl, um dann bis Ende Juli wieder rasch abzunehmen. Ab August ist das „Männerhaus" schon wieder verwaist. Die Männchen unternehmen dann wohl ihre Wanderungen und suchen Balzplätze auf (nach RICHARZ et. al. 1989).

Wie man Betreuer von Fledermausquartieren wird

Die Schweiz scheint in vieler Hinsicht das „Gelobte Land" für den Fledermausschutz zu sein. Neben JÜRGEN GEBHARD gibt es dort noch eine weitere „Erste Adresse", die „Koordinationsstelle Ost für Fledermausschutz" in Zürich. Die Zoologen MARIANNE HAFFNER und HANSPETER STUTZ sind die Initiatoren und Motoren dieser beispielhaften Einrichtung. Neben ihren wissenschaftlichen Grundlagenuntersuchungen und fachlichen Projekten haben es MARIANNE HAFFNER und HANSPETER STUTZ vor allem auch verstanden, den Fledermausschutz an den Mann/die Frau/das Kind zu bringen. Heute wirken viele Schweizer begeistert als Fledermausbeobachter oder -quartierbetreuer mit. Neben den „News" im regelmäßig seit 1984 erscheinenden „Fledermaus-Anzeiger" findet auch ein Erfahrungsaustausch bei Betreuertreffen statt.
Die Begeisterung der Tagungsteilnehmer, die mir bei einem Besuch entgegenschlug, regte mich an, auch einmal bei uns einen Versuch mit Quartierbetreuern zu starten. Unser Mann der ersten Stunde ist JOSEF SPORRER aus Raisting am Ammersee. Seit 1983 kümmert er sich nicht nur um seine eigenen „Untermieter", sondern sammelt auch Daten und berät beim Quartierschutz in seinem Heimatort Raisting. Durch seinen Einsatz gelang es ihm nicht nur, Quartiere zu finden und wirkungsvoll zu schützen. Er trug auch viel zu einem besseren Verständnis der Bevölkerung für die Fledermäuse bei. Das SPORRERsche Fledermausquartier fand sogar Eingang in die Fachannalen. Hinter der Attika an JOSEF SPORRERs Garagendach lebt nämlich die größte bekannte Sommerkolonie von Zweifarbfledermäusen. Dank seiner regelmäßigen Ausflugszählungen wissen wir erstmals Genaueres über die Besetzungsdauer und die Quartierwechsel solcher Gesellschaften. Ganz ungewöhnlich für europäische Fledermäuse bilden die wanderfreudigen Zweifarbfledermäuse im Sommer große Männchenkolonien. Offensichtlich werden immer mehr Geschlechtsgenossen von einem solchen „Männerbund" angelockt. Ab einer bestimmten Anzahl von Tieren scheint sich die Gruppe aber wieder zu teilen. Nachdem eine Nachbargarage, in die regelmäßig SPORRERsche Fledermäuse einflogen, mit einem Schrägdachaufsatz versehen wurde, der nach JOSEF SPORRERs Bauplan eine extra Unterschlupfmöglichkeit bekam, stieg die Zahl der Bewohner auf 311 Zweifarbfledermäuse an! Solche Massen ausfliegender Tiere an zwei Quartieren gleichzeitig kann ein einzelner Zähler nicht mehr bewältigen. Seitdem zählt JOSEF SPORRER im Verbund mit seinen Nachbarn.

Britische Tradition – auch im Fledermausschutz

In England genießt der Fledermausschutz einen hohen Stellenwert. Er begründet sich nicht zuletzt auf die lange Tradition der dortigen Feldbiologie. Jahrelange Erfahrungen und eine beispielhafte Organisation machten die britischen Fledermausschützer hoffähig. In vielen Countys (politische Einheiten) haben sich „Bat Groups" formiert, die von lizensierten Fledermausschützern geleitet werden. Die „Zentrale" der Bat Groups liegt in den Händen von ANTONY HUTSON, der als „Bat Conservation Officer" von der Naturschutzorganisation „Vincent Wildlife Trust" angestellt ist. HUTSON koordiniert und berät die einzelnen Bat Groups. Auf regelmäßigen Treffen werden die Mitglieder geschult. Auch erscheint vierteljährlich ein Mitteilungsblatt „Bat News“, das vom „Bat Conservation Officer“ betreut und von der einflußreichen Naturschutzorganisation „Fauna and Flora Preservation Society“ herausgegeben wird. Ein weiterer „Chef“ innerhalb der organisierten Fledermausschützer, ANTONY MITCHELL-JONES, ist vom „Nature Conservancy Council“, dem Naturschutzrat der Regierung, angestellt. Er erstellt unter anderem die Verbreitungskarten der Fledermäuse anhand der Quartier- und Einzelfunddaten der Fledermausschützer und hat ein vorbildliches Handbuch, „The Bat Worker's Manual“, herausgegeben. Zwei weitere führende Köpfe nicht nur im britischen Fledermausschutz, ROBERT E. STEBBINGS und PAUL A. RACEY, beschäftigen sich wissenschaftlich mit Fledermäusen und haben viele Jahre Erfahrung in der Feldarbeit. BOB STEBBINGS verfaßte die erste Übersicht über den Fledermausschutz in Europa, PAUL RACEY ist Chairman der „Bat Specialist Group“ der weltweiten Naturschutzorganisation IUCN, die das Rotbuch weltweit bedrohter Arten herausgibt und Pläne für deren Schutz entwickelt.

Zweifarbmänner (Vespertilio murinus, oben) im Spaltenversteck hinter der Attika der SPORRER'schen Garage.

Die Zweifarbfledermaus (Vespertilio murinus, unten) ist in vieler Hinsicht eine unserer ungewöhnlichsten Arten. Die Weibchen bilden nur kleine Wochenstuben und können bis zu vier Junge bekommen. Die Männer bilden im Sommer ungewöhnlich große Männchengesellschaften.

Vom Untergang der Insulaner

Würde eine Schönheitskonkurrenz für Fledertiere veranstaltet, hätten die Flughunde sicher die besten Aussichten auf die vorderen Plätze. Mit ihren fuchs- und hundeähnlichen Gesichtern, den großen Knopfaugen und einem manchmal sogar bunt gefärbten Pelz gehören sie nach menschlichem Schönheitsempfinden sicher zu den ansprechendsten Fledertieren. Nicht umsonst hat die von MERLIN D. TUTTLE geleitete internationale Fledermaus-Schutzorganisation „Bat Conservation International“ sich einen Flughund zum Wappentier erkoren. Auf die Füße gestellt, also um 180 Grad aus seiner normalen Hanglage gebracht, schaut er den Betrachter geradezu treuherzig an und wirbt so hervorragend für seine Mitfledertiere.

Die Verbreitung der Flughunde erstreckt sich von Afrika über die gesamte indopazifische Inselwelt. Südamerika haben die Flughunde nicht erreicht. Dort nehmen Blattnasen-Fledermäuse die ökologische Funktion als Pflanzenbestäuber und -verbreiter ein. Im Ökosystem der Tropen der Alten Welt spielen die Flughunde bei dieser Aufgabe eine große Rolle. So schätzt man, daß etwa 40 Prozent der auf der Insel Guam im Pazifischen Ozean vorkommenden Baumarten nur überleben können, wenn ihre Samen durch Flughunde verbreitet werden. Als Pollentransporteure nehmen die Flughunde eine Schlüsselrolle bei der Bestäubung vieler Urwaldbaumarten ein. Verschwindet eine Flughundart, können ganze Nahrungsketten ausfallen und damit eine Reihe voneinander abhängiger Tier- und Pflanzenarten aussterben. Gemessen an dieser enormen ökologischen Bedeutung für die Tropenwälder sind die Flughunde bisher von der zoologischen Forschung und dem internationalen Naturschutz eher wie Stiefkinder behandelt worden. Vom Rückgang oder sogar völligen Verschwinden einiger Arten nahm man kaum Notiz.

Die Fledertierforscher und -schützer P. MICKLEBURGH, PAUL A. RACEY und ANTHONY M. HUTSON haben für die internationale Naturschutzorganisation IUCN zum ersten Mal einen Aktionsplan mit wichtigen Handlungshinweisen zum Schutz der bedrohten Flughundarten erarbeitet. ROLAND WIRTH und MICHAEL RIFFEL, Freunde aus der Zoologischen Gesellschaft für Arten- und Popula-

Rodriguezflughund (Pteropus rodriguensis, rechts). Ein Zoo-Zuchtprogramm des Jersey-Zoos bedeutete für die Art Rettung in letzter Minute.

Für die Erhaltung des Pembaflughundes (Pteropus voeltzkowi) hat die Zoologische Gesellschaft für Arten- und Populationsschutz ein Schutz- und Öffentlichkeitsprojekt gestartet. So soll mit Hilfe von Postern (unten) die Inselbevölkerung auf die Bedeutung des Flughundes für die Erhaltung ihrer eigenen Lebensgrundlagen hingewiesen werden.

tionsschutz, die auch für die IUCN arbeiten, stellten erstmals in einer Übersicht seltene Arten zusammen und nannten die Ursachen ihrer Gefährdung. Obwohl die bedrohten oder schon ausgerotteten Flughundarten in weit voneinander getrennten Gebieten vorkommen, sind WIRTH und RIFFEL der Meinung, daß sich die Ursachen für den Rückgang überall gleichen.

Dank ihrer Flugfähigkeit konnten vor allem die größeren Flughundformen selbst kleinste ozeanische Inseln besiedeln. Oft erreichten nur wenige Tiere eine Insel, so daß die Gründerpopulation bei der Besiedlung einer ozeanischen Insel klein war. Dadurch kam es zur schnellen Entwicklung neuer Formen. Oftmals wurden die Inseln nur zufällig in Besitz genommen, was dazu führte, daß einzelne Flughundgattungen und -arten heute mosaikartig verbreitet sind. Kommt eine Art nur auf Inseln vor, so ist die Art in ihrem Fortbestand besonders gefährdet. Denn überall, ob auf den Komoren, Philippinen, Mauritius oder Samoa, zerstören Menschen die Wälder oder haben die ursprüngliche Vegetation schon fast vollständig in Kulturland umgewandelt. Wo Flughunde diese Veränderungen ihres Lebensraumes überlebten und sich auf Plantagenkost umstellten, werden sie als Ernteschädlinge verfolgt. In manchen Regionen gelten Flughunde zudem als Delikatesse. Daß Menschen auf ihren Geschmack gekommen sind, hat zur Nahezu-Ausrottung der dort lokal vorkommenden Arten geführt. Mehrere Unterarten des Mariannenflughundes *Pteropus marianus* und des Guamflughundes *Pteropus tokudae* sind fast gänzlich verschwunden. Um auf die delikaten Braten nicht verzichten zu müssen, werden inzwischen seltene Flughundarten anderer Südseeinseln eingeführt. Vom Delikatessenversand besonders betroffen ist der Samoaflughund *Pteropus samoensis*, der nur auf Samoa und Fidschi vorkommt. Der sehr große Samoaflughund lebt im Gegensatz zu anderen Vertretern seiner Gattung einzelgängerisch und scheint tagaktiv zu sein. Wie ein Greifvogel soll er über das Kronendach der Waldgebiete fliegen. Weil er stärker an das Vorhandensein größerer Waldgebiete gebunden ist als manch andere Flughundart, trifft ihn nicht nur die Jagd, sondern auch die Abholzung seines Lebensraumes besonders hart. Obwohl der große Samoaflughund wegen seiner tagaktiven Lebensweise auch für Zoos besonders interessant sein müßte, hat

sich bisher kein Zoo der Welt um seine Haltung bemüht. Dabei beweist die Geschichte des Rodriguezflughundes *Pteropus rodriguensis*, daß ein erfolgreiches Zoozuchtprogramm eventuell die Rettung einer Art bedeuten kann.
Diese mittelgroße, silbern und schwarzbraun gefärbte Art lebt nur auf der 110 Quadratkilometer großen Insel Rodriguez nahe Mauritius. Während in den fünfziger Jahren die Rodriguezflughund-Populationen noch mindestens 1000 Köpfe umfaßte, fanden Wissenschaftler 1974 nur noch rund 70 Tiere. Der Lebensraum der Art war durch Abholzung stark geschrumpft. Der Restbestand war ständig bedroht, buchstäblich „vom Winde verweht" zu werden. Weil sich die letzten Tiere auf einzelne Schlafbäume konzentrierten, hätte einer der Hurrikane, die nicht selten über die Insel hinwegfegen, die Flughunde vernichten können. 1978 fing eine Expedition 18 Tiere ein, von denen acht in ein Zuchtgehege nach Mauritius, die restlichen zehn in den Jersey-Zoo auf der gleichnamigen englischen Kanalinsel gebracht wurden. In beiden Zuchtstationen vermehrten sich die Rodriguezflughunde so erfolgreich, daß dort Ende 1988 nicht nur jeweils etwa 60 Tiere lebten, sondern noch in drei weiteren Zoos Zuchtkolonien gegründet werden konnten. Feldbeobachter zählten 1981 und 1982 auf Rodriguez 350 freilebende Flughunde. Ihre Zukunft hängt eng von Wiederbewaldungsprogrammen auf der kleinen Tropeninsel ab. Ebenso wichtig ist das Verständnis ihrer Bewohner für die Bedeutung der einzigartigen Flora und Fauna. Mit den Zoonachzuchten könnten eventuelle Lücken gefüllt werden, die nichtkalkulierbare Wirbelstürme reißen.
Noch zwei weitere Arten leben auf den anderen Mascarenen-Inseln Mauritius und Réunion. Während auf Réunion *Pteropus niger* bereits verschwunden ist, lebt eine kleine Population von weniger als 3000 Tieren auf Mauritius. Die zweite Art *Pteropus subniger* ist seit 1875 ausgestorben. Diese Flughunde bezogen wahrscheinlich ihre Tagesquartiere in hohlen Bäumen, wo Menschen, aber auch eingeführte Katzen und Ratten sie leicht erlegen konnten.
Von den beiden Flughundarten der Gattung *Pteropus*, die auf der Inselgruppe der

Mariannenflughund (Pteropus mariannus) beim Pollenverzehr. Jagd, Waldvernichtung durch Raubbau und Taifune haben alle sieben Unterarten des Mariannenflughundes an den Rand des Abgrundes getrieben.

Hummelfledermaus (Craseonycteris thonglongyai, oben) in einer Quartierhöhle in Thailand. Seltenes Dokument eines seltenen Winzlings.

Echte Mückenfänger: Die winzigen Hummelfledermäuse (Craseonycteris thonglongyai, rechte Seite) verfolgen ihre noch winzigeren Beuteinsekten im dichten thailändischen Bambusdschungel.

Komoren leben, sind die Zukunftsaussichten für *Pteropus livingstonei* besonders düster. Der Livingstone-Flughund lebt nur auf der Komoren-Insel Anjouan und ist dort auf die immergrünen Wälder der Bergregionen beschränkt. Weil die Wälder bis in die Gipfellagen abgeholzt werden, ist die Ausrottung der letzten 100 Bewohner dieser naßkalten Bergregionen nur eine Frage der Zeit. Auch für den Livingstone-Flughund plant der Jersey-Zoo ein Zuchtprojekt. Möglicherweise könnte die Haltung an Ernährungsproblemen scheitern, denn *Pteropus livingstonei* scheint mehr als andere Flughunde auf Blätternahrung spezialisiert zu sein.

Besonders schlimm ist es auch um die Flughunde der Philippinen bestellt. Massive Umweltzerstörungen infolge Raubbaus an den Wäldern rotten die Arten aus. Der Panay-Flughund *Acerodon lucifer* wurde seit 1988 nicht mehr gesehen. Der philippinische Nacktrückenflughund *Dobsonia chapmani* wurde erst 1952 entdeckt und gilt seit 1964 als ausgerottet. Von dem erst 1983 beschriebenen philippinischen Röhrennasenflughund *Nyctimene rabori* leben kleine, ständig bedrohte Restpopulationen in der Bergregion im Süden der Insel Negros. Die dort eingerichteten Schutzgebiete nützen den Flughunden wenig, denn sogar in Reservaten wird unkontrolliert und ungestraft abgeholzt.

Besonders tragisch ist die Geschichte von Bulmers Flughund *Aproteles bulmerae.* Zunächst nur als Fossil bekannt und seit 9000 Jahren als ausgestorben geltend, fand man 1977 lebende Vertreter in einer Höhle im Hochland von Papua-Neuguinea. Doch kaum wiederentdeckt, vernichteten einheimische Jäger dort den gesamten Bestand. Die einzige Hoffnung für Bulmers Flughund und vielleicht auch einige andere verschollene Arten bleibt, daß irgendwo noch unentdeckt kleine Populationen umherfliegen.

Die Hummelfledermaus – nicht nur besonders klein, sondern auch besonders selten

Zwei deutsche Namen stehen für den kleinen Zungenbrecher *Craseonycteris thonglongyai* zur Auswahl: Hummel- oder Schweinsschnauzenfledermaus. Der erste bezieht sich auf die Winzigkeit, der zweite auf das Gesicht des Fledermäuschens. Mit zarten zwei Gramm Gewicht und gerade drei Zentimeter Kopf–Rumpflänge ist dieser Zwerg das kleinste Säugetier der Welt. Entdeckt wurde die Art im Oktober 1973 durch den bekannten thailändischen Säugetierforscher KITTI THONGLONGYA im westlichen Thailand nahe dem Kwai River. KITTI erkannte sofort, daß sich sein Fund von allen ihm bekannten Fledermäusen unterschied, und schickte daraufhin einige Exemplare seinem Kollegen JOHN E. HILL an das Britische Naturkundemuseum in London. Die Bestätigung seiner sensationellen Entdeckung sollte KITTI, der im Februar 1974 plötzlich verstarb, nicht mehr erfahren. HILL konnte die Fledermaus nicht nur als neue Art und Gattung beschreiben, sondern reihte sie wegen ihrer Besonderheiten sogar in eine neu geschaffene Familie ein und ehrte mit dem Artnamen gleichzeitig ihren Entdecker: Familie Craseonycteridae mit einer Gattung und einer Art: *Craseonycteris thonglongyai* HILL, 1974. Ihre nächste Verwandtschaft ist unter den Familien der Glattnasen-Fledermäuse (Emballonuridae) und Mausschwanz-Fledermäuse (Rhinopomatidae) zu suchen. Neben der geringen Größe fällt bei der Hummelfledermaus vor allem auf, daß Schwanz und Spornbein fehlen. Die großflächige Schwanzflughaut sowie eine große Drüse an der Kehle der Männchen erinnern an manche Glattnasen-Fledermäuse. Unverwechselbar mit anderen Arten sind jedoch die Ohren und die Form der Ohrdeckel. Vor allem die Schädelmerkmale rechtfertigen die taxonomische Sonderstellung der Hummelfledermaus. Alle Maße zusammengenommen, hat sie die anderen Anwärter auf den Titel „Kleinstes Säugetier der Erde" geschlagen.

Von der Lebensweise des Winzlings ist bisher kaum etwas bekannt. Alle beobachteten oder gesammelten Exemplare stammen aus einem kleinen Gebiet am Kwai River, der im Zweiten Weltkrieg traurige Berühmtheit erlangte. Dort leben die Hummelfledermäuse in Kalkhöhlen. In kleinen Gruppen von vier bis fünf Tieren beziehen sie immer die hintersten und dunkelsten Kammern. Schon bei der geringsten Störung fliegen die scheuen Tiere auf. Gegen 18 Uhr werden die Winzlinge aktiv. Anscheinend bevorzugen sie Kamine und Höhlenspalten als Ausflugöffnungen, denn niemals konnte man beobachten, daß sie ihre Tagesschlafquartiere durch den Haupteingang verließen. Im dichten Bambuswald jagen sie, getragen von langen und breiten Flügelflächen, die auch den Flug auf der Stelle erlauben. Vor allem zwei bis drei Millimeter „große" Fliegen, parasitäre Wespen und Rindenläuse, die nachts die Luft um Baum- und Bambusspitzen bevölkern, sind ihre Beute. Wie die Minifledermäuse ihren Energiebedarf decken und wie winzig wohl ihre Jungen sind, ist bisher noch unbekannt. Vielleicht werden wir auch nie viel mehr über diese Art erfahren. Denn kaum entdeckt, wurde dem kleinsten Säugetier noch ein anderer, weit weniger erfreulicher „Hitparadenplatz" zugeteilt. Die internationale Naturschutzorganisation IUCN setzte die Hummelfledermaus auf die Liste der zwölf am meisten bedrohten Arten. Kaum mehr als 200 schweinsschnäuzige Hummelfledermäuschen flattern heute um die inzwischen streng bewachten Höhlen in einem Gebiet, das durch Waldrodung, Straßenbau und touristische Erschließung selbst dem kleinsten Säugetier der Welt kaum noch ausreichend Lebensraum bieten kann.

Die Mopsfledermaus (Barbastella barbastellus) mag's im Winterquartier eher kühl und hängt oft sehr frei im Eingangsbereich von Höhlen. Sie zählt zu unseren gefährdetsten Arten.

Mopsfledermaus – manche mögen's kalt

Ihr Name spricht für sich. Mit ihrem gedrungenen Mopsgesichtchen und dem seidigen, schwarzbraun glänzenden Fell ist die Mopsfledermaus (*Barbastella barbastellus*) unverwechselbar. In Europa kommt sie von Südengland bis zum Kaukasus vor. Ihre Nordgrenze erreicht die Mopsfledermaus in Norwegen und Schweden etwa am 60. Breitengrad, im Mittelmeerraum tritt sie nur lückenhaft auf. Unter allen einheimischen Arten vertragen „Möpse" die tiefsten Temperaturen. Im Winterquartier kann man die Tiere in den kühlsten Partien von Höhlen, Kellern und Stollen finden. Selbst leichte Minustemperaturen scheinen den Winterschläfern nichts auszumachen.

Aktuelle Fledermausbestandserhebungen aus Deutschland deuten auf einen rasanten Abwärtstrend der ohnehin nie sehr häufigen Art in Mitteleuropa. Hier gibt es bisher nur wenige Wochenstubennachweise der Mopsfledermaus. Vor allem sind die Angaben über Rückgänge oder sogar das völlige Verschwinden ehemals größerer Wintergesellschaften alarmierend. Als einziges Winterquartier ohne schwerwiegende Einbrüche gilt derzeit nur das Fledermausreservat Nietoperek in Westpolen. In den ehemaligen Befestigungsanlagen aus dem Zweiten Weltkrieg überwintern jährlich noch über 1000 Mopsfledermäuse.

Ansonsten sieht die aktuelle Bilanz sehr bescheiden aus. In Nordbayern wurden bei Winterquartierkontrollen in elf Quartieren 31 Mopsfledermäuse nachgewiesen, in Südbayern kennen wir derzeit fünf Winterquartiere mit insgesamt 22 Tieren. Im zweitgrößten bayerischen „Mops"-Winterquartier nach Bodenmais, dem Angerloch in Oberbayern, fand das Ehepaar ISSEL 1953 75 Überwinterer. In den achtziger Jahren konnten dort im Winter durchschnittlich noch sechs Tiere angetroffen werden. Und die sind, wie der Höhlenforscher GÜNTER HANSBAUER durch eine Untersuchung belegte, extrem durch Höhlenbesucher gefährdet. Wenn früher nur einige Höhlenkundler im Angerloch auftauchten, so wurde die Höhle inzwischen mit über 1000 Besuchern jährlich fast zu einem Ausflugsziel für Abenteuerlustige. Obwohl das Angerloch abseits von Wegen liegt und Besucher einen recht beschwerlichen Aufstieg in Kauf nehmen müssen, zählte GÜNTER HANSBAUER an einem einzigen Wintertag bis zu 60 Personen in der Höhle. Mehr als 95 Prozent der Befragten hatten überhaupt keine Fledermäuse bemerkt. Einige an einer eingangsnahen Engstelle im Angerloch hängende Mopsfledermäuse waren ständig gefährdet, durch die Besucher unbeabsichtigt abgestreift oder verletzt zu werden. Zudem zeugten aufgefundene Feuerwerkskörper und Feuerstellen davon, daß manche Romantiker gerne ihren Höhlenbesuch mit einem privaten Feuerzauber im Eingangsbereich krönten.

Diese Befunde führten dazu, daß seit der Wintersaison 1989/90 die Eingänge des Angerloches mit Fledermausgittern verschlossen sind. Seitdem stieg dort der Mopsbestand auf elf Tiere. Der konsequente Schutz aller noch bekannten Winterquartiere dieser sehr ortstreuen Art ist sicher besonders wichtig.

Sehr wenig wissen wir bisher über die Sommer- und Zwischenquartiere der Mopsfledermaus. Von Nachweisen in Baumhöhlen (Dänemark und Polen) und Nistkästen (Polen, Einzelfunde auch in Baden-Württemberg) abgesehen, beziehen sich Sommerquartiernachweise von Mopsfledermäusen in Deutschland fast ausschließlich auf spaltenartige Verstecke an Gebäuden. Wochenstuben wurden fast nur hinter Fensterläden gefunden. Nahezu 30 Jahre dauerte es, bis wir 1987 in Bayern wieder eine „Mops"-Wochenstube entdeckten. Die rund 15 Weibchen hatten ihr Quartier hinter dem Windbrett an einem Hausdach, wie uns zwei abgestürzt aufgefundene Jungtiere zeigten.

RETTUNGSAKTIONEN

Wer Fledermäusen erfolgreich helfen will, muß sich im klaren sein, daß trotz aller Regeln und Empfehlungen im Einzelfall unvorhersehbare Schwierigkeiten und Probleme auftauchen können, die oft nur durch hinzugezogene Experten gemeistert werden können. Wie die Quartiererhaltung in der Praxis bei Renovierungen aussehen kann, zeigen die folgenden Beispiele.

Heiße Luft hilft Fledermäusen

Im Sommer 1982 war geplant, das Dachgebälk der berühmten Klosterkirche in Benediktbeuern wegen Schädlingsbefalls zu sanieren. Der aufmerksame Leiter der Sanierungsfirma, die den Auftrag bekommen

Beim ungiftigen Heißluftverfahren werden durch die Wärmeentwicklung alle Holzschädlinge am und im Gebälk abgetötet (links oben).

Die nach der Renovierung zurückgekehrten Mausohren meiden die frische Dachverschalung als Hangplatz (links unten).

Unter Expertenaufsicht gelingen selbst umfangreiche Renovierungsarbeiten ohne Tierverluste (Auer Kirche, rechts oben).

Die Mausohrkolonie auf der Auer Kirche hat ihren Bestand nach der Renovierung sogar vergrößern können (rechts unten)!

sollte, rief uns an und berichtete, daß er bei einer Besichtigung im Kirchendach Fledermäuse gesehen habe. Nachdem wir wußten, daß dort seit Jahren eine große Mausohr-Wochenstubenkolonie Quartier bezieht, machten wir einen Ortstermin aus, um die Schutzmöglichkeiten zu besprechen. Dem Erzbischöflichen Ordinariat Augsburg als Auftraggeber empfahlen wir, die Dachsanierung mit dem ungiftigen Heißluftverfahren vornehmen zu lassen, nachdem die Tiere ins Winterquartier weggezogen waren. Auch sollten an den Hangplätzen der Tiere, die über den ganzen Speicher verteilt waren, keinerlei Veränderungen vorgenommen werden. Die Kirchenverwaltung war mit unseren Vorschlägen sofort einverstanden.

Nachdem eine gründliche Kontrolle des Kirchenspeichers im Spätherbst zeigte, daß alle Mausohren ihr Quartier verlassen hatten, konnten die Sanierungsarbeiten beginnen. Einige schadhafte Balkenfüße wurden ausgetauscht, dann bliesen Aggregate über dicke Röhren so lange heiße Luft auf den Dachboden, bis alle Holzschädlinge auch in den dicksten Balken durch die Wärmeentwicklung abgetötet waren.

Für die Fledermäuse, die pünktlich im Frühjahr wieder in ihr Wochenstubenquartier zurückkehrten, hatte sich nichts geändert. Am 6. Juli 1983 konnten wir uns überzeugen, daß die Jungtiere an den alten Hangplätzen ohne Probleme aufgezogen wurden. Bei der „Volkszählung" drei Jahre später notierten wir die stattliche Zahl von 320 Benediktbeuer Mausohren.

Während in Benediktbeuern die Quartiererhaltung durch die rechtzeitige Information und das gute Zusammenwirken aller Beteiligten problemlos gelang, sollte sich die Rettung einer Mausohrwochenstube in der oberbayerischen Gemeinde Rohrdorf wesentlich dramatischer entwickeln, wie nachfolgend geschildert wird.

Rettung in letzter Minute

Dort war versäumt worden, der Naturschutzbehörde die geplante Erneuerung des Kirchendaches rechtzeitig zu melden. Erst im Juni 1983, als die Umbauarbeiten schon begonnen hatten, erfuhren wir von den Fledermäusen. Bei unserer sofortigen Besichtigung Mitte Juni fanden wir Mausohrweibchen mit neugeborenen Jungen in einer Mauernische auf der Stirnseite des Kirchendachbodens. An einen Aufschub der Renovierungsarbeiten war nicht mehr zu denken, weil ein Großteil des Daches bereits abgedeckt war und die umfangreichen Bauarbeiten mit dem Austausch von Balken und dem Erneuern der Verschalung sich sonst bis in den Winter hinein verzögert hätten. Spontan mußte eine Lösung gefunden werden, die den Fledermäusen eine Chance gab, ohne die Arbeiten wesentlich zu beeinträchtigen. Da sich die einzige Ausflugmöglichkeit für die Tiere glücklicherweise direkt bei ihrem Hangplatz nahe einer undichten Tür im Mauergiebel befand, hatten wir die Idee, den Hangplatz samt Ausflug einfach vom übrigen Dachboden abzutrennen. Das gelang, indem große Zeltplanen quer im Dachraum ausgespannt wurden. Weil auch schon ein Dachteil des so entstandenen „Quartierabteils" bereits abgedeckt war, wurde zusätzlich eine wasserdichte Folie auf die Dachaußenseite genagelt. Schließlich bekamen alle Zimmerleute die Wochenstubenkolonie gezeigt. Ich erklärte den Männern, daß jeder einzelne am Bau für die Erhaltung der Tiere mitverantwortlich sei und eine Chance auf Rettung der Kolonie nur bei schonendstem Vorgehen bestünde.

Auf dem fledermausfreien Dachabteil konnten die Arbeiten ohne Unterbrechung weitergehen. Als ich Ende Juli die Baustelle wieder besichtigte, war der erste Teil des Experimentes glücklich zu Ende gegangen. Die Jungtiere waren im Quartierabteil erfolgreich von ihren Müttern aufgezogen worden und konnten bereits fliegen.

Der letzte kritische Bauabschnitt stand aber noch bevor. Ab Anfang August sollten die Arbeiten auch am Dach des Quartierabteils weitergehen. Wie erklärt man aber 300 Fledermäusen, daß sie wegen Wohnungsrenovierung umziehen sollen? Uns fiel als einzige sanfte Zwangsmaßnahme ein, die Zeltplanen im Dachraum zu öffnen und es den Tieren im Quartierabteil etwas ungemütlich zu machen. Damit der renovierte Dachbodenteil etwas vertrauter wirkte, nagelten wir einige alte Schalbretter, an denen viel Fledermausduft klebte, in das neu zu beziehende Appartement. Nachdem die Arbeiter außen am Quartierabteil mit dem Umbau begonnen hatten, zog die Fledermauskolonie wie erhofft komplett um, und der Vorhang (Zeltplane) konnte vor dem letzten Akt, der Renovierung des Quartierabteils, wieder geschlossen werden. Bis dahin war die schwierige Inszenierung nahezu perfekt verlaufen.

Doch dann beging der Regisseur (Fledermausexperte) einen gravierenden Fehler. Wer Regie führt, sollte nicht nur erklären, wie es gemäß seinen Vorstellungen weiterzugehen habe, er muß das Stück auch bis zum Schluß überwachen. Wir dagegen gaben nur noch die Anweisung, daß alle alten Hangbretter aufbewahrt und auf die neue Verschalung wieder aufgenagelt werden sollten. Doch wie es sich für eine ordentliche Baustelle gehört, war bis zu unserem nächsten Besuch alles alte Bauholz als Sperrmüll abgefahren worden. Diesen Regiefehler ließ uns unsere Fledermauskolonie im Verlauf der nächsten Jahre noch spüren. Zwar kehrten alle in der nächsten Saison wieder ins renovierte Quartier zurück. Die Tiere wählten als Hangplätze jedoch fast ausschließlich die wenigen übriggebliebenen alten Balken auf dem Dachboden und mieden noch jahrelang die neue Verbretterung – dieser Vergleich sei bei einem Kirchendach erlaubt – wie der Teufel das Weihwasser!

Detailkenntnis macht sich bezahlt

Als wir uns 1984 für eine andere Wochenstubenkolonie auf dem Dachboden der Kirche in Au bei Bad Feilnbach zu interessieren begannen, geschah dies zunächst, um gründliche Daten über das Quartierverhalten, die Jungenaufzucht, Entwicklung der Koloniegröße, Aufenthaltsdauer im Wochenstubenquartier sowie über den Ausflug von Mausohren zu erhalten. Die genaue Kenntnis des Quartierverhaltens der Auer Fledermäuse sollte schon im nächsten Jahr sehr wichtig werden. Denn auch ihr Quartier mußte renoviert, das heißt der Dachstuhl teilweise erneuert und das Dach neu eingedeckt werden. Weil wir die zeitliche und räumliche Verteilung der Fledermäuse im Dachstuhl kannten, konnte mit dem zuständigen Kirchenbaureferat ein genauer, auf die Bedürfnisse der Tiere abgestimmter Arbeitsplan aufgestellt werden. So wurde nur die Verschalung am Dachfuß während der Anwesenheit der Tiere erneuert. Sehr erstaunt waren die Bauingenieure, daß wir voraussagen konnten, wann und wo die Weibchen ihre Jungen bekommen würden. So stellte man die Arbeit am Kirchendach rechtzeitig ein, damit die Mausohren in der Apsis, dem Dachabschnitt über dem Altarraum, ungestört ihre Jungen zur Welt bringen konnten. Da alle unsere Voraussagen eintrafen, war es ein leichtes, die Bauleute auch davon zu überzeugen, mit der weiteren Renovierung zu warten, bis die Jungen flügge waren. Nachdem diese kritische Phase vorbei war, gaben wir grünes Licht, damit auch die Apsis noch im Herbst fertiggestellt werden konnte. Während sich alle Beteiligten über den Erfolg freuten, war die länger als

Eine Zwergfledermaus (Pipistrellus pipistrellus) beim Urinieren.

normalerweise üblich eingerüstete Kirche ein Ärgernis für einige Dorfbewohner. Sie sprachen den ortsansässigen Zimmermann an und hielten ihm übertriebene Rücksicht auf ein paar Fledermäuse vor. Nachdem sie jedoch unseren Fledermausvortrag im Gemeindesaal gehört und anschließend mit uns sogar den abendlichen Ausflug der Kolonie beobachtet hatten, war auch der Zimmermann wieder rehabilitiert.

Ein Erfolg, der kein Vorbild sein sollte

Normalerweise wünscht man sich bei erfolgreichen Naturschutzaktionen, daß sie möglichst viele Nachahmer finden. Ausnahme von dieser Regel sollte unsere Umsiedlungsaktion einer Wochenstube der Kleinen Hufeisennase sein. In der „Hitliste" bedrohter Arten, der Roten Liste Deutschlands, hält die Kleine Hufeisennase zusammen mit ihrer nächsten Verwandten, der Großen Hufeisennase, sowie mit Mops- und Wimperfledermaus die traurige Spitzenposition. Alle vier Arten werden in der höchsten Gefährdungskategorie als vom Aussterben bedroht geführt. Um bei uns auf Wochenstubennachweise der Kleinen Hufeisennase zu stoßen, muß man in der einschlägigen Fledermausliteratur viele Jahre zurückblättern. Um so größer war die Überraschung, als wir im Frühjahr 1983 auf dem Dachboden eines ehemaligen Hotels im oberbayerischen Peißenberg eine bis dahin unbekannte Kolonie der Kleinen Hufeisennase entdeckten. Wieder einmal hatte sich unsere Öffentlichkeitsarbeit bezahlt gemacht. Den „heißen Tip" gab der Peißenberger Elektromeister LEO WEISSENBACH auf einem Fledermausseminar in Wolfratshausen. Er hatte auf dem Hoteldachboden zwar keine Fledermäuse gesehen; ihm war aber bei Elektroarbeiten jede Menge alter Fledermauskot aufgefallen. Auf unsere erste Begeisterung über den ungewöhnlichen Hufeisennasenfund sollte sehr rasch die große Ernüchterung folgen. Der bauliche Zustand des Quartiergebäudes ließ schon nichts Gutes ahnen. Unser erster Weg führ-

Das ehemalige Hotel Sulz in Peißenberg/Oberbayern (oben) beherbergte auf dem verwinkelten Dachboden unterm Blechdach eine der letzten deutschen Wochenstubenkolonien der Kleinen Hufeisennase (Rhinolophus hipposideros).

Uns wurde der Dachraum des nahegelegenen Bergbaumuseums (Mitte) als Hufeisennasen-Ersatzunterkunft angeboten.

Damit die Tiere ähnliche Bedingungen wie im angestammten Quartier vorfanden, bauten wir in die künftige Ersatzunterkunft Dachverschalungen, Nischen und sogar Fußbodenheizungen (unten) ein.

te zur Gemeindeverwaltung in Peißenberg. Nach der guten Nachricht, daß das frühere Hotel der Gemeinde gehörte, folgte auch prompt die schlechte: Die Gemeinde hatte das Gebäude samt Grundstück bereits einer Wohnbaugesellschaft verkauft, die dort an gleicher Stelle eine Eigentumswohnanlage errichten wollte. Bürgermeister FÜHRLER, mit dem ich verhandelte, mußte mein enttäuschtes Gesicht bemerkt haben, denn er bot mir spontan den Dachboden eines nahegelegenen Gebäudes, das gerade als Bergbaumuseum ausgebaut wurde, als Ersatzquartier für die Hufeisennasen an. Trotz des großzügigen Angebots war guter Rat teuer. Alle befragten Fachkollegen rieten, die Finger von einer nach einhelliger Meinung völlig aussichtslosen Umsiedlung zu lassen. Nichtstun oder das Unmögliche versuchen waren in diesem Fall die Alternativen. Mir fiel bei den Erfolgsprognosen nur noch der Spruch des Rettungsschwimmers bei ACHTERNBUSCH ein: „Du hast keine Chance, also nutze sie!“ So begannen wir mit unserem Experiment.

Als erster Verhandlungserfolg konnte der Abbruch des alten Gebäudes bis zum Ende der geplanten Umsiedlungsaktion verschoben werden. Dann begann für mich der „Peißenberger Sommer“. Zu jeder verfügbaren Zeit fuhr ich nach Peißenberg, um durch Beobachtungen und Messungen möglichst viel über die Quartierbedürfnisse der Hufeisennasen herauszubekommen. Schließlich glaubten wir zu wissen, was den alten Hoteldachboden so attraktiv für die Tiere machte. Ein Blechdach sorgte bei Sonnenschein für angenehme Temperaturen. Durch zwei eingebaute Laufböden, eine Gaube und acht Kamine war der Dachraum in einen ganzen „Raumkomplex“ aufgeteilt, den die Hufeisennasen vielseitig nutzen konnten. Abhängig von der Witterung und der Außentemperatur konnten die Tiere unterschiedliche Hangplätze aufsuchen. Weil die Hausbewohner noch auf Kohleherden kochten, strahlten einige Kamine auch im Sommer Wärme ab. Diese suchten die Hufeisennasen gerne auf, wenn es zwischendurch ungemütlich kalt wurde. Alle Tiere hingen dann bei Kontrollen in der Nähe eines beheizten Kamins. Das als Ersatzquartier vorgesehene Bergbaumuseum hatte dagegen ein Ziegeldach, das sich weniger rasch erwärmte. Zwar war wie im Fledermausquartier ein hölzerner Dachunterzug vorhanden. Ansonsten hatte der Dachboden jedoch kaum Ecken und Winkel. Wenn das neue Quartier den Fledermäusen gefallen sollte, mußte es hufeisennasenfreundlich möbliert werden. Damit hatten wir zwei wichtige Aufgaben in der Wintersaison 1983/84 zu

erledigen. Zuerst wollten wir wissen, wo die Peißenberger Hufeisennasen ihren Winterschlaf halten. Trotz eifrigster Nachsuche blieb uns, übrigens bis zum heutigen Tag, ihr Winterquartier verborgen. Zweitens mußten wir den Tieren den Dachboden des künftigen Ersatzquartiers wohnlich herrichten.
Dazu bauten wir Teile des Laufbodens aus dem Hoteldachboden im Ersatzquartier ein. Ein alter Heustadel mit unbehandelten Hölzern wurde aufgekauft, und daraus wurden Holzverschläge mit Durchflugöffnungen sowie zwei Wärmekammern gebaut. In die Wärmekammern der künftigen „Luxus-Penthouse-Wohnung für Hufeisennasen" verlegten wir zwei getrennt schaltbare Fußbodenheizungen. Mit diesen Einbauten sowie zusätzlichen Schwarzlichtwärmestrahlern war aus dem ehemals kahlen Dachboden ein Raumkomplex mit unterschiedlich temperierten Teilen entstanden. Schließlich sollte noch eine Infrarot-Lichtschranke den Ein- und Ausflug der künftigen Bewohner kontrollieren.
Das eigentliche Experiment begann im Mai 1984, nachdem bis zu elf Hufeisennasen wieder in ihrem Quartier auf dem Hoteldachboden eingetroffen waren. An einem kalten Tag wollten wir die Umsiedlung wagen. Doch als wir anrückten, waren die Hufeisennasen bis auf fünf Tiere offensichtlich wegen des Kälteeinbruchs abgewandert. Die zurückgebliebenen Tiere hingen mit abgesenkter Körpertemperatur in tiefer Tagesschlaflethargie an ihren Hangplätzen und ließen sich von uns dort ohne Schwierigkeiten abpflücken und in Leinensäckchen verwahren. Damit, daß die Tiere den ersten Teil der Umsiedlung kaum bemerken würden, hatten wir nicht gerechnet. Im beheizten Ersatzquartier wären die Tiere sicher sofort aufgewacht und durch

Als „Zwischenlager" für die eingesammelten Hufeisennasen diente der ehemalige Tiefstollen (oben) hinterm Bergbaumuseum.

Ein Bild des Erfolgs (links): Sechs von etwa 13 Kleinen Hufeisennasen in einer der beiden Wärmekammern. Seit 1985 bezieht die komplette Kolonie für die gesamte Sommersaison ihre „Penthouse-Luxuswohnung".

Eine Bechsteinfledermaus fliegt dicht über der Wasseroberfläche, um zu trinken.

die neue Umgebung irritiert gewesen.
Also änderten wir unseren Schlachtplan und benutzten einen kühlen Stollen neben dem Bergbaumuseum als „Zwischenlager" für die kältestarren Tiere in ihren Leinensäckchen. Eine Hufeisennase, die wir dort tief schlafend auffanden, sackten wir ebenfalls ein und hängten sie zu ihren Kollegen. Fünf Stunden sollte es dauern, bis das Ersatzquartier, nachdem wir die Fußbodenheizung ausgeschaltet und kräftig gelüftet hatten, ausgekühlt war. Dann hängten wir die sechs Hufeisennasen in die unbeheizten Wärmekammern. Nach kurzem Flügelöffnen hüllten sich alle wieder in ihre Flughäute ein und blieben lethargisch hängen, als wir die unfreiwilligen Umzügler auf Zehenspitzen verließen. Vorher hatten wir noch Hufeisennasenkot vom Hoteldachboden auf die Fußbodenheizung gestreut, damit beim Einschalten den Tieren ein „Heimatgeruch" um die Nase wehen konnte. Die Ausflugöffnung des neuen Quartiers hielten wir zwei Tage lang verschlossen. Am nächsten Tag erlebten wir eine Überraschung. Zwei Tiere hingen schlafend an einer anderen Stelle. Die vier übrigen Hufeisennasen mußten nach dem Erwachen aus einem schmalen Spalt im Dachbodenfirst, den wir erst jetzt entdeckten, entwichen sein. Jetzt blieb uns nur noch, die Wärmekammern zu beheizen und den Ausflug zu öffnen. Wie unsere Lichtschranke anzeigte, verweilten die beiden Zurückgebliebenen noch vier Tage im Ersatzquartier, um dann, wie erwartet, in ihr altes Quartier zu den anderen Tieren zurückzukehren. Doch schon nach zwölf Tagen passierte das kaum Erwartete: Das Zählwerk der Lichtschranke in der neuen Heimat registrierte regelmäßige Ein- und Ausflüge von einzelnen Tieren. Bis zum Herbst 1984 hatten zwei Hufeisennasen das Ersatzquartier fest angenommen und dort sogar schon ihre Vorzugshangplätze.
Nachdem im Herbst 1984 die Kolonie aus dem Hoteldachboden weggezogen war, riß man das Quartiergebäude ab. Das nächste Frühjahr mußte zeigen, ob sich unser Aufwand gelohnt hatte. Tatsächlich kamen zunächst zwei Hufeisennasen ins Ersatzquartier zurück. Im Verlauf des Sommers füllte sich dann, laut Zählergebnissen der Lichtschranke, die neue Behausung. Wir nehmen an, daß dabei die „festen Mieter" vom letzten Sommer die anderen Koloniemitglieder in das neue Quartier „eingewiesen" haben. Seitdem kehrt die kleine Kolonie jede Sommersaison in ihre Komfortwohnung zurück.
Ein derartiger Erfolg läßt sich nicht geheimhalten, zumal viele Helfer am guten Gelingen beteiligt waren. Nachdem Presse, Rundfunk und Fernsehen darüber berichtet hatten, meldeten sich Hausbesitzer, die über ihre heimlichen Untermieter nicht begeistert waren, in dem Glauben, die Tiere könnten nun bei ihnen abgeholt und neu angesiedelt werden. Unsere stereotype Antwort auf ein solches Ersuchen muß aber weiterhin lauten: „Umsiedeln ausgeschlossen!" Denn trotz aller strategischen Überlegungen im Falle unserer Peißenberger Hufeisennasen waren auch eine gehörige Portion Glück und Zufall bei der erfolgreichen Umsiedlung mit im Spiel. Ganz zu schweigen von den 560 Arbeitsstunden und dem erheblichen Sachaufwand, den die Aktion gekostet hatte. Durch unsere Arbeit haben wir zwar einiges mehr über die Quartieransprüche der Kleinen Hufeisennase erfahren. Als Methode im praktischen Fledermausschutz müssen Umsiedlungsaktionen aber die absolute Ausnahme bleiben. Im Hinblick auf die Quartiertradition vieler Arten und ihre allgemeine Gefährdung sind derartige Experimente viel zu risikoreich. Erfolgreicher Quartierschutz heißt immer, bestehende Quartiere zu erhalten und eventuell zu verbessern. Im übrigen zeigen unsere Untersuchungen an den Kleinen Hufeisennasen, daß diese Art bei uns unmittelbar vor dem Aussterben steht. Auch für unsere Peißenberger Wochenstubenkolonie können wir seit 1983 nur zwei Junge sicher nachweisen. Die letzte Erkenntnis mag besonders traurig klingen. Mit dem Ersatzquartier konnten wir letztlich das Überleben der Population nicht mehr sichern, sondern den Tieren nur noch einen angenehmen „Altersruhesitz" bescheren.

DIE FLEDERMÄUSE EUROPAS – IHR AUSSEHEN UND LEBEN

Fledertiere kommen hauptsächlich in den warmen Regionen unserer Erde vor. Somit kann Europa nicht gerade zu ihrem Hauptverbreitungsgebiet gehören. Trotzdem leben in Europa immerhin 30 Arten aus drei Familien. In Deutschland sind 22 Arten nachgewiesen. Alle diese Arten gehören zur Unterordnung der Fledermäuse (Microchiroptera). Das Gros stellt dabei die ohnehin artenreichste Familie der Glattnasen (Vespertilionidae) mit 24 europäischen Vertretern. Von der Hufeisennasen-Familie (Rhinolophidae) haben fünf Arten ihre Hangplätze in Europa. Die Bulldogg-Fledermäuse (Molossidae) sind mit einer Europäerin vertreten.
Innerhalb der Glattnasen gibt es unverwechselbare Vertreter, aber auch äußerlich sehr ähnliche Arten. Da ist es selbst bei der geringen Zahl in Europa möglich, daß noch die eine oder andere bisher unerkannte Art mitflattert.
Dank ihres Echoortungssystems kommen sie in Europa auf ihre Kosten, nämlich zum erfolgreichen Insekten- und Spinnenfang. Die nahrungsfreie Zeit wird durch Wanderung und Winterschlaf überbrückt. Da nun mal Fliegen sehr energieaufwendig ist, wird auch während der Jagdsaison mit allen möglichen Tricks Energie gespart (Temperaturabsenkung in Inaktivitäts- und Schlafphasen).
Für die früchte-, pollen- und nektarverzehrenden Flughunde (Megachiroptera) wäre der Tisch im europäischen Haus zu selten gedeckt. Deshalb hat es nur eine Art geschafft, ihre Füße unter unsere (Höhlen-) Decken zu hängen: Auf Zypern gibt es eine Exklave der Nilflughunde (*Rousettus aegyptiacus*). In den folgenden Steckbriefen werden alle europäischen Fledermäuse porträtiert. Aus ihrer Lebensweise und ihren Ansprüchen an den Lebensraum ergeben sich die individuellen Gefährdungen, aber auch Ansätze für den Schutz unserer kleinen Kobolde der Nacht.

In den Beschreibungen der einzelnen Arten (Seite 138 bis 169) werden folgende Abkürzungen verwendet:

E Englisch
F Französisch

Körpermaße:
KRL Kopf-Rumpflänge
SL Schwanzlänge
UL Unterarmlänge
SF Spannweite der Flügel
G Gewicht

Fortpflanzung:
Tz Tragzeit
J Zahl der Jungen pro Geburt
Gg Geburtsgewicht

Lebensablauf:
Ew Entwöhnung
Gr Geschlechtsreife
Ld Lebensdauer

Meist sieht man Fotos von Fledermäusen mit weit geöffnetem Maul, spitze Zähne blitzen hervor – doch mit geschlossenem Maul erscheint dieselbe Fledermaus viel putziger.

Kleine Hufeisennase

Rhinolophus hipposideros (Bechstein, 1800)

E Lesser horseshoe bat, F Petit rhinolophe fer à cheval

Körpermaße: KRL 37–45 (47) mm, SL 23–33 mm, UL (34) 37–42,5 mm, SF 192–254 mm, G (4) 5,6–9 (10) g.
Auffällige Merkmale: Kleinste europäische Hufeisennase. Zierlich gebaut. Mittelkiel des Nasenaufsatzes von unten nach oben zugespitzt (Aufsicht), von der Seite gesehen niedriger, abgerundeter Oberfortsatz. Haarbasis hellgrau, Oberseite bräunlichrauchfarben ohne rötlichen Farbton, Unterseite grau bis grauweiß, Fell weich, locker; Jungtiere dunkelgrau.
Fortpflanzung: Tz etwa 75 Tage, J 1 (2), Gg ca. 1,8 g.
Lebensablauf: Ew mit etwa 6–7 Wochen, Gr mit etwa 1–2 Jahren, Ld Höchstalter 21 Jahre, durchschnittlich 3–4 Jahre.
Nahrung: Kleine Insekten (Nachtschmetterlinge, Mücken, Schnaken, Käfer), auch Spinnen.
Feinde: Mensch.
Lebensweise und Lebensraum: Gesellig, stets einzeln hängend. Kurze Wanderungen zwischen Sommer- und Winterquartier. Wärmebegünstigte Gebiete im Gebirgsvorland und Mittelgebirge, teilweise bewaldetes Gelände, Karstgebiete. Im Norden Haus-, im Süden Höhlenfledermaus! Im Norden Sommerquartiere (Wochenstuben) auf warmen Dachböden, oft in Schornsteinnähe, in Kanälen und Schächten von Heizungskellern; relativ geringe Ansprüche an das Raumvolumen; Quartiere müssen zugluftfrei, können aber hell sein; die Dachböden sind entweder stark genischt oder bestehen aus mehreren Räumen; derartige „Raumkomplexe" weisen deutliche mikroklimatische Unterschiede auf, die abhängig von Witterung und Außentemperatur genutzt werden; Ausflug häufig durch Fenster. Im Süden in Höhlen, Stollen. Winterquartiere in Höhlen, Stollen, Kellern, Temperatur 6–9 °C, hohe Luftfeuchtigkeit, hängen im Winterquartier immer frei und auf Distanz zum Nachbarn, in den Quartieren sehr störempfindlich. Jagt in lichten Wäldern, Parks, in Strauchregion, Flughöhe niedrig, bis 5 m. Schwirrender Flug, kann auch Beute vom Substrat aufnehmen.

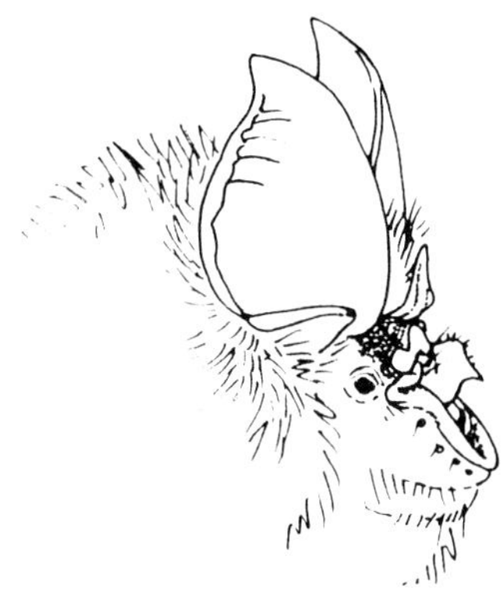

Häufigkeit/Gefährdung: Seit Mitte der fünfziger Jahre sehr starker Rückgang in Mitteleuropa, zahlreiche Populationen bereits ausgestorben. Gefährdet vor allem durch Habitatverluste und -veränderungen, Störung bzw. Vernichtung von Quartieren, Insektizideinsatz. Im Norden Rückgang evtl. auch durch Klimaveränderung (-verschlechterung).
Schutz: Gezielter Schutz von Sommer- und Winterquartieren (Erhaltung und Verbesserung der Quartiersituation). Schutz, Pflege und Entwicklung von Jagdhabitaten.
Farbfotos auf den Seiten 71, 90, 91, 94, 100, 135.

Die Große Hufeisennase (Rhinolophus ferrumequinum, links oben) ist die größte der fünf europäischen Hufeisennasenarten.

Die Mittelmeerhufeisennase (Rhinolophus euryale, rechts oben) bevorzugt höhlenreiche Karstgebiete.

Wasserfledermäuse (Myotis daubentoni, links Mitte) sind in Europa weit verbreitet und jagen bevorzugt dicht über Wasserflächen.

Die wärmeliebende Wimperfledermaus (Myotis emarginatus, rechts Mitte) kommt in Mitteleuropa nur in klimabegünstigten Gebieten vor. Sie hat ihren Namen von den weichen Härchen (Wimpern) am freien Rand der Schwanzflughaut.

Die Bechsteinfledermaus (Myotis bechsteini, links unten) hält unter allen etwa gleich großen Myotis-Arten den Ohrlängenrekord. Das Fell dieser typischen Waldfledermaus ist relativ lang.

Riesenabendsegler (Nyctalus lasiopterus, unten). Die Verbreitung der größten europäischen Fledermaus ist nur lückenhaft bekannt. Die wandernde Waldfledermausart bezieht Wochenstuben und Winterquartiere in Baumhöhlen.

Große Hufeisennase

Rhinolophus ferrumequinum (Schreber, 1774)

E Greater horseshoe bat, F Grand rhinolophe fer à cheval

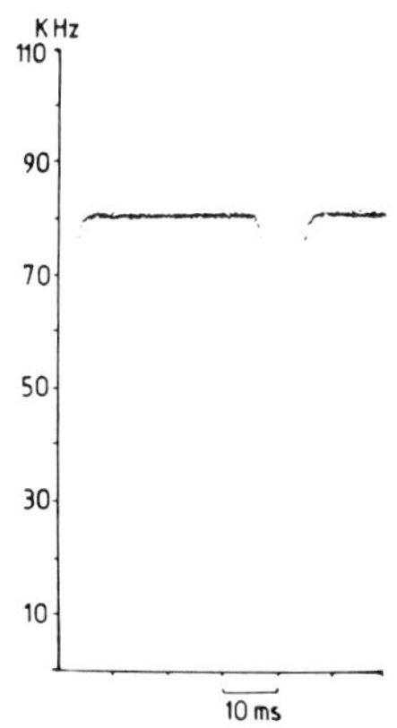

Körpermaße: KRL (50) 57–71 mm, SL (30) 35–43 mm, UL (50) 54–61 mm, SF 350–400 mm, G 17–34 g.
Auffällige Merkmale: Größte europäische Hufeisennase. Oberer Sattelfortsatz des Nasenblattes kurz, abgerundet, unterer im Profil spitz. Fell weich, locker, Haarbasis hellgrau, Oberseite graubraun oder rauchgrau, mehr oder weniger rötlich getönt, Unterseite grauweiß bis gelblichweiß; Jungtiere auf der Oberseite mehr aschgrau, Flughäute und Ohren hellgraubraun. Große Ohren.
Fortpflanzung: Tz etwa 75 Tage, J 1 (2), Gg unbekannt.
Lebensablauf: Ew mit etwa 7–8 Wochen, Gr mit etwa 2–3 Jahren, Ld Höchstalter 30 Jahre.
Nahrung: Kleine bis mittelgroße und größere Insekten (Maikäfer, Mistkäfer, Heuschrecken, Nachtfalter).
Feinde: Mensch.
Lebensweise und Lebensraum: Ausflug bei Einbruch der Dunkelheit. Langsamer, schmetterlingsartiger Flug mit kurzen Gleitstrecken, meist tief (0,3–6 m). Geringe Flugaktivität bei ungünstiger Witterung. Jagt bevorzugt in Gelände mit lockerem Baumbestand, an Hängen, Felswänden, auch in Gärten, macht Ansitzjagd von Warten aus und nimmt Beutetiere auch vom Boden auf. Benutzt Fraßplätze. Kurze Wanderung zwischen Sommer-(Wochenstuben)-quartieren und Winterquartieren. Quartieransprüche wie Kleine Hufeisennase.
Häufigkeit/Gefährdung: Starker Rückgang in England, Belgien, Luxemburg und Deutschland. Gefährdet vor allem durch Habitatveränderungen (-verschlechterungen), Insektizideinsatz, Störung und Vernichtung von Quartieren. In England, der Schweiz und evtl. auch noch im deutsch-luxemburgischen Grenzland noch stabile Restpopulationen (eine winzige Restpopulation auch noch in der Oberpfalz, Bayern), die vorrangig eines umfassenden Gesamtschutzes bedürfen.
Schutz: In Gebieten mit noch vorhandenen Restpopulationen umfangreiche Gesamtschutzmaßnahmen nach englischem Vorbild (vgl. STEBBINGS 1988).
Farbfotos auf den Seiten 1, 2/3, 27, 35, 42, 139.

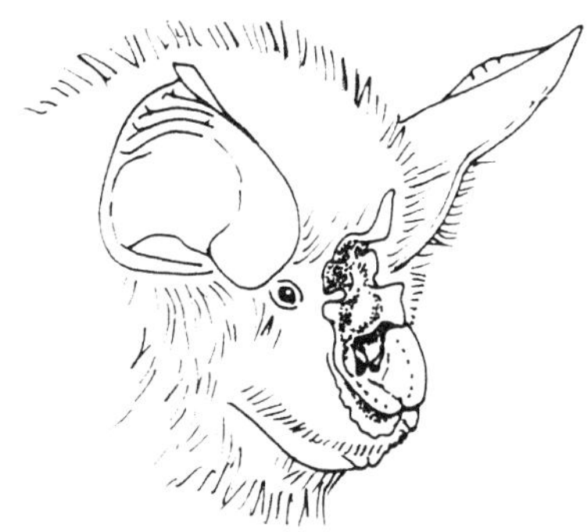

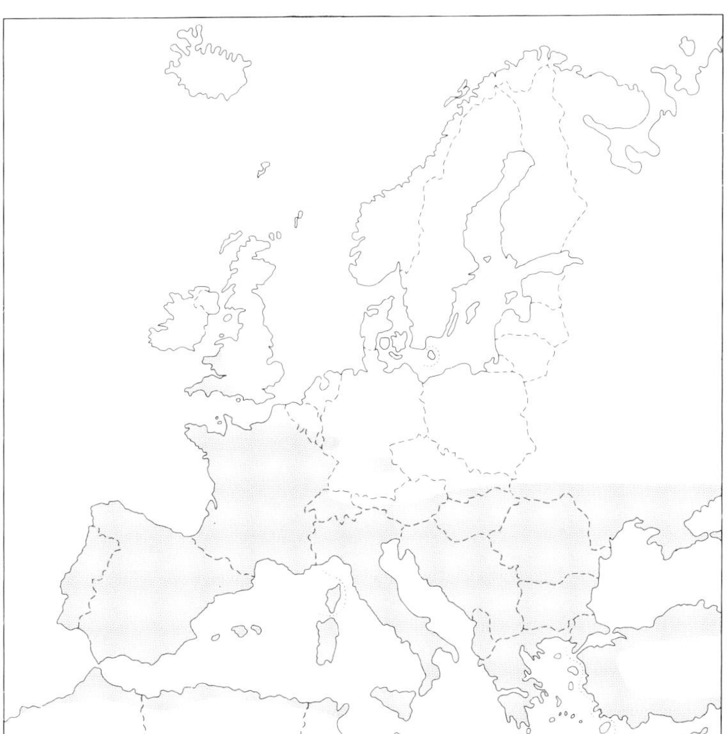

Mittelmeerhufeisennase

Rhinolophus euryale (Blasius, 1853)

E Mediterranean horseshoe bat, F Rhinolophe euryale

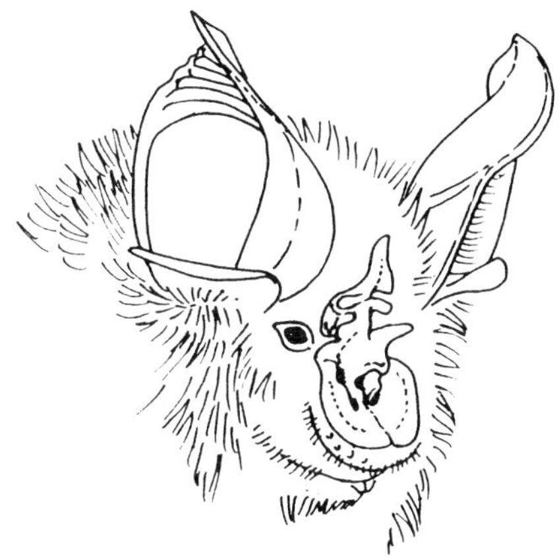

Körpermaße: KRL 43–58 mm, SL 22–30 mm, UL 43–51 mm, SF 300–320 mm, G 8–17,5 g.
Auffällige Merkmale: Mittelgroße Art. Nasenaufsatz (Mittelkiel) von der Seite gesehen mit spitzem Oberfortsatz. Nackte Gesichtsteile (Hufeisen, Lippen) hellbräunlich, Ohren und Flughäute hellgrau. Fell locker, Haarbasis hellgrau, Oberseite graubraun, leicht rötlich oder lila getönt, Unterseite grauweiß bis gelblichweiß. Grenze Oberseite/Unterseite unscharf. Um Augen oft einige dunklere Haare; Jungtiere insgesamt mehr grau gefärbt.

Fortpflanzung: Tz nicht bekannt, J 1 (2), Gg um 4 g.
Lebensablauf: Ew mit 6–7 Wochen, Gr mit 1 Jahr, Ld nicht bekannt.
Nahrung: Nachtfalter und andere Insekten.
Feinde: Mensch.
Lebensweise und Lebensraum: Höhlenfledermaus, im Norden Sommerquartiere selten auch auf warmen Dachböden. Lebt gesellig, Tiere im aktiven Zustand häufig in Körperkontakt, sich gegenseitig mit Flughäuten umfassend und Kopf und Gesicht beleckend. Quartiere oft gemeinsam mit anderen Fledermäusen (Hufeisennasen, Wimper- oder Langflügelfledermäusen). Naturhöhlen, Grotten, Stollen; warme, waldreiche Gebiete im Gebirgsvorland und Gebirge, bevorzugt höhlenreiche Karstgebiete mit Wasser in der Nähe. Ortstreu, nur geringe Wanderneigung. Ausflug in später Dämmerung. Flug langsam, gaukelnd, auch Rüttelflug, sehr wendig. Jagt niedrig an warmen Hängen, aber auch in dichtem Blattwerk. Teilweise Aufsuchen von Fraßplätzen.

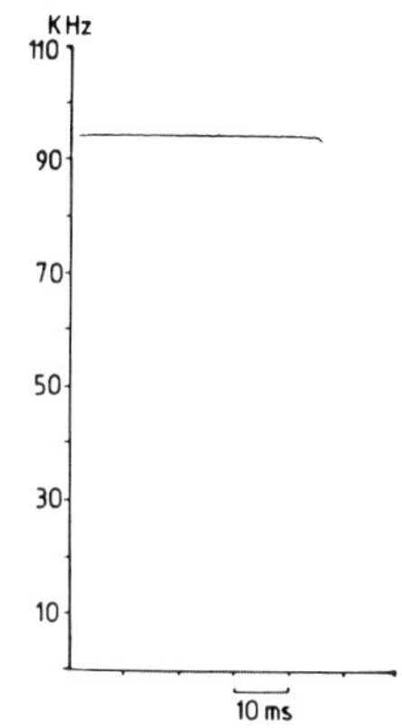

Häufigkeit/Gefährdung: Allgemeiner Bestandsrückgang, besonders im Norden des Verbreitungsgebietes. Gefährdet zum Teil durch Störungen in den Quartierhöhlen (Tourismus).
Schutz: Gezielter Quartier- und Biotopschutz dringend erforderlich!
Farbfoto auf der Seite 139.

Blasius-Hufeisennase

Rhinolophus blasii (Peters, 1866)

E Blasius's horseshoe bat, F Rhinolophe de Blasius

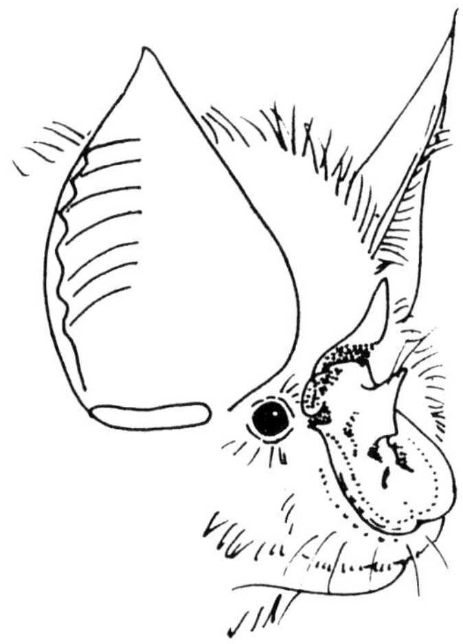

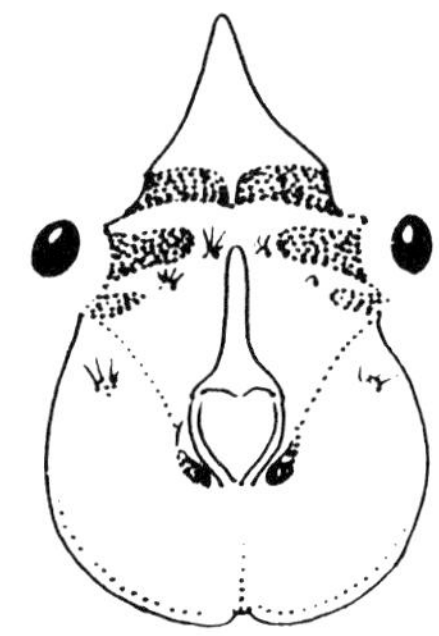

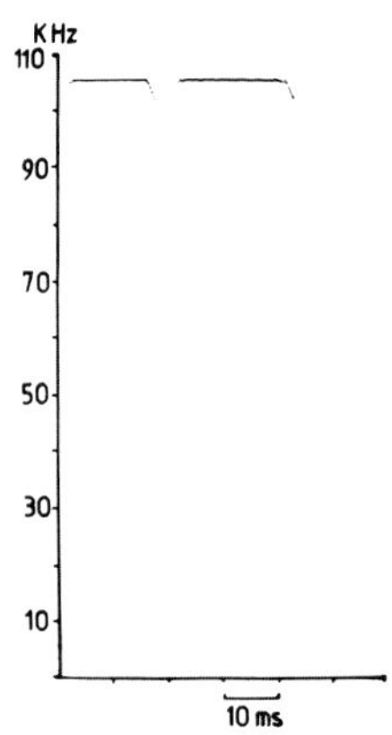

Körpermaße: KRL (44) 46,5–54 (56) mm, SL (20) 25–30 mm, UL (43,5) 45–48 mm, SF um 280 mm, G (10) 12–15 g.
Auffällige Merkmale: Mittelgroße Art. Nasenaufsatz (Mittelkiel) von der Seite gesehen mit spitzem Oberfortsatz, der sich lanzettförmig verschmälert. Hufeisen breit, fleischfarben, Ohren und Flughäute hellgrau. Fell locker, Haarbasis sehr hell, fast weiß, Oberseite graubraun, zum Teil leicht lila getönt, Unterseite fast weiß oder leicht gelblich getönt. Grenze Oberseite/Unterseite relativ scharf. Dunkle „Brille" um Augen fehlend oder nur angedeutet.
Fortpflanzung: Tz nicht bekannt, J 1 (2), Gg nicht bekannt.
Lebensablauf: Ew mit 6–7 Wochen, Gr mit 1 Jahr, Ld nicht bekannt.
Nahrung: Kleine Insekten.
Feinde: Mensch.
Lebensweise und Lebensraum: Über Lebensweise wenig bekannt. Sommer- und Winterquartier in Höhlen und Stollen (Höhlenfledermaus). Keine genauen Kenntnisse über Winterschlaf, Tiere hängen immer frei, ohne Körperkontakt untereinander. Warme, mit Sträuchern und Bäumen locker bestandene Karstgebiete. Wahrscheinlich ortstreue Art.
Häufigkeit/Gefährdung: Teilpopulationen im Rückgang. Gefährdet durch Störung und Vernichtung in den Höhlen (Tourismus, Verfolgung).
Schutz: Quartierschutz (Erhaltung/Sicherung).

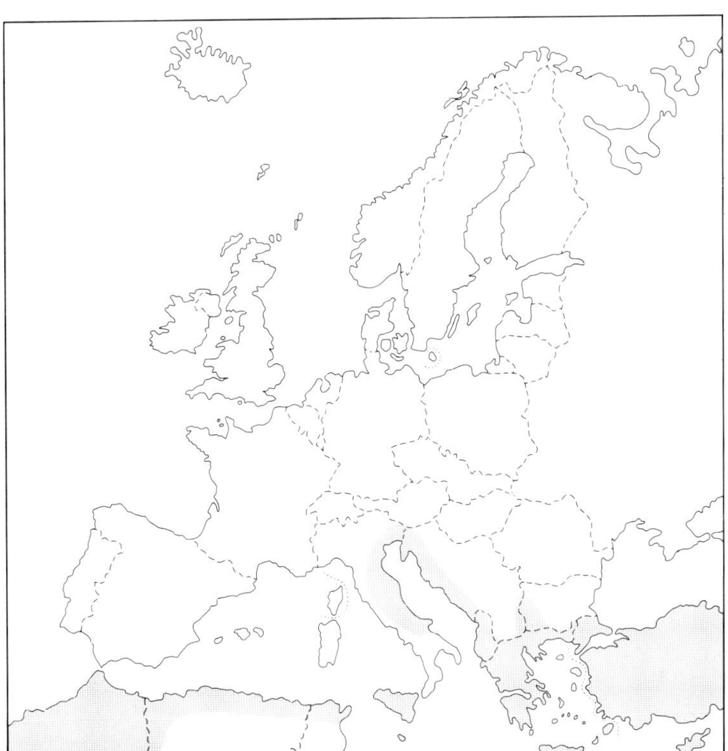

Nordfledermaus (Eptesicus nilssoni, links oben). Sie trägt auf ihrer Felloberseite und dem Scheitel goldglänzende Haarspitzen.

Zweifarbfledermaus (Vespertilio murinus, rechts oben) im Porträt.

Braunes Langohr (Plecotus auritus, rechts Mitte) an Baumhöhlenöffnung. Unsere Braunen Langohren nehmen ein breites Spektrum von Quartiertypen an. Von Dachböden mit Versteckmöglichkeiten bis zu Baumhöhlen bzw. Nist- und Fledermauskästen.

Junge Mopsfledermaus (Barbastella barbastellus, rechts Mitte). Schon bei den größeren Jungtieren sind die Rückenhaarspitzen weißlich; die Oberseite wirkt dadurch wie bereift.

Durch ihre sehr kurze Schnauze, die gewölbte Stirn und die kurzen, dreieckigen, weitauseinanderstehenden Ohren ist die Langflügelfledermaus (Miniopterus schreibersi, links unten) in Europa unverwechselbar.

Bei der Europäischen Bulldogg-Fledermaus (Tadarida teniotis, rechts unten) ragt der Schwanz zu einem Drittel, teilweise bis zur Hälfte frei aus der Flughaut hervor. Die große Fledermaus ist mit ihrem charakteristischen Gesicht, den großen, nach vorn Augen und Gesicht überragenden Ohren und den sehr schmalen, langen Flügeln in Europa mit anderen Arten nicht verwechselbar.

Mehely-Hufeisennase

Rhinolophus mehelyi (Matschie, 1901)

E Mehely's horseshoe bat, F Rhinolophe de Mehely

Körpermaße: KRL (49) 55–64 mm, SL (23) 24–29 (32) mm, UL (47) 50–55 mm, SF um 330–340 mm, G 10–18 g.
Auffällige Merkmale: Mittelgroße Art. Nasenaufsatz (Mittelkiel) von der Seite gesehen mit keilförmigem Oberfortsatz. Hufeisen und Lippen blaß, fleischfarben, Ohren und Flughäute graubraun. Fell relativ dicht, Haarbasis grauweiß, Oberseite graubraun, Unterseite fast weiß. Grenze Oberseite/Unterseite relativ scharf. Um Augen auffallend dunkle „Brille" aus graubraunen Haaren.
Fortpflanzung: Tz nicht bekannt, J 1 (2), Gg nicht bekannt.
Lebensablauf: Ew mit 6–7 Wochen, Gr mit 1 Jahr, Ld nicht bekannt.
Nahrung: Kleine Insekten (Nachtfalter u. a.).
Feinde: Mensch.
Lebensweise und Lebensraum: Über Lebensweise wenig bekannt. Höhlenfledermaus, Sommer- und Winterquartiere in Höhlen. Gesellig in großen Wochenstuben lebend. Bezieht oft Quartier gemeinsam mit anderen Hufeisennasen, Kleinen Mausohren und Langflügelfledermäusen. Lebt in Karstgebieten mit Wasser in Nähe. Wahrscheinlich ortstreu. Ausflug in Dämmerung. Jagt niedrig über Boden an warmen Berghängen, auch zwischen Sträuchern und Bäumen. Flug langsam, wendig, sehr geschickt, z. T. mit kurzen Gleitstrecken. Da sie leicht und mühelos vom Boden

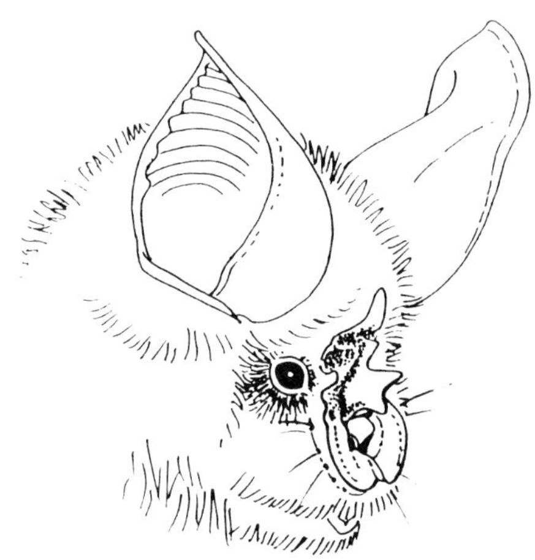

auffliegen kann, wird vermutet, daß die Mehely-Hufeisennase auch Nahrung vom Boden aufnimmt.
Häufigkeit/Gefährdung: Selten, möglicherweise rasche Abnahme durch Störung und Verlust der Quartierhöhlen.
Schutz: Quartierschutz (Erhaltung und Sicherung von Höhlen) und Biotopschutz (Verringerung Insektizideinsatz!) erforderlich.

Langfußfledermaus

Myotis capaccinii (Bonaparte, 1837)

E Long-fingered bat, F Vespertilion de Capaccini

Körpermaße: KRL (43) 47–53 mm, SL 35–42 mm, UL (37) 38–44 mm, SF 230–260 mm, G 6–15 g.
Auffällige Merkmale: Mittelgroße Art. Ohren mittellang. Große Füße mit langen Borsten. Haarbasis dunkelgrau, Oberseite hellrauchgrau, z. T. leicht gelblich getönt,

Unterseite hellgrau. Grenze Oberseite/Unterseite unscharf. Schnauze rotbraun, Ohren und Flughäute graubraun, Schwanzflughaut oben und unten von den Beinen an bis etwa zur Mitte dicht dunkel, flaumartig behaart. Nasenlöcher deutlich mehr vorspringend als bei anderen europäischen *Myotis*-Arten.
Fortpflanzung: Nur lückenhaft bekannt. Tz etwa 50–60 Tage, J 1 (2), Gg nicht bekannt.
Lebensablauf: Ew mit etwa 6–7 Wochen, Gr mit 1 Jahr, Ld nicht bekannt.
Nahrung: Kleine Insekten.
Feinde: Wahrscheinlich Mensch.
Lebensweise und Lebensraum: Verbreitung nur lückenhaft bekannt. Sommer- und Winterquartiere in Höhlen und Stollen (Höhlenfledermaus). Gesellig. Wahrscheinlich ortstreu bis wanderfähig (Wanderungen nicht bekannt). Im Winterquartier oft in Spalten, Karstgebiete, Bevorzugung von wasserreichem, waldigem oder buschreichem Gelände. Ausflug in später Dämmerung. Flug ähnlich Wasserfledermaus. Jagt häufig über Wasser nach Fluginsekten.

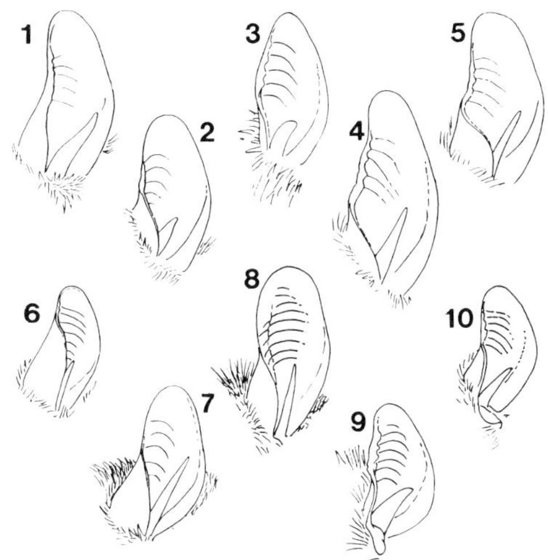

Myotis-Arten kann man am besten anhand der Ohrformen bestimmen:
1 Langfußfledermaus,
2 Wasserfledermaus,
3 Teichfledermaus,
4 Große Bartfledermaus,
5 Kleine Bartfledermaus,
6 Wimperfledermaus,
7 Fransenfledermaus,
8 Bechsteinfledermaus,
9 Großes Mausohr,
10 Kleines Mausohr.
Die Abbildungen der Ohren sind nicht maßstabsgetreu.

Häufigkeit/Gefährdung: Wenig bekannt. Populationen selten und möglicherweise abnehmend. Durch die Zerstörung von Höhlen, Störung und direkte Verfolgung gefährdet.
Schutz: Quartiererhaltung und -sicherung.

Wasserfledermaus

Myotis daubentoni (Kuhl, 1819)

E Daubenton's bat, F Vespertilion de Daubenton

Körpermaße: KRL (40) 45–55 (60) mm, SL (27) 31–44,5 (48) mm, UL (33) 35–41,7 (42) mm, SF 240–275 mm, G (5) 7–15 g.
Auffällige Merkmale: Mittelgroße bis kleine Art mit rötlichbraunem Gesicht (Schnauze) und auffallend großen Füßen (mit langen Borsten). Relativ kurzer Schwanz und kurze Ohren. Fell locker, Haarbasis dunkelgraubraun, Oberseite braungrau bis dunkelbronzefarben, Haarspitzen oft glänzend, Unterseite silbergrau, z.T. bräunlich überhaucht. Grenze Oberseite/Unterseite meist scharf. Ohren und Flughäute dunkelgraubraun; Jungtiere mehr grau.
Fortpflanzung: Tz etwa 50–55 Tage, J 1 (2), Gg um 2,3 g.
Lebensablauf: Ew mit etwa 7–8 Wochen (flugfähig Anfang 4. Woche), Gr mit 1 Jahr, Ld Höchstalter 20 Jahre, durchschnittlich 4–4,5 Jahre.
Nahrung: Kleine Fluginsekten (Mücken, Schnaken, Nachtfalter u.a.) vorwiegend in Gewässernähe.
Feinde: Mensch.
Lebensweise und Lebensraum: Ausflug noch in der Dämmerung. Flug schnell, wendig, Flügelschlag teilweise schwirrend. Vorwiegend im Flachland, dort in Wäldern, Parks (Waldfledermaus) in Gewässernähe. Wanderungen zwischen Sommer- und Winterquartieren. Winterquartiere in Höhlen, Stollen, Bunkern, Kellern, alten Brunnen (Temp. 3–6 °C, hohe Luftfeuchtigkeit); meist eingezwängt in Spalten überwinternd, aber auch in großen Clustern frei an der Wand; auch bis 60 cm tief im Bodengeröll gefunden. Wanderfähig, meist Sommerquartiere (Wochenstuben) in Baumhöhlen, auch in engen Spalten auf Dachböden, hinter Fensterläden, in Mauerspalten. Einzeltiere und kleine Männchengesellschaften im Sommer auch in feuchtkühlen Mauerspalten von Flußbrücken, selten in Fledermauskästen.
Gebäudequartiere in Dachstöcken oder Turmgeschossen von Kirchtürmen; Tiere verkriechen sich dort ins Zwischendach oder in Mauerspalten (abhängig von Witterung). Tagesschlafquartiere weisen eher niedrige, aber relativ konstante Temperaturen auf. Jagt oft nur 5–20 cm über Wasseroberfläche, aber auch bis 5 m hoch um Bäume, frißt im Fluge, in Jagdpausen Rasten an Ästen und Mauern, Jagdgebiete meist nur 2–5 km von Quartier entfernt.
Häufigkeit/Gefährdung: Einige lokale Populationen in Mittel- und Nordeuropa sind stabil oder haben zugenommen, anderweitig Rückgang. Gefährdet durch Habitatveränderungen, Beseitigung von Feuchtgebieten, Nahrungsentzug. Einzelne Tiere fangen sich versehentlich an Angelhaken (mit Mund oder Flügeln). Beunruhigung oder Zerstörung von Winterquartieren, Mangel an geeigneten Sommerquartieren (fehlendes Baumhöhlenangebot, Änderung der Bauweise [fugenlos]).
Schutz: Quartier- und Biotopschutz; Nahrungssituation offensichtlich besser als bei den meisten anderen Arten (kein Insektizideinsatz über Wasserflächen). Erhaltung von Laubholz (Altbäume) an Ufersäumen, Weichholzpflanzungen an Gewässern, Erhaltung von Felswänden und aufgelassenen, wassergefüllten Steinbrüchen, vor allem in Wassernähe, Erhaltung und Gestaltung von Sommerquartieren an Brücken und Wassertunneln (2–3 cm breite, möglichst tiefe Spalten mit rauhen Wänden) vordringlich erforderlich.
Erhaltung und Sicherung von Massenquartieren (Winter-) in Polen.
Farbfotos auf den Seiten 95, 139.

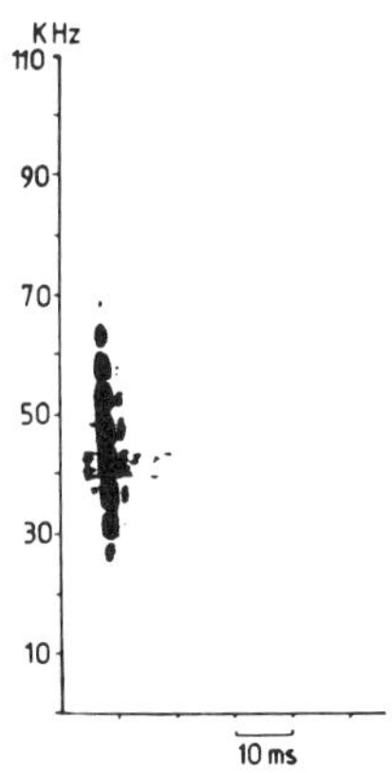

Teichfledermaus

Myotis dasycneme (Boie, 1825)

E Pond bat, F Vespertilion des marais

Körpermaße: KRL 57–67 (68) mm, SL (39) 46–51 (53) mm, UL (41) 43–49,2 mm, SF 200–300 mm, G (11) 14–20 (23) g.
Auffällige Merkmale: Mittelgroße Art mit relativ großen Füßen. Ähnlich Wasserfledermaus, aber deutlich größer.

Schwanzflughaut auf Oberseite nackt, keine flaumige Behaarung. Fell dicht, Haarbasis schwarzbraun, Oberseite bräunlich oder fahlgraubraun mit seidigem Glanz, Unterseite weißgrau bis gelblichgrau, relativ scharf von der Oberseite abgegrenzt, Schnauze kurz, rotbraun, Ohren und Flughäute graubraun; Jungtiere insgesamt dunkler gefärbt.
Fortpflanzung: Tz etwa 50–60 Tage, J 1 (2), Gg nicht bekannt.
Lebensablauf: Ew mit 7–8 Wochen, Gr wahrscheinlich im 2. Jahr (Weibchen), Ld Höchstalter 19,5 Jahre.
Feinde: Mensch.
Nahrung: Kleine Insekten (Mücken, Schnaken, Nachtfalter).
Lebensweise und Lebensraum: Im Sommer gewässerreiche Gebiete mit Wiesen und Wäldern im Tiefland, im Winter auch im Mittelgebirgsvorland. Winterquartiere in Naturhöhlen, Kalkstollen, Kellern, Bunkern (Temp. 0,5–7,5 °C), in Spalten eingezwängt, auch freihängend an Wänden und Decken, in großen Winterquartieren kleine Cluster bildend. Sommerquartiere (Wochenstuben) in Gebäuden, meist auf Dachböden oder Kirchtürmen, häufig im First in großen Gruppen (40–400 Weibchen) im dunkleren Teil; Einzeltiere auch in hohlen Bäumen. Wanderfähig, Wanderungen zwischen Sommer- und Winterquartier meist über 100 km. Ausflug in später Dämmerung, z. T. zwei Jagdzeiten (abends und gegen Morgen). Jagt über Wasser und auch über Wiesen und entlang von Waldrändern. Flug schnell, gewandt, über Wasser oft nur 5–10 cm, dabei auch Insekten von der Wasseroberfläche aufnehmend.
Häufigkeit/Gefährdung: Sehr seltene Art! Rückgang der Populationen in allen Verbreitungszentren. Habitatveränderungen, Einsatz von Holzschutzmitteln in Gebäuden mit Quartieren und Gewässerbelastungen als Ursachen.
Schutz: Konsequenter Quartier- und Biotopschutz. Keine giftigen Holzschutzmittel verwenden!

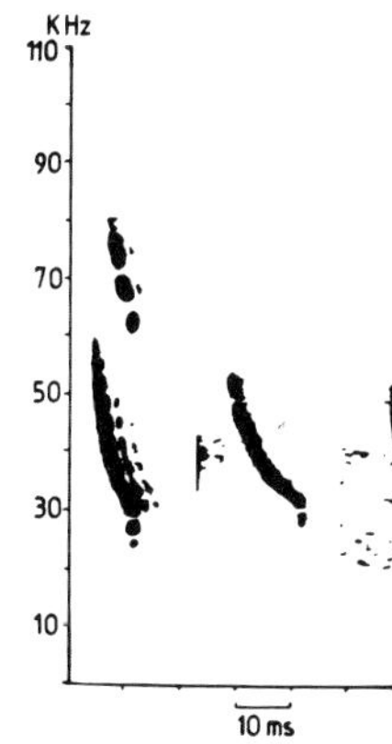

Große Bartfledermaus

Myotis brandti (Eversmann, 1845)
E Brandt's bat, F Vespertilion de Brandt

Körpermaße: KRL 39–51 mm, SL 32–44 mm, UL 33–39,2 mm, SF 190–240 mm, G 4,3–9,5 g.
Auffällige Merkmale: Kleine Art. Vorkommen in Europa erst 1958 durch TOPAL entdeckt, Fell relativ lang, Haarbasis dunkelgraubraun, Oberseite hellbraun, meist mit Goldglanz, Unterseite hellgrau, z. T. gelblich überhaucht, Schnauze, Ohren und Flughäute mittel- bis hellbraun. Penis bei erwachsenen Männchen am Ende deutlich verdickt. Jungtiere ähneln stark der Kleinen Bartfledermaus, beide Arten schwierig zu unterscheiden.
Fortpflanzung: Tz nicht bekannt, J 1 (2), Gg nicht bekannt.
Lebensablauf: Ew nicht bekannt (flugfähig mit 3–4 Wochen), Gr mit 2 Jahren (Weibchen), Ld Höchstalter 19 Jahre 8 Monate.
Nahrung: Kleine Insekten (wahrscheinlich kleine Nachtfalter und andere Fluginsekten).
Feinde: Mensch.
Lebensweise und Lebensraum: Verbreitung erst lückenhaft bekannt. Waldfledermaus. Stärker als Kleine Bartfledermaus an Waldgebiete und Gewässernähe gebunden. Sommerquartiere (Wochenstuben) in schmalen Spalten im Dachstuhl von Gebäuden, hinter Dachlatten, Dachverschalungen außen und innen, in Balkenlöchern, auch in Fledermauskästen (mit engem Volumen). Winterquartiere in Höhlen, Stollen, alten Bergwerken, Kellern (Temp. [0 °C] 3–4 °C [7,5 °C]), oft gemeinsam mit Kleiner Bartfledermaus, selten in Spalten, meist frei an Wand oder Decke, auch in Clustern. Wanderfähig, bis 230 km. Ausflug in früher Dämmerung. Jagt niedrig bis in mittlere Höhe in nicht zu dichten Waldbeständen und über Gewässern. Fliegt schnell und geschickt mit raschen Wendemanövern auf kleinem Raum.

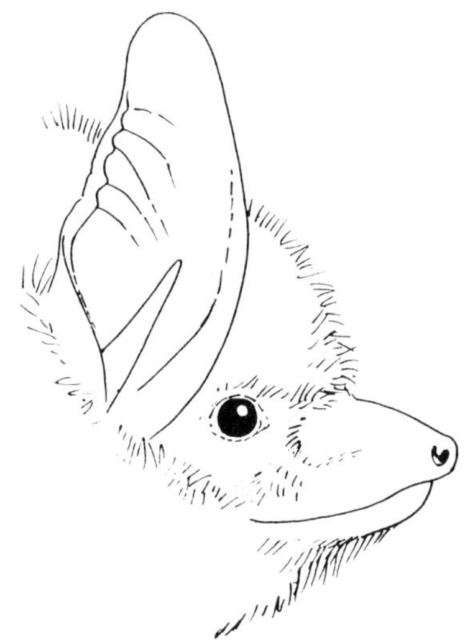

Häufigkeit/Gefährdung: Nur kleine Populationen bisher bekannt. Wahrscheinlich rückläufig durch Habitatveränderungen und -vernichtungen, Verlust hohler Bäume, Holzschutzmitteleinsatz.
Schutz: Verzicht auf giftige Holzschutzmittel. Anbringen flacher Fledermauskästen in geeigneten Biotopen. Biotop- und Quartierschutz (vor allem auch Erhaltung und Schutz geeigneter Winterquartiere).

Kleine Bartfledermaus

Myotis mystacinus (Kuhl, 1819)

E Whiskered bat, F Vespertilion à moustaches

Körpermaße: KRL 35–48 mm, SL 30–43 mm, UL (31) 32–36 (37,7) mm, SF 190–225 mm, G (3) 4–8 g.
Auffällige Merkmale: Kleinste europäische *Myotis*-Art. Schnauze, Ohren und Flughäute schwarzbraun, Basis von Tragus

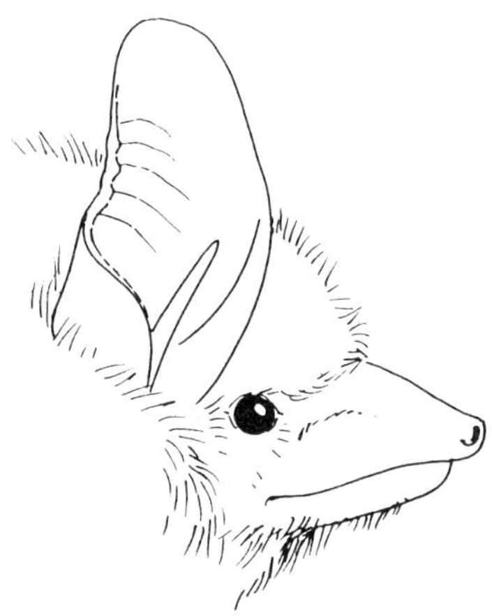

und innerem Ohrrand im Gegensatz zur Großen Bartfledermaus nicht aufgehellt. Fell lang, etwas kraus, Haarbasis dunkelgrau, Färbung Oberseite stark variierend, von dunkelnußbraun bis dunkelgraubraun, seltener hellbraun, immer dunkler als Große Bartfledermaus. Unterseite dunkel- bis hellgrau; Jungtiere dunkler, Haarbasis schwarz, Oberseite dunkelgraubraun. Penis dünn, am Ende ohne Verdickung. Temperamentvoll und lebhaft im Verhalten, bei Störungen im Quartier heftiges Gezeter.
Fortpflanzung: Tz etwa 50–60 Tage, J 1 (2), Gg nicht bekannt.
Lebensablauf: Ew mit etwa 6–7 Wochen, Gr mit 1 Jahr, Ld Höchstalter 19 Jahre, durchschnittlich 3,5 Jahre.
Nahrung: Kleine Insekten (Mücken, Eintagsfliegen, kleine Libellen und Käfer, Nachtfalter).
Feinde: Mensch. Schleiereule.
Lebensweise und Lebensraum: Nicht so deutlich an Wald und Gewässer gebunden wie Große Bartfledermaus, mehr in Parks, Gärten, Dörfern. Eher Haus- als Waldfledermaus. In SO-Europa auch in Karstgebieten. Sommerquartiere (Wochenstuben) meist in spaltenartigen Hohlräumen an und in Gebäuden (auch kleinere Häuser wie Einfamilien-, Wochenendhäuser, Jagdhütten, Kapellen), hinter Holzverkleidungen, zwischen Balken und Mauerwerk, aber auch auf Kriechböden, bewohnt Fassaden meist ost- oder südostorientiert, auch hinter Fensterläden, selten in Nistkästen. Winterquartiere in Höhlen, Stollen, Kellern (Temp. 2–8 °C), meist frei hängend an Wand oder Decke, seltener in Spalten eingezwängt. Überwiegend ortstreu, aber auch Wanderungen bis 240 km bekannt. Ausflug in früher Dämmerung. Jagt praktisch in jedem Biotoptyp; gehört zu den anpassungsfähigen Arten. Flug schnell, wendig und kurvenreich, im Frühjahr und Herbst mitunter am Tage jagend, hängt sich in Jagdpausen an Ästen auf.
Häufigkeit/Gefährdung: In Mitteleuropa einige Populationen rückläufig. Habitatveränderungen, Quartiervernichtungen und -störungen.
Schutz: Gezielter Quartierschutz (Wochenstuben, Winterquartiere). Biotopschutz.
Farbfotos auf den Seiten 95, 98/99.

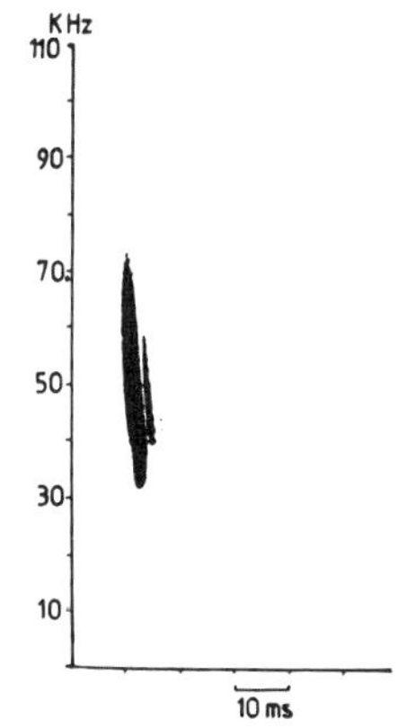

Wimperfledermaus

Myotis emarginatus (Geoffroy, 1806)

E Geoffroy's bat, F Vespertilion à oreilles échancrées

Körpermaße: KRL 41–53 mm, SL 38–46 (48) mm, UL 36–41 (42) mm, SF 220–245 mm, G (6) 7–15 g.
Auffällige Merkmale: Mittelgroße Art. Rand der Schwanzflughaut mit feinen Härchen („Wimpern"). Ohraußenseite in der oberen Hälfte mit fast rechtwinkliger, deutlicher Einbuchtung. Fell lang, locker, wollig wirkend, Haare an der Oberseite dreifarbig, Basis grau, Mitte strohgelb, Spitzen auffallend rostbraun bis fuchsrot, Unterseite gelblichgrau. Schnauze rotbraun, Ohren und Flughäute dunkelgraubraun; Jungtiere wesentlich dunkler rauchgrau bis braungrau gefärbt, ohne rötliche Töne.
Fortpflanzung: Tz etwa 50–60 Tage, J 1 (2), Gg nicht bekannt.
Lebensablauf: Ew mit etwa 6–7 Wochen (mit etwa 4 Wochen flugfähig), Gr mit 1 Jahr, Ld Höchstalter 16 Jahre, durchschnittlich 2,8–3,5 Jahre.
Nahrung: Kleine Insekten (Mücken, Schmetterlinge und Raupen), Spinnen.
Feinde: Mensch.
Lebensweise und Lebensraum: Wärmeliebende Art. Im Norden überwiegend Haus-, im Süden Höhlenfledermaus. In Ebenen und unteren Gebirgslagen, sowohl in Ortschaften mit Parks, Gärten und Wasser als auch in Karstgebieten. Sommerquartiere (Wochenstuben) in Dachböden (Norden) oder warmen Höhlen (Süden), auch auf verhältnismäßig hellen Dachböden mit relativ niedrigen, aber wenig schwankenden Temperaturen, bevorzugte Hangplätze

oft frei in mittleren Dachteilen, an Sparren oder Brettern, meist nicht im Giebel. Gesellig, oft mit anderen Arten Dachboden teilend (Mausohr, Kleine Hufeisennase); Einzeltiere auch in Baumhöhlen, -spalten, Fledermauskästen („Zwischenquartiere"). Winterquartiere in Höhlen, Stollen und Kellern (Temp. 6–9 °C, selten tiefer), meist einzeln frei an der Decke oder Wand, selten in kleinen Clustern oder in Spalten. Überwiegend ortstreu, Wanderungen meist unter 40 km. Ausflug in früher Dämmerung. Jagt in wendigem Flug, Beute aber auch vom Substrat ablesend und Ansitzjagd.
Häufigkeit/Gefährdung: Sehr selten. Gefährdet durch Habitatveränderungen, Störungen und Vernichtung von Quartieren. Nahrungsmangel. Zum Teil starke Populationsabnahmen.
Schutz: Gezielter Quartier- und Biotopschutz, keine Holzschutzmittel.
Farbfotos auf den Seiten 90, 139.

Fransenfledermaus

Myotis nattereri (Kuhl, 1818)

E Natterer's bat, F Vespertilion de Natterer

Körpermaße: KRL (40) 42–50 (55) mm, SL 38–47 (49) mm, UL 36,5–43,3 (46) mm, SF 245–280 mm, G 5–12 g.
Auffällige Merkmale: Mittelgroße Art. Hinterrand der Schwanzflughaut mit gekrümmten, steifen Haaren („Fransen") besetzt. Ohr relativ lang, Ohrdeckel spitz, etwas länger als halbe Ohrlänge. Fell lang,

locker, Haarbasis dunkelgrau, Oberseite hellgrau, nur geringe bräunliche Tönung, Unterseite hellweißgrau, deutlich gegen Oberseite abgesetzt, Schnauze hellfleischfarben, Ohren und Flughäute hellgraubraun, Tragus hellgelblichgrau, zur Spitze hin dunkler.
Fortpflanzung: Tz etwa 50–60 Tage, J 1 (2), Gg nicht bekannt.
Lebensablauf: Ew mit etwa 6–7 Wochen, Gr wahrscheinlich mit 1 Jahr, Ld Höchstalter 17 Jahre 5 Monate.
Nahrung: Kleine Insekten (überwiegend tagaktive Fliegen und Zweiflügler).
Feinde: Mensch.
Lebensweise und Lebensraum: Vorwiegend Waldfledermaus. Wälder und Parks mit Gewässern und Feuchtgebieten, auch in Ortschaften. Sommerquartiere (Wochenstuben) sowohl in Baumhöhlen und Fledermauskästen im Wald als auch in Spalten an oder in Gebäuden (im Dachstuhl, seltener im First), Einzeltiere auch in Spalten unter Brücken und hinter Fensterläden. Winterquartiere in Stollen, Höhlen und Kellern (hohe Luftfeuchtigkeit, Temp. 2,5–8 °C, vorübergehend auch bei −0,5 °C), meist in enge Spalten eingezwängt, teilweise auf dem Rücken liegend, auch im Bodengeröll bzw. frei an Wand und Decke in kleinen Clustern. Ortstreue Art, weiteste Wanderung 90 km. Ausflug in später Dämmerung. Flug niedrig (1–4 m), langsam, z. T. schwirrender Flügelschlag, sehr wendig, auch Rüttelflug. Liest hauptsächlich Beutetiere vom Substrat ab.
Häufigkeit/Gefährdung: In vielen Teilen Europas rückläufige Populationen. Habitatveränderungen, Holzschutzmittel, Quartierverluste durch Fällen von Höhlenbäumen und Zerstörung von Winterquartieren.
Schutz: Quartier- und Biotopschutz. Erhaltung alter, hohler Bäume (Altholzprogramm).
Farbfotos auf den Seiten 34, 64, 120.

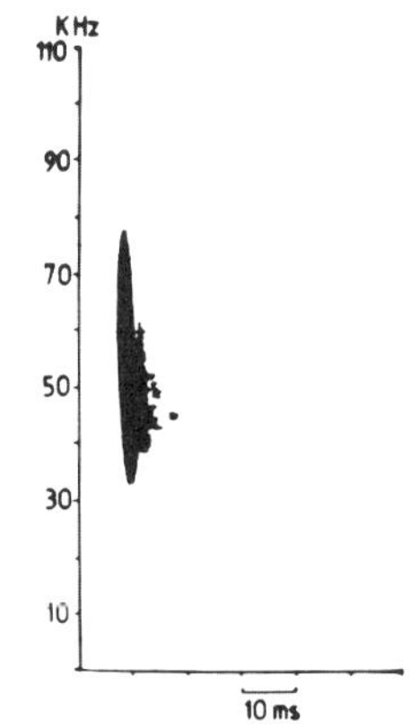

Bechsteinfledermaus

Myotis bechsteini (Kuhl, 1818)

E Bechstein's bat, F Vespertilion de Bechstein

Körpermaße: KRL 45–55 mm, SL (34) 41–45 (47) mm, UL 39–47 mm, SF 250–286 mm, G 7–12 g.

Auffällige Merkmale: Mittelgroße Art. Auffallend große Ohren, Tragus lang, lanzettförmig, erreicht etwa halbe Ohrlänge, Ohren berühren sich an der Basis nicht. Fell relativ lang, Haarbasis dunkelgraubraun, Oberseite fahlbraun bis rötlichbraun, Unterseite hellgrau, Schnauze rotbraun, Ohren und Flughäute hellgraubraun; Jungtiere hellgrau bis aschgrau.

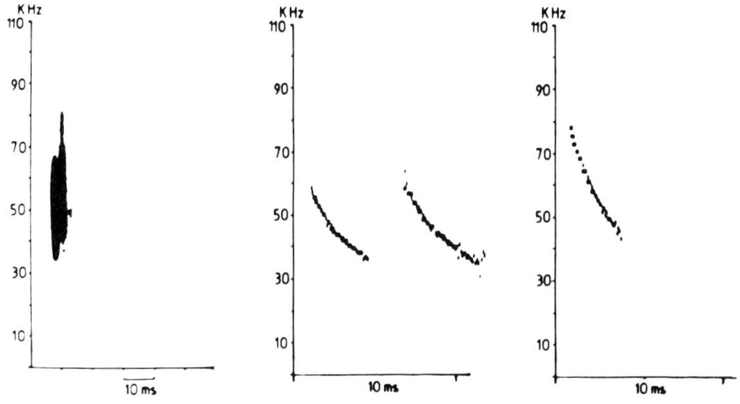

Fortpflanzung: Tz etwa 50–60 Tage, J 1 (2), Gg nicht bekannt.

Lebensablauf: Ew mit etwa 6–7 Wochen, Gr mit 1 Jahr, Ld Höchstalter 21 Jahre.

Nahrung: Kleine bis mittelgroße Insekten (Nachtfalter, Mücken, Käfer).

Feinde: Mensch.

Lebensweise und Lebensraum: Waldfledermaus. Bevorzugt Laubwaldgebiete. Sommerquartiere (Wochenstuben) in Baumhöhlen und Fledermauskästen (keine Flachkästen), seltener in Gebäuden, dort frei hängend, Einzeltiere auch in Felshöhlen, kleine Wochenstuben (10–30 Weibchen), häufig Quartierwechsel. Winterquartiere in Höhlen, Stollen, Kellern, evtl. auch vereinzelt in Baumhöhlen (Temp. 3–7 °C, hohe Luftfeuchtigkeit), meist einzeln frei an Decke oder Wand, seltener in engen Spalten. Ohren auch im Winterschlaf gerade ausgestreckt (im Unterschied zu Langohren). Offenbar ortstreu, weiteste Wanderung 35 km. Fliegt erst nach Einbruch der Dunkelheit aus. Gaukelnder Flug, auch sehr geschickte Manöver auf engstem Raum. Jagt niedrig, nimmt Beute von Zweigen, evtl. auch vom Boden auf.

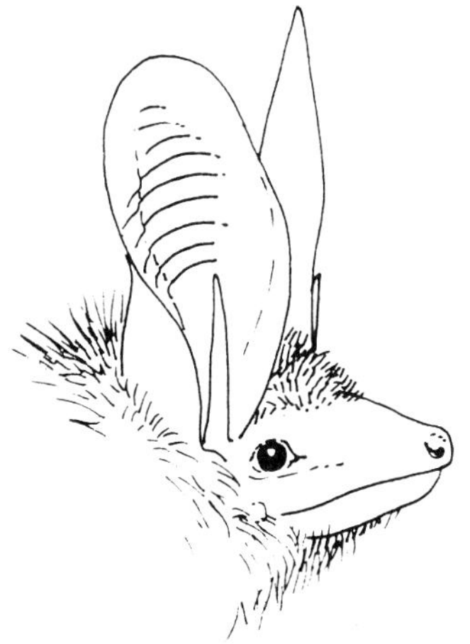

Häufigkeit/Gefährdung: Nirgends häufig, kleine Populationen in Mitteleuropa. Bestandsentwicklung rückläufig, wahrscheinlich durch Habitatveränderungen/-verluste und Klimaänderungen (?).

Schutz: Schutz von Wochenstuben und Winterquartieren. Erhaltung hohler Bäume. Ausbringen von Fledermauskästen. Biotoperhaltung und -verbesserung.

Farbfoto auf der Seite 139.

Großes Mausohr

Myotis myotis (Borkhausen, 1797)

E Greater mouse-eared bat, F Grand murin

Körpermaße: KRL (65) 67–79 (84) mm, SL (40) 45–60 mm, UL 54–67 (68) mm, SF 350–430 mm, G (20) 28–40 g.
Auffällige Merkmale: Größte einheimische Art. Schnauze kurz und breit. Ohren lang und breit, Ohrdeckel am Grunde breit, erreicht fast halbe Ohrlänge. Fell dicht und kurz, Haarbasis schwarzbraun, Oberseite hellgraubraun, z.T. mit rostbraunem Anflug, Unterseite weißgrau, Schnauze, Ohren und Flughäute braungrau; Jungtiere dunkler, rauchgrau ohne bräunliche Tönung.
Fortpflanzung: Tz etwa 50–70 Tage, J 1 (2), Gg um 6 g.
Lebensablauf: Ew mit etwa 6–7 Wochen, Gr mit 1–2 Jahren, Ld Höchstalter 22 Jahre, durchschnittlich 4–5 Jahre.
Nahrung: Mittelgroße bis sehr große Insekten (überwiegend Laufkäfer, auch Maikäfer, Mistkäfer, Heuschrecken, Grillen, Nachtfalter) und Spinnen.
Feinde: Mensch. Schleiereule.
Lebensweise und Lebensraum: Wärmeliebende Art. Im Norden Haus-, im Süden Höhlenfledermaus. Bevorzugt klimatisch begünstigte Täler, offenes Waldland, Waldränder, Baumgruppen, Weideland, Gebiete mit traditioneller Landwirtschaft (Grünlandwirtschaft), Sommerquartiere (Wochenstuben) im Norden auf warmen Dachböden, Kirchtürmen (Temp. bis 45 ° C), selten in warmen unterirdischen Räumen; im Süden in Höhlen. Einzeltiere (Männchen, die im Sommer meist solitär leben) auch in Nistkästen oder Baumhöhlen. Von allen dachstockbewohnenden Arten haben Mausohrwochenstuben den größten Raumanspruch, kleine Dachvolumina sind eher die Ausnahme. Bei kühler Witterung (besonders nach Ankunft im Frühjahr) werden gerne geschützte Spaltenquartiere, wie z.B. kleine Hohlräume der Balkenverstrebungen, aufgesucht. Männchen verkriechen sich die ganze Sommersaison über gerne immer wieder in Spalten, ebenso Jungtiere und Alttiere bei Störungen. Ausflug über offene Fenster und Dachluken, aber auch Durchkriechen zwischen losen Ziegeln und anderen Spalten möglich. Wenn Turm bessere Bedingungen bietet, leben Wochenstuben auch in der relativ kleinen Turmspitze oder -zwiebel, das gesamte Raumvolumen des Kirchendaches wird jedoch – soweit zugänglich – mitgenutzt (Bedeutung als Flugraum für Jungtiere vor erstem Ausflug), selten sind Kolonien auch in größeren Brückenbauwerken (Pfeilerinnenräume) zu finden. Winterquartiere in Höhlen, Stollen, Kellern (Temp. [3] 7–12 °C), meist frei an Decke, häufig in Clustern, aber auch in Hohlräumen und engen Spalten. Wanderfähig, Wanderungen über 100 km nicht selten. Ausflug meist erst bei Dunkelheit. Langsamer Flug mit rudernden Flügelschlägen, 5–10 m hoch, z.T. auch dicht über dem Boden jagend. Ortet teilweise Beute von niedrigen Positionen an Baumstämmen sitzend aus oder auch Beutejagd „zu Fuß“ am Boden.

Häufigkeit/Gefährdung: In vielen Gebieten rückläufig. In Mitteleuropa in den letzten 20–30 Jahren Bestandsrückgänge um 80 Prozent und mehr. Gefährdet durch Habitatveränderungen, Vernichtung und Veränderung der Biotope, Nahrungsentzug, Quartierverluste und -störungen, Vergiftung durch Holzschutzmittel.
Schutz: Gezielte Quartier- und Biotopschutzmaßnahmen vor allem in Gebieten mit überlebensfähigen Populationen.
Farbfotos auf den Seiten 66, 78, 79, 87, 94, 98, 117, 118, 131.

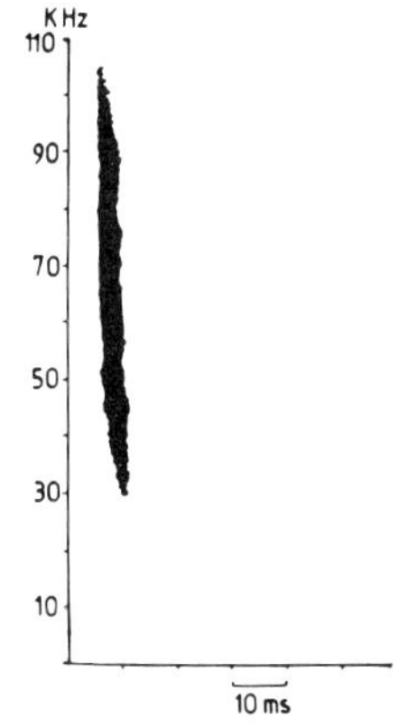

Kleines Mausohr

Myotis blythi (Tomes, 1857)

E Lesser mouse-eared bat, F Petit murin

Körpermaße: KRL (54) 62–71 (76) mm, SL 53–59 (60) mm, UL 52,5–59 (61,5) mm, SF 380–400 mm, G 15–28 g.
Auffällige Merkmale: Dem Großen Mausohr sehr ähnlich, nur etwas kleiner. Ohren und Ohrdeckel spitz und schmal. Relativ spitze Schnauze. Fell kurz, Haarbasis dunkelgrau, Oberseite grau mit bräunlicher Tönung, Unterseite grauweiß, Schnauze, Flughäute und Ohren hellgraubraun, Tragus hellgelblichweiß.
Fortpflanzung: Tz nicht bekannt, J 1 (2), Gg nicht bekannt.
Lebensablauf: Ew mit etwa 6–7 Wochen, Gr nicht bekannt, Ld Höchstalter 13 Jahre.
Nahrung: Mittelgroße Insekten wie Nachtfalter und Käfer.
Feinde: Mensch.
Lebensweise und Lebensraum: Wärmebegünstigte Gebiete mit lockerem Baum- und Buschbestand, Karstgebiete, Parks, auch Ortschaften. Lebensweise wohl ähnlich dem Großen Mausohr, ökologische Unterschiede zum Großen Mausohr nicht genau bekannt, beide Arten kommen nebeneinander vor und können sogar gemischte Kolonien (Wochenstuben auf Dachböden) bilden. Sommerquartiere (Wochenstuben) vorwiegend in warmen Höhlen, häufig gemeinsam mit Langflügelfledermäusen und Hufeisennasen, beziehen aber auch warme Dachböden, hängen frei im First, Einzeltiere selten in Baumhöhlen. Winterquartiere in Höhlen und Stollen (Temp. 6–12 °C), überwiegend frei hängend. Wanderfähige Art, weiteste Wanderung 600 km. Ausflug erst bei Dunkelheit oder in später Dämmerung. Flug langsam,

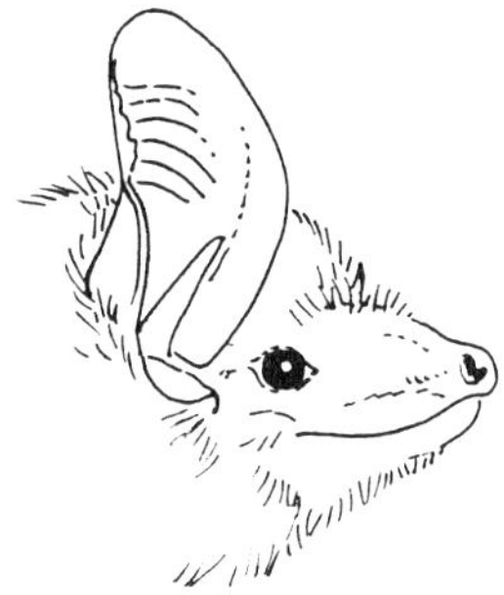

gleichmäßig, auf engem Raum wendiger als Großes Mausohr. Nimmt wahrscheinlich auch Nahrung vom Boden auf.
Häufigkeit/Gefährdung: Hinweise auf Bestandsabnahmen und Verschwinden ganzer Kolonien, verursacht durch direkte Verfolgung bzw. Störungen in den Quartieren.
Schutz: Quartiererhaltung und -schutz erforderlich.

Abendsegler, Großer Abendsegler

Nyctalus noctula (Schreber, 1774)

E Noctule, F Noctule

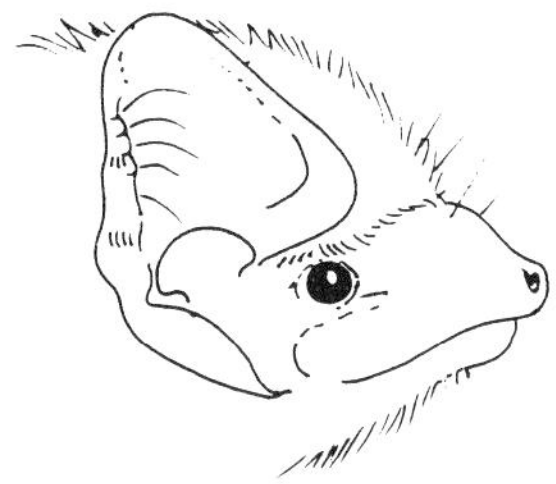

Körpermaße: KRL 60 - 82 (84,8) mm, SL 41 - 60,6 mm, UL 48 - 58 mm, SF 320 - 400 mm, G (17) 19 - 40 (46) g.
Auffällige Merkmale: Große Art. Ohren kurz und rundlich, hat wie alle *Nyctalus*-Arten einen kurzen und pilzförmigen Ohrdeckel. Fell kurz, eng anliegend, Haare einfarbig, Oberseite im Sommer rotbraun glänzend, Unterseite mattes, helleres Braun; nach Haarwechsel (August/September) Oberseite mattfahlbraun, z.T. leichter grauer Schimmer, Ohren, Schnauze und Flughäute schwarzbraun; Jungtiere auf der Oberseite mattbraun, insgesamt dunkler. Flügel lang und schmal.
Fortpflanzung: Tz etwa 70 - 73 Tage, J 1 - 2 (3), Gg etwa 7,5 g.
Lebensablauf: Ew mit 7 - 8 Wochen, Gr mit 1 - 2 Jahren, Ld Höchstalter 12 Jahre.
Nahrung: Größere Fluginsekten wie Nachtfalter, Maikäfer.
Feinde: Mensch. Greifvögel. Parasiten.
Lebensweise und Lebensraum: Ursprünglich Waldfledermaus. Bevorzugt die Ebene, dort in Laub- und Mischwäldern, Parklandschaften und Feldgehölzen mit Altholzbeständen, oft in oder in der Nähe von Siedlungen; gebietsweise besonders im Herbst/Winter eine „Stadtfledermaus". Sommerquartiere (Wochenstuben) meist in alten Baumhöhlen (Specht- und Fäulnishöhlen, Stammrisse), die über dem Einflugloch ausgefault sind, aber auch in Fledermauskästen; im Sommer auch in hohlen Betonlichtmasten beobachtet. Winterquartiere in hohlen Bäumen oder in Gebäuden, Gebäudequartiere an hohen und sehr hohen Gebäuden (Mehrfamilienhäuser, Schulhäuser, Hochhäuser und Fabrikgebäude), bevorzugt Hohlräume hinter Fassaden (Verblendungen), auch Rolladenkästen, Fassadenquartiere meist west- oder südwestorientiert, auch als Zwischenquartier genutzt; aus der Schweiz sind Massenwinterquartiere in Felsspalten bekannt (Temp. meist niedrig, halten kurzzeitig auch 0 °C aus). Gesellig. Im Sommer deutliche Trennung der Geschlechter, Männchen dann einzeln oder in Männchengesellschaften lebend. In harten Wintern hohe Verluste. Wandernde Art, von NO-Europa nach Südwesten „ziehend", weiteste Wanderung 930 km, zieht teilweise auch am Tage. Ausflug früh, z.T. vor Sonnenuntergang, im Herbst teilweise schon am Nachmittag. Flug schnell und meist über Wipfelhöhe der Bäume, geradliniger Flug mit schnellen Wendungen und Sturzflügen. Ähnlich wie Schwalben werden bei entsprechender Wetterlage auch tieffliegende Insekten in Bodennähe gejagt. Jagt über Wiesen, Seen, Müllkippen, Parkplätzen.
Häufigkeit/Gefährdung: In vielen Gebieten Rückgang infolge von Habitatveränderungen (Nahrungs- und Quartierverluste). In Osteuropa noch stabile Populationen, bei uns in einigen Gegenden zeitweise eine der häufigsten Arten.
Schutz: Vordringlich Quartierschutz durch Erhaltung und Verbesserung des Baumhöhlenangebots (Erhaltung und Ausweitung von Altbaumbeständen, Altholzinselprogramme u.a.).
Farbfotos auf den Seiten 39, 74, 75, 79, 87, 122, 123.

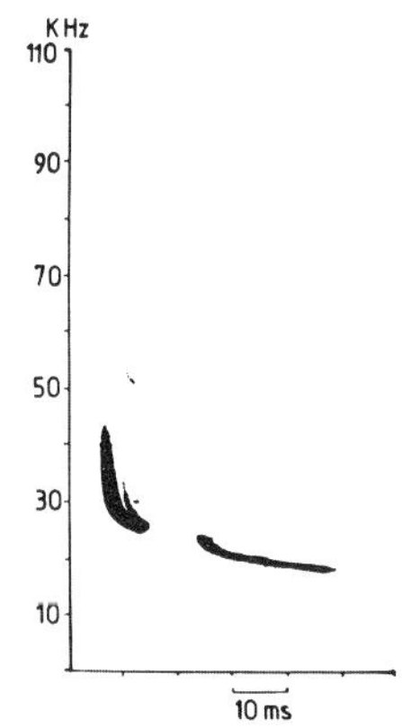

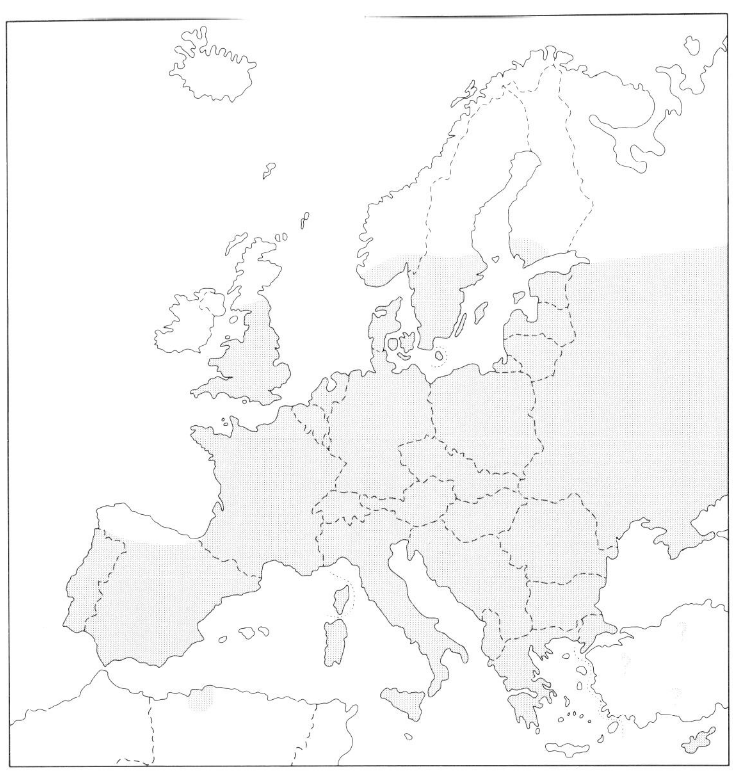

Kleiner Abendsegler

Nyctalus leisleri (Kuhl, 1818)

E Leisler's bat, F Noctule de Leisler

Körpermaße: KRL 48–68 mm, SL 35–45 mm, UL (37) 39–46,4 mm, SF 260–320 mm, G 13–20 g.
Auffällige Merkmale: Mittelgroße Art. Ohrmuschel und -deckel wie Großer Abendsegler, Schnauze zierlicher, wirkt spitzer. Fell kurz, Haare zweifarbig, Basis schwarzbraun, Oberseite rotbraun, meist etwas dunkler und weniger glänzend als bei Großem Abendsegler, Unterseite gelbbraun, Gesicht, Ohren und Flughäute schwarzbraun; Jungtiere insgesamt dunkler. Flügel lang und schmal.
Fortpflanzung: Tz etwa 75 Tage, J 2 (1), Gg nicht bekannt.
Lebensablauf: Ew mit 7–8 Wochen, Gr nicht bekannt, Ld Höchstalter 9 Jahre.
Nahrung: Größere Insekten, ähnlich Großer Abendsegler.
Feinde: Mensch.
Lebensweise und Lebensraum: Waldfledermaus. Ähnlich Großem Abendsegler. Bevorzugt ausgedehnte Waldgebiete, auch im Gebirge, großräumige Parklandschaften mit Altbaumbeständen, seltener in Städten. Sommerquartiere (Wochenstuben) in Baumhöhlen und Fledermauskästen, z.T. gemeinsam mit Großem Abendsegler, seltener auch in Spalten an Gebäuden. Winterquartiere in Baumhöhlen, auch Spalten und Hohlräume an und in Gebäuden, überwintert in großen Gruppen. Wandernde Art, Zugrichtung wahrscheinlich von Osten nach Südwesten, weiteste Wanderung 810 km. Ausflug kurz nach Sonnenuntergang. Flug schnell, hoch, auch mit Sturzflügen. Jagt ähnlich Großem Abendsegler.

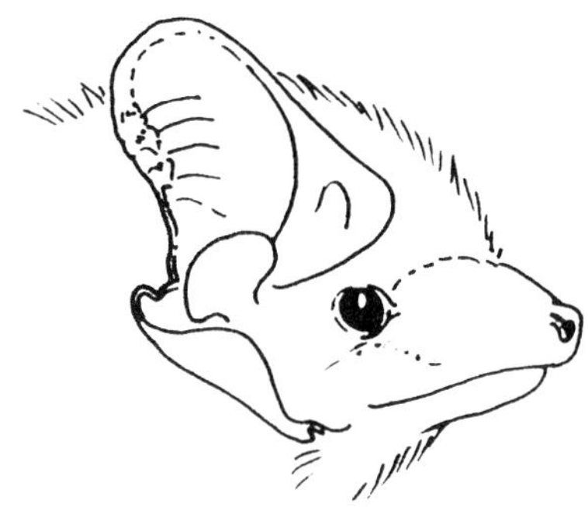

Häufigkeit/Gefährdung: Gefährdet durch Habitatveränderungen wie Beseitigung von Altholzbeständen und Baumhöhlen. Selten im größten Teil des Verbreitungsgebiets, meist nur kleine Kolonien bekannt.
Schutz: Schutzmaßnahmen ähnlich Großem Abendsegler. Anbringen von Fledermauskästen in geeigneten Biotopen.
Farbfotos auf den Seiten 31, 102.

Riesenabendsegler

Nyctalus lasiopterus (Schreber, 1780)
E Greater Noctule, F Noctule géante

Körpermaße: KRL 84–104 mm, SL 55–65 mm, UL 63–69 mm, SF 410–460 mm, G 41–76 g.
Auffällige Merkmale: Größte europäische Fledermaus. Ähnlich Abendsegler, aber merklich größer. Fell dicht und relativ lang, Haare einfarbig, Oberseite rotbraun, meist dunkler als Großer Abendsegler, Unterseite gelbbraun, Schnauze und Ohren schwarzbraun, Flughäute dunkelbraun; Jungtiere dunkler gefärbt. Flügel lang und schmal, an der Unterseite entlang des Körpers rostfarbig behaart.
Fortpflanzung: Tz nicht bekannt, J 2 (1), Gg 5–7 g.
Lebensablauf: Ew nicht genau bekannt, wahrscheinlich mit 7–8 Wochen, Gr nicht genau bekannt, wahrscheinlich ähnlich Abendsegler, Ld nicht bekannt.
Nahrung: Nicht bekannt, wahrscheinlich ähnlich Abendsegler große Insekten (Käfer u. a.).
Feinde: Nicht bekannt.
Lebensweise und Lebensraum: Keine genauen Kenntnisse. Verbreitung nur lükkenhaft bekannt, die meisten Populationen leben außerhalb Europas. In Deutschland ein Fund aus vorigem Jahrhundert. Waldfledermaus, häufig in Laubwäldern. Sommerquartiere z. T. gemeinsam mit Großem Abendsegler, Rauhhaut- oder Zwergfledermaus. Wochenstuben und Winterquartiere in Baumhöhlen. Wandernde Art, Zugrichtung Südosten (im Herbst), Nahrungssuche im Luftraum und am Boden.

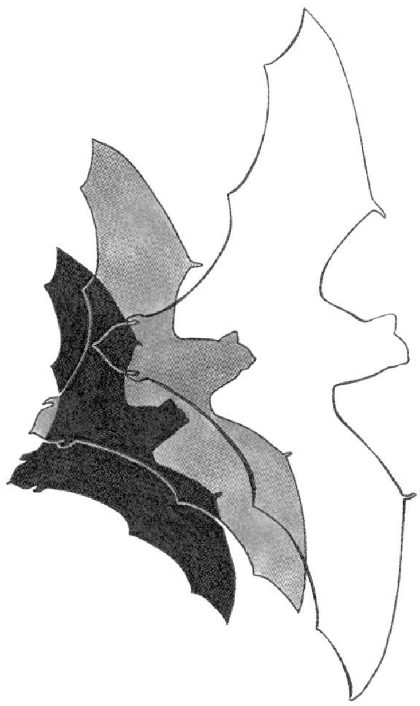

Silhouetten fliegender Abendsegler maßstabsgetreu: Kleiner Abendsegler (schwarz), Großer Abendsegler (grau), Riesenabendsegler (weiß).

Häufigkeit/Gefährdung: Größere Bestände nur in Osteuropa.
Schutz: Evtl. ähnlich den beiden anderen Abendseglerarten.
Farbfoto auf der Seite 139.

Breitflügelfledermaus

Eptesicus serotinus (Schreber, 1774)
E Serotine, F Sérotine commune

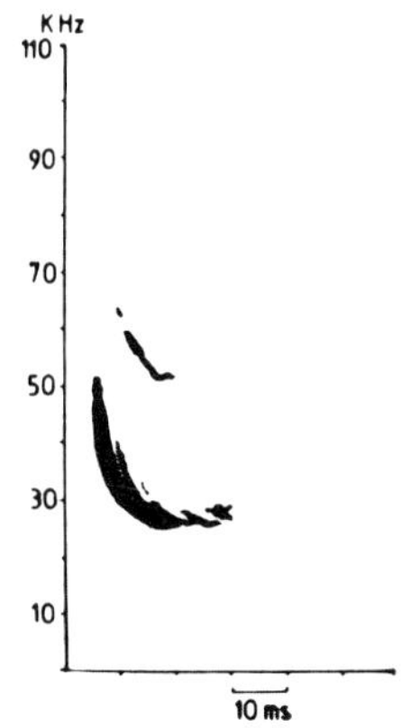

Körpermaße: KRL 62,6–82 mm, SL (39) 46–54 (59) mm, UL 48–57 mm, SF 315–381 mm, G 14,4–33,5 (35) g.
Auffällige Merkmale: Große Art. Ohren relativ kurz, Ohrdeckel kürzer als beim Mausohr, aber länger als beim Großen Abendsegler, erreicht etwa $^{1}/_{3}$ der Ohrlänge. Fell lang, Haarbasis dunkelbraun, Oberseite dunkelrauchbraun, variiert etwas, Haarspitzen z.T. leicht glänzend, Unterseite gelbbraun, Ohren und Schnauze schwarz, Flughäute dunkelschwarzbraun. Grenze Oberseite/Unterseite unscharf. Jungtiere insgesamt dunkler. Flügel breit.
Fortpflanzung: Tz nicht bekannt, J 1, Gg 5,2–6,2 g.
Lebensablauf: Ew mit etwa 6–7 Wochen (ab 5 Wochen selbständig), Gr mit 1 Jahr, Ld Höchstalter 19 Jahre 3 Monate.
Nahrung: Große Insekten (Nachtfalter, Käfer).
Feinde: Mensch, (Katzen).
Lebensweise und Lebensraum: Hausfledermaus. Vorwiegend im Flachland, dort im menschlichen Siedlungsraum mit Gärten, Wiesen, Parks, auch in Randgebieten von Großstädten. Sommerquartiere (Wochenstuben) in Spalten an und in Gebäuden (im Dachfirst, unter Dachlatten, hinter Fassadenverkleidungen wie Blechfassaden, in Zwischendächern), Einschlupf zwischen Firstziegeln oder losen Ziegeln bzw. Spalten; Einzeltiere (meist Männchen) auch in Balkenkehle, hinter Fen-

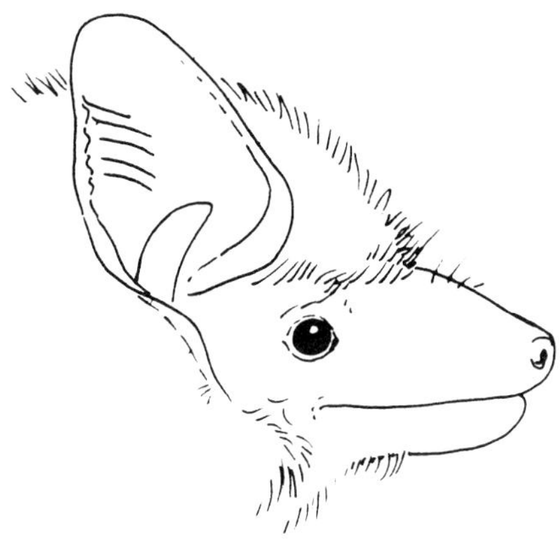

sterläden, selten in Vogel- oder Fledermauskästen, in SO-Europa auch in Karsthöhlen. Winterquartiere in Höhlen, Stollen, Kellern, auch in tiefen Balkenkehlen von Dachstühlen, hinter Bildern, in Kirchen, in Holzstapeln; keine Massenquartiere bekannt, meist einzeln in Spalten eingezwängt oder frei an Decke oder Wand hängend, auch im Bodenschotter (Temp. 2–4 °C, Luftfeuchtigkeit relativ niedrig). Eher ortstreu, aber wanderfähig, bis 330 km. Ausflug in früher Dämmerung. Flügelschlag ruhig und gleichmäßig (fliegt in 6–10 m Höhe). Jagt in Gärten, an Waldrändern, um Straßenlaternen, über Müllplätzen, nimmt möglicherweise Beute auch von Ästen und Boden auf.
Häufigkeit/Gefährdung: In einigen Gegenden noch häufiger. Bestandabnahmen durch Quartierzerstörungen, Einsatz giftiger Holzschutzmittel, Habitatveränderungen. Kann beim Auskriechen aus dem Quartier von Hauskatzen gegriffen werden.
Schutz: Quartiererhaltung und -neuschaffung.
Farbfotos auf den Seiten 13, 35.

Nordfledermaus

Eptesicus nilssoni (Keyserling et Blasius, 1839)
E Northern bat, F Sérotine de Nilsson

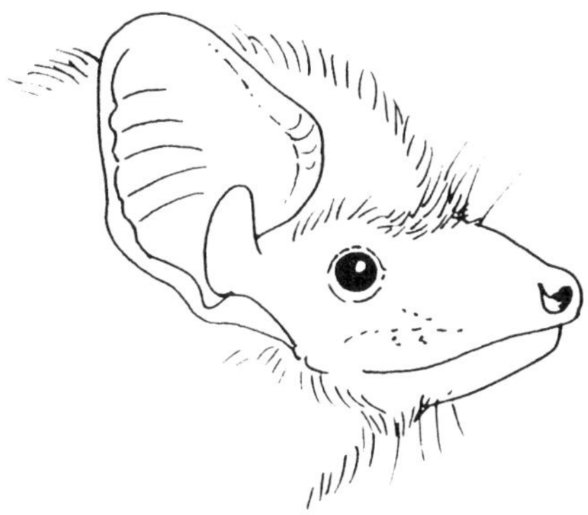

Körpermaße: KRL (45) 54,5 – 63,5 mm, SL 35 – 50 mm, UL (37) 38,1 – 42,8 (44) mm, SF 240 – 280 mm, G (6,5) 8 – 17,5 g.
Auffällige Merkmale: Mittelgroße Art. Ohren relativ kurz, Ohrdeckel kurz, breit, leicht nach innen gebogen. Fell lang, Haarbasis dunkelbraun, an der Oberseite mit typischen, goldglänzenden Haarspitzen, auch auf Scheitel goldglänzende Haare, Nacken dunkler, nur hier relativ scharfe Grenze zur gelbbraunen Unterseite, Schnauze, Ohren und Flughäute schwarzbraun; Jungtiere insgesamt dunkler.
Fortpflanzung: Tz nicht bekannt, J 1 – 2, Gg nicht bekannt.
Lebensablauf: Ew mit etwa 7 – 8 Wochen, Gr nicht bekannt, Ld Höchstalter 14,5 Jahre.
Nahrung: Mittelgroße Fluginsekten.
Feinde: Mensch.
Lebensweise und Lebensraum: Erreicht als einzige europäische Fledermaus den Polarkreis. In Mitteleuropa meist im Gebirgsvorland oder mittleren Gebirgslagen. Sommerquartiere (Wochenstuben) meist in Spalten an und in Gebäuden (hinter Wandverkleidungen, Fensterläden, in Dachstühlen, hinter Schornsteinverkleidungen; häufig an oder in mit Schiefer oder Blech [Erwärmung!] gedeckten Häusern), Einzeltiere auch in Baumhöhlen und Holzstößen. Winterquartiere in Höhlen, Stollen, Kellern (Temp. 1 – 5,5 °C, kurzzeitig auch bis –5,5 °C!), einzeln hängend, entweder frei oder in Spalten. Wahrscheinlich überwiegend ortstreu. Ausflug in früher Dämmerung, z. T. auch erst bei Dunkelheit. Flug schnell, geschickt, mit raschen Wendungen. Jagt mehr in freiem Luftraum, auch bei feinem Regen, über Wasser, Straßenlaternen und auch in Höhe der Baumkronen; hängt sich in Jagdpausen an Äste.
Häufigkeit/Gefährdung: In Mitteleuropa selten, evtl. in Ausdehnung begriffen. Gefährdet durch Quartierzerstörungen.
Schutz: Schutz bekannter Wochenstubenquartiere. Erhaltung von Schieferverkleidungen an Häusern.
Farbfoto auf der Seite 143.

Mitte: Fledermausstein als Spaltenquartierversteck an Außenwänden von Gebäuden (nach v. Helversen).

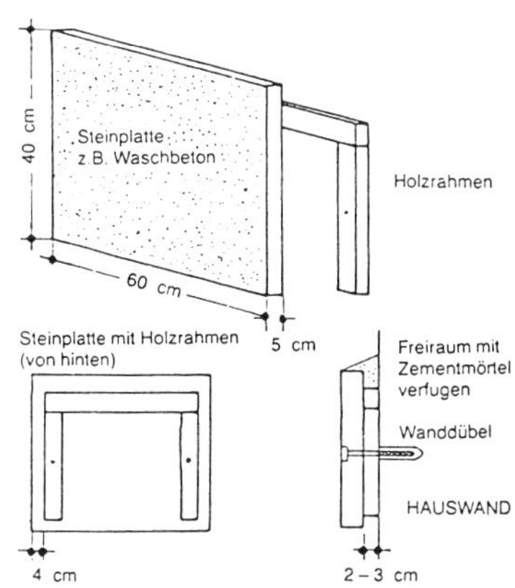

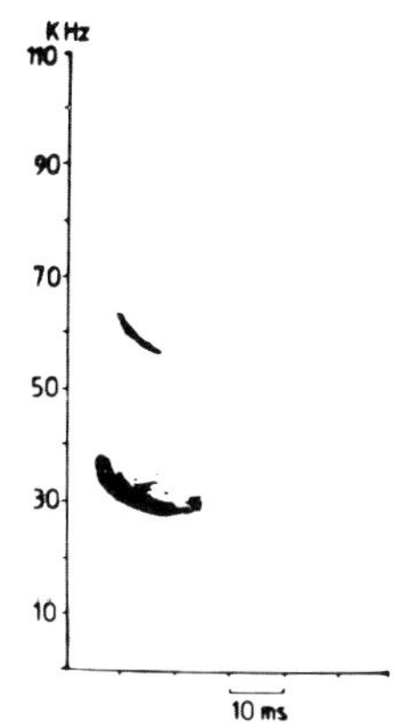

Zweifarbfledermaus

Vespertilio murinus (Linnaeus, 1758) = *Vespertilio discolor* (Natterer, 1818)
E Parti-coloured bat, F Sérotine bicolor

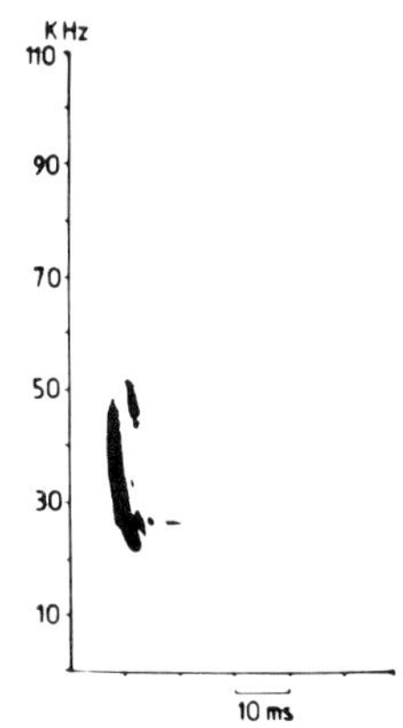

Körpermaße: KRL 48–64 mm, SL 37–44,5 mm, UL 40–47 (48,2) mm, SF 270–310 mm, G 12–20,5 g.
Auffällige Merkmale: Mittelgroße Art. Ohren kurz, breit und rundlich, Ohrdeckel kurz, nach oben breiter, an der Spitze abgerundet. Fell lang, dicht, Haarwurzeln schwarzbraun, an der Oberseite mit silberweißen Spitzen, wirkt daher wie bereift oder „schimmlig", Unterseite weißgrau, Kehle fast reinweiß, scharf gegen Oberseite abgesetzt, Ohren, Flughäute und Schnauze schwarzbraun; Jungtiere dunkler, mehr grauschwarz, Haarspitzen schmutziggrauweiß, Bauch gelblichweiß. Flügel schmal.
Fortpflanzung: Tz nicht bekannt, J 2 (3), Gg nicht bekannt.
Lebensablauf: Ew mit etwa 6–7 Wochen, Gr mit 1 Jahr, Ld Höchstalter 5 Jahre.
Nahrung: Mittelgroße bis große Insekten (Käfer, Nachtfalter).
Feinde: Wenig bekannt.
Lebensweise und Lebensraum: Ursprünglich wohl Felsfledermaus. In waldigem Bergland, Steppenregionen, auch in Großstädten an hohen Gebäuden (als Felsersatz?), im Gebirge. Sommerquartiere vorwiegend in Spalten an und in Gebäuden, hinter Fensterläden, in Mauerrissen, im Gebälk von Dachböden. In Mitteleuropa oft nur Einzelnachweise. Wochenstuben klein (30–50 Weibchen), der westlichste Wochenstubennachweis gelang in Bayern (Quartier zwischen Dachpfannen eines Kirchenspeichers östlich von München), in

Westeuropa fast nur Männchenkolonien (bis über 250 Tiere). Winterquartiere in Mauer- und Felsspalten, gelegentlich auch in Höhlen und unterirdischen Gewölben (dort in Spalten), evtl. auch in Baumhöhlen. Wandernde Art (bis 900 km). Ausflug in später Dämmerung. Jagt meist in schnellem Flug in großer Höhe (10–20 m). Besonders im Herbst sehr lautfreudig, zwitschernde Rufe weit hörbar.
Häufigkeit/Gefährdung: Selten. Nur wenige größere Kolonien bekannt.
Schutz: Quartierschutz, insbesondere Sicherung und Schutz bekannter Kolonien.
Farbfotos auf den Seiten 31, 70, 71, 118, 125, 143.

Zwergfledermaus

Pipistrellus pipistrellus (Schreber, 1774)

E Common pipistrelle, F Pipistrelle commune

Körpermaße: KRL (32) 36–51 mm, SL (20) 23–36 mm, UL 28–34,6 mm, SF 180–240 mm, G 3,5–8 g.
Auffällige Merkmale: Kleinste europäische Art. Ohren kurz, dreieckig, Spitze abgerundet, Ohrdeckel länger als breit, leicht nach innen gebogen, oben abgerundet. Haarbasis dunkel- bis schwarzbraun, Oberseite rotbraun, kastanien- oder dunkelbraun, Unterseite gelbbraun bis graubraun, Schnauze, Ohren und Flughäute schwarzbraun; Jungtiere dunkler, mehr dunkel- bis schwarzbraun. Flügel schmal.
Fortpflanzung: Tz um 44 Tage (abhängig von Umgebungstemperatur), J 1–2 (in England nur 1), Gg 1–1,4 g.
Lebensablauf: Ew mit etwa 6–7 Wochen (ab 4 Wochen flugfähig), Gr mit 1 Jahr (Männchen z. T. im 2. Jahr), Ld Höchstalter 16 Jahre 7 Monate, durchschnittlich 2–3 Jahre.
Nahrung: Kleine und sehr kleine Insekten (kleine Nachtschmetterlinge, Mücken u. a.).
Feinde: Mensch. Marder, Katzen.
Lebensweise und Lebensraum: Vorwiegend Hausfledermaus. In Dörfern, Städten, auch im Zentrum von Großstädten, in Parks, Alleen, Obstgärten, Waldungen. Sommerquartiere (Wochenstuben) in von außen zugängigen Spalten an Gebäuden; Quartiere bevorzugt so eng, daß mit Rücken und Bauch Kontakt zur Unterlage besteht; meist im Zwischendach kleinerer Gebäude, in Hohlräumen von Fassaden (Holzverkleidungen), auch hinter Fensterläden, selten in Rolladenkästen, in schmalen Fledermauskästen, hinter Schildern; besiedelt auch geeignete Spalten an Neubauten (z. B. in Hohlblocksteinen); auch unter loser Rinde und in hohlen Bäumen. Winterquartiere hinter Verkleidungen, in Fels- und Mauerspalten, Holzstößen, hinter Bildern in Kirchen, gelegentlich auch in Höhlen, relativ kälteunempfindlich (Temp. 2–6 °C). In Mitteleuropa meist ortstreu, wanderfähig. Ausflug früh, z. T. vor Sonnenuntergang und im Herbst auch am Tage. Flug schnell und wendig. Jagt 1–2 km vom Quartier entfernt über Teichen, an Waldrändern, in Gärten, um Laternen, hält bestimmte Flugbahnen ein und bejagt oft stereotyp die verschiedenen Gebiete.
Häufigkeit/Gefährdung: In Nord- und Mitteleuropa noch eine der häufigsten Fledermausarten, z. T. noch in stabilen Populationen. Invasionsartig in Gebäude einfliegende Tiere wurden und werden immer wieder vernichtet. Lampenschalen, Vasen oder Rohre werden gelegentlich zu Todesfallen. Hauskatzen und Marder fangen manchmal Zwergfledermäuse beim Auskriechen aus dem Quartier. Quartiervernichtung oder Vertreibung, Gefährdung auch durch Anwendung giftiger Holzschutzmittel.
Schutz: Erhaltung und Neuschaffung von Quartieren. Sicherung und Schutz bekannter Wochenstubenquartiere. Offenhalten der Spalten an und in Gebäuden, die zu den Quartieren führen. Keine Anwendung giftiger Holzschutzmittel. Naturnahe Bewirtschaftung bzw. Pflege von Gärten, Obstwiesen, Parks, Alleen, Waldungen.
Farbfoto auf der Seite 102.

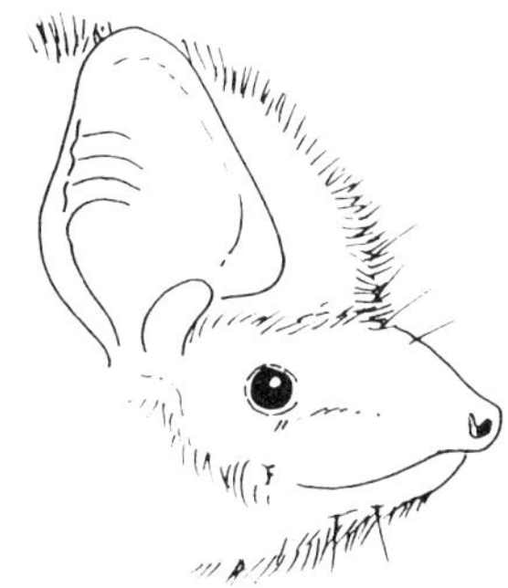

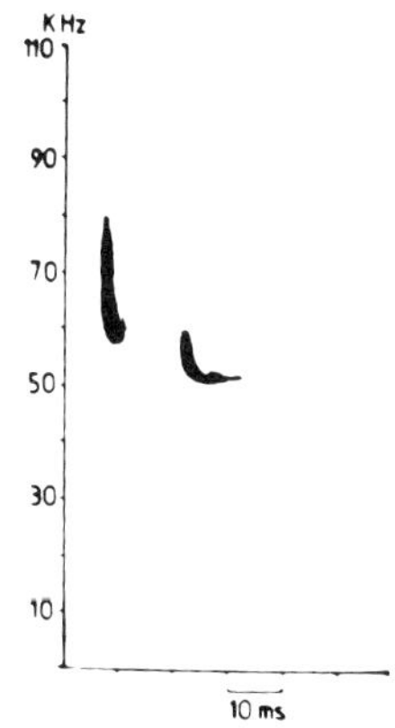

Rauhhautfledermaus

Pipistrellus nathusii (Keyserling et Blasius, 1839)
E Nathusius' pipistrelle, F Pipistrelle de Nathusius

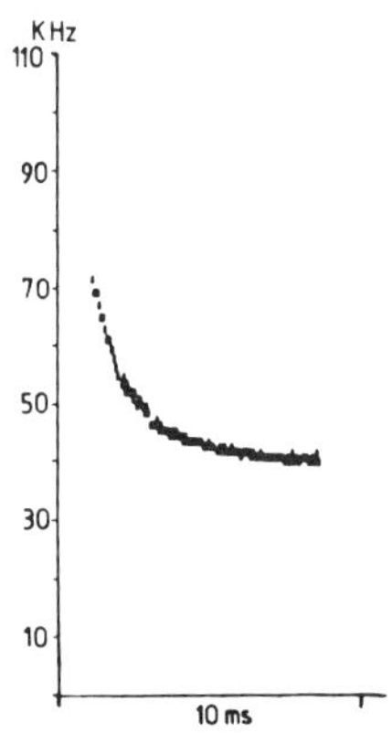

Körpermaße: KRL 46–55 (58) mm, SL (30) 32,3–40 (44) mm, UL 32–37 mm, SF 230–250 mm, G 6–15,5 g.
Auffällige Merkmale: Kleine Art, etwas größer als die ähnliche Zwergfledermaus. Ohrdeckel kurz, leicht nach innen gebogen, Spitze abgerundet. Haarbasis dunkelbraun, Oberseite im Sommer rot- bis kastanienbraun, nach Haarwechsel mehr dunkelbraun, oft mit deutlich grauem Überflug, Unterseite hellbraun bis gelbbraun, Schwanz, Ohren und Flughäute schwarzbraun; Jungtiere dunkelbraun ohne Grautöne. Flügel lang.
Fortpflanzung: Tz nicht bekannt, J 2 (1), Gg 1,6–1,8 g.
Lebensablauf: Ew mit 7–8 Wochen (flugfähig mit etwa 4 Wochen), Gr Weibchen im 1. Jahr, Männchen im 2. Jahr, Ld Höchstalter 7 Jahre.
Nahrung: Kleine bis mittelgroße Fluginsekten.
Feinde: Mensch. Schleiereule.
Lebensweise und Lebensraum: Waldfledermaus. Von feuchten Laubwäldern bis trockenen Kiefernforsten, Parks, seltener in Siedlungen, bevorzugt im Tiefland. Sommerquartiere (Wochenstuben) in Baumhöhlen, flachen Fledermauskästen, Stammrissen, Spaltenverstecken an Jagdkanzeln, seltener in engen Spalten an und in Gebäuden, Rolladenkästen, hinter Fensterläden, Holzverschalungen (auch Ritzen zwischen Mauer und Fachwerkbalken) u. ä.; z. T. gemeinsame Wochenstuben mit Zwergfledermaus oder Großer Bartfledermaus. Winterquartiere in Felsspalten, Mauerrissen, auch in Höhlen und Baumhöhlen. Wandernde Art (max. 1600 km!). Ausflug in früher Dämmerung. Fliegt schnell, geradlinig, z. T. tiefe Flügelabschläge. Korridorjäger auf Schneisen, Wegen, entlang von Waldrändern und an und über Gewässern.

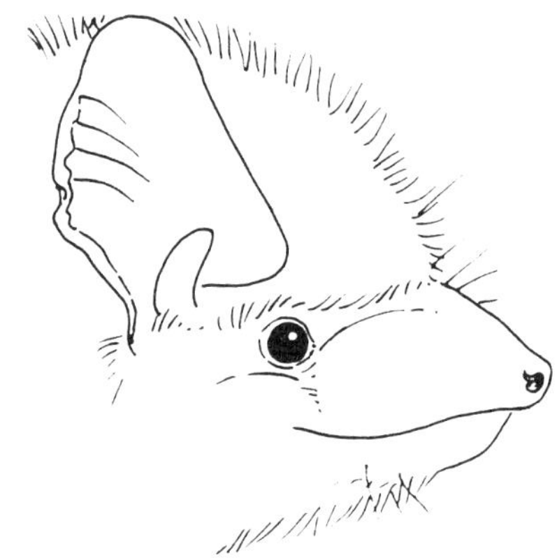

Häufigkeit/Gefährdung: Wenig bekannt, aber im westlichen Verbreitungsgebiet evtl. zunehmend. Bekannte Populationen z. T. stabil. Gefährdet durch Quartiermangel/-verlust.
Schutz: Biotopschutz im Wald mit Verbesserung des natürlichen und künstlichen Quartierangebots (Ausbringen von Fledermauskästen).
Farbfoto auf der Seite 42/43.

Weißrandfledermaus

Pipistrellus kuhli (Kuhl, 1819)

E Kuhl's pipistrelle, F Pipistrelle de Kuhl

Körpermaße: KRL 40–47 (48) mm, SL 30–34 mm, UL 31–36 (37) mm, SF 210–220 mm, G 5–10 g.
Auffällige Merkmale: Kleine Art. Ohren kurz, oben abgerundet, Ohrdeckel verbreitert sich nach oben nicht, abgerundet, leicht nach innen gebogen. Am Hinterrand der Armflughaut meist ein scharf begrenz-

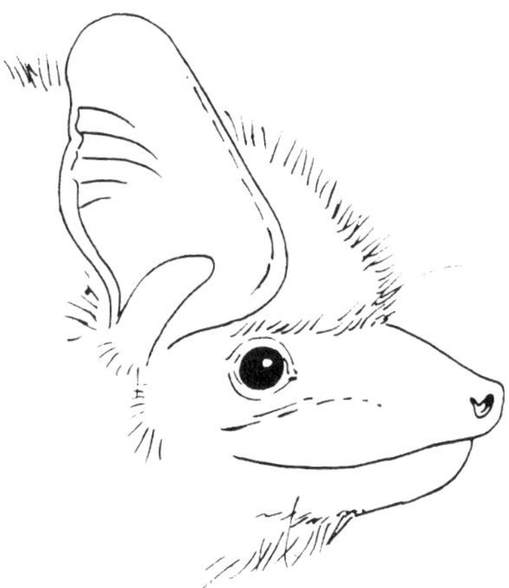

ter, weißer Rand. Fellfärbung sehr variabel, Haarbasis dunkelbraun, Oberseite mittelbraun bis gelbbraun, auch hellzimtbraun, Unterseite hellgrau bis grauweiß, Ohren, Flughäute und Schnauze dunkel- bis schwarzbraun. Flügel relativ schmal.
Fortpflanzung: Tz nicht bekannt, J 2 (1), Gg nicht bekannt.
Lebensablauf: Ew mit etwa 7–8 Wochen, Gr mit 1 Jahr (Weibchen), Ld Höchstalter 8 Jahre.
Nahrung: Kleine Fluginsekten.
Feinde: Wenig bekannt.
Lebensweise und Lebensraum: Ähnlich Zwergfledermaus. Sowohl in der Ebene als auch in niedrigen Gebirgslagen. Relativ eng an menschliche Siedlungen gebunden, aber auch in Karstgebieten. Sommerquartiere (Wochenstuben) vorwiegend in Spalten an und in Gebäuden (unterm Dach, Mauerrisse), auch an Neubauten (ähnlich Zwergfledermaus), Einzeltiere auch in Felsspalten. Winterquartiere in Felsspalten, Kellern. Wahrscheinlich ortstreu. Ausflug in später Dämmerung oder Dunkelheit. Fliegt schnell und wendig. Jagt niedrig und in mittlerer Höhe in Gärten, um Stra-

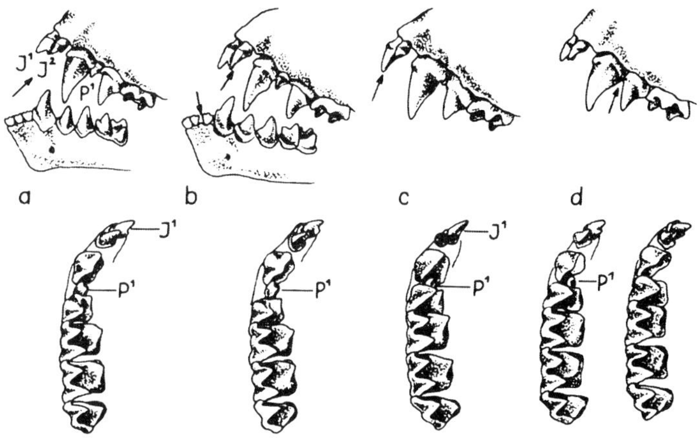

Zahnreihen der Pipistrellus-Arten (von außen und in der Aufsicht gesehen): **a** *Zwergfledermaus,* **b** *Rauhhautfledermaus,* **c** *Weißrandfledermaus,* **d** *Alpenfledermaus.* **I** *Schneidezähne (Incisivi),* **P^1** *1. Vorbackenzahn im Oberkiefer.*

ßenlaternen, über Wasserflächen. Häufig im Mittelmeerraum zu beobachten.
Häufigkeit/Gefährdung: Nur in warmen Gebieten Europas verbreitet, dort evtl. oft übersehen. Gefährdungsursachen wohl ähnlich Zwergfledermaus.
Schutz: Wie bei der Zwergfledermaus. Gezielter Schutz aller bekannten Sommerquartiere.

Alpenfledermaus

Pipistrellus savii (Bonaparte, 1837)
E Savi's pipistrelle, F Pipistrelle de Savi

Körpermaße: KRL 40–54 mm, SL 31–42,5 mm, UL 30–36,5 (38) mm, SF 220–225 mm, G 5–10 g.
Auffällige Merkmale: Kleine Art. Nach Merkmalen zwischen den Gattungen *Eptesicus* und *Pipistrellus* stehend (wird deshalb von HORÁCEK und HANÁK als eigene Gattung *Hypsugo* abgetrennt = *Hypsugo savii* (Kolenati, 1856). Ohren breiter und runder als bei den anderen europäischen Pipistrellen, Ohrdeckel kurz und breit. Fell relativ lang, Haarbasis schwarzbraun, Oberseite variabel von fahlgelbbraun oder gold- bis dunkelbraun mit goldglänzenden Spitzen, Unterseite hellweißgelblich bis grauweiß, deutlicher Kontrast zur Oberseite, Ohren und Schnauze schwarzbraun oder schwarz, Flughäute dunkelbraun.
Fortpflanzung: Tz nicht bekannt, J 2 (1), Gg nicht bekannt.
Lebensablauf: Ew mit 7–8 Wochen, Gr mit 1 Jahr, Ld nicht bekannt.
Feinde: Nicht bekannt.
Nahrung: Kleine Fluginsekten.
Lebensweise und Lebensraum: Vorwiegend Südeuropa (deutscher Name daher irreführend). Wochenstubennachweise aus der Schweiz. Gebirgstäler, Almen, Karstgebiete, auf Mittelmeerinseln und an Küsten, auch im menschlichen Siedlungsraum. Sommerquartiere (Wochenstuben) häufig in Spalten in und an Gebäuden (Dachstuhl, Mauerrisse, Hohlräume zwischen Ziegeln, Mauerlöcher), Felsspalten. Einziger bisheriger Quartiernachweis in Deutschland im Dachstuhl eines Hauses südlich Mittenwald, Oberbayern. Winterquartiere in tiefer gelegenen Tälern, dort in Felshöhlen und -spalten, wohl auch in Baumhöhlen. Wahrscheinlich wanderfähig. Ausflug kurz nach Sonnenuntergang. Fliegt geradlinig, ruhig, z. T. oberhalb von Häusern und Baumkronen. Jagt fast die ganze Nacht, auf Inseln und an der Küste auch überm Meer. Sehr lebhaft, erinnert an Bartfledermaus.
Häufigkeit/Gefährdung: Sehr wenig bekannt. Gefährdet in Quartieren wahrscheinlich durch giftige Holzschutzmittel.
Schutz: Schutz bekannter Quartiere. Verzicht auf giftige Holzschutzmittel.

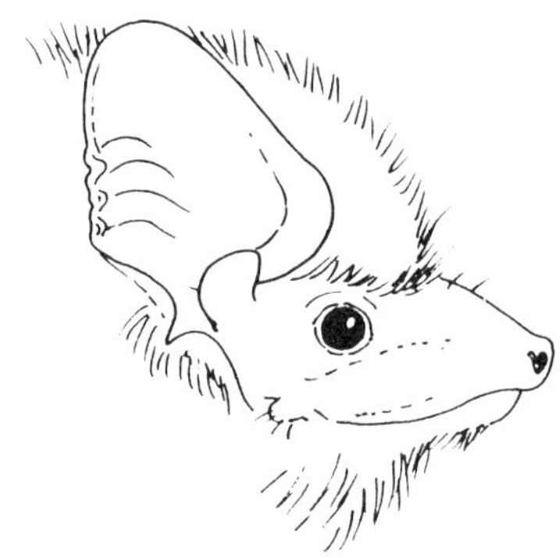

Braunes Langohr

Plecotus auritus (Linnaeus, 1758)

E Common long-eared bat, F Oreillard septentrional

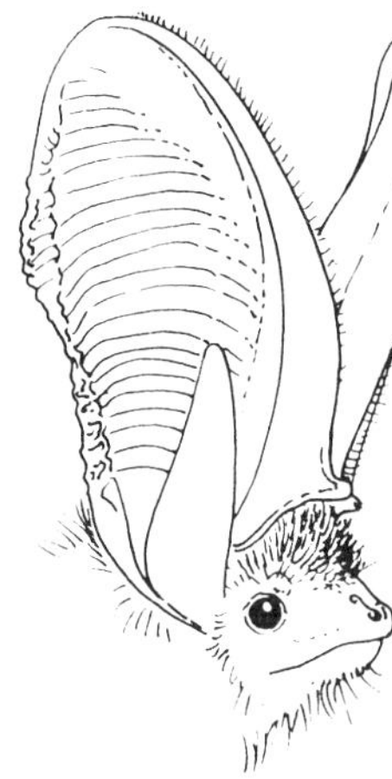

Körpermaße: KRL 42 – 53 (55,5) mm, SL (32,5) 37 – 55 mm, UL (35) 37 – 42 mm, SF 240 – 285 mm, G 4,6 – 11,3 g.
Auffällige Merkmale: Mittelgroße Art. Auffällig lange Ohren, dünne Ohrmuscheln, sich an der Basis berührend, langer, spitzer, meist schwach pigmentierter Ohrdeckel. Schlafende Langohren verbergen ihre Ohren unter den Unterarmen (nach hinten umgelegt, zusammengefaltet), so daß nur die Ohrdeckel, kleine Öhrchen vortäuschend, nach vorn vorstehen! Fell locker, lang, Haarbasis dunkelgraubraun, Oberseite hellbraungrau, an der Grenze zur Unterseite am Hals meist hellerer, gelblichbrauner Fleck, Unterseite hellgrau, z. T. gelblich überhaucht, Lippen hellfleischfarben, Nase und Augenregion hellbraun, Ohren und Flughaut hellgraubraun; Jungtiere fahlgrau ohne Brauntöne, dunkles Gesicht. Flügel breit.
Fortpflanzung: Tz nicht bekannt, J 1 (2), Gg nicht bekannt.
Lebensablauf: Ew mit etwa 6 – 7 Wochen, Gr im 2. Jahr (Weibchen), Ld Höchstalter 22 Jahre, durchschnittlich 4 Jahre.
Nahrung: Mittelgroße Insekten (Nachtschmetterlinge, vorwiegend Eulen, Raupen, Spinner u. a., Tagschmetterlinge).
Feinde: Mensch.
Lebensweise und Lebensraum: Bevorzugt Waldgebiete im Tiefland und Mittelgebirge (Laub- und Nadelwälder), offene Baum- und Buschlandschaften, auch Parks und Gärten in Dörfern und Städten, jedoch keine Bindung an Siedlungsräume. Sommerquartiere (Wochenstuben) in Baumhöhlen, ersatzweise Fledermaus- und Vogelkästen, an und in Gebäuden, in Dachböden mit Dachunterzug (zum Verkriechen); Ausflug durch größere Öffnungen, aber auch Auskriechen durch Spalten, öfters mit Großen Mausohren im selben Gebäude, Einzeltiere auch in Felshöhlen, hinter Fensterläden, Spalten an Gebäuden. Winterquartiere in Höhlen, Stollen, Kellern, selten in Gebäuden (in Mauerfugen) oder dickwandigen Baumhöhlen, relativ kältehart (Temp. 2 – 5 °C, für 1 – 2 Tage bis –3,5 °C), meist einzeln in Spalten oder an Wänden. Ortstreu. Ausflug in später Dämmerung, meist erst bei Dunkelheit. Fliegt langsam, niedrig, gaukelnd, kann rüttelnd Beutetiere vom Substrat (Blätter, Zweige, Wände) ablesen. Nimmt offenbar Beuteinsekten auch optisch wahr, Beute wird z. T. an festen Fraßplätzen verzehrt, dort sammeln sich Fraßreste (Flügel, Beine u. a.).
Häufigkeit/Gefährdung: In Mitteleuropa noch relativ weit verbreitet. Gefährdet durch Anwendung giftiger Holzschutzmittel und Quartierverlust.
Schutz: Erhaltung und Neuschaffung von Quartieren. Verzicht auf giftige Holzschutzmittel. Ausbringen von Fledermauskästen. Naturnaher Waldbau.
Farbfotos auf den Seiten 4/5, 18, 86, 95, 99, 116, 117, 143.

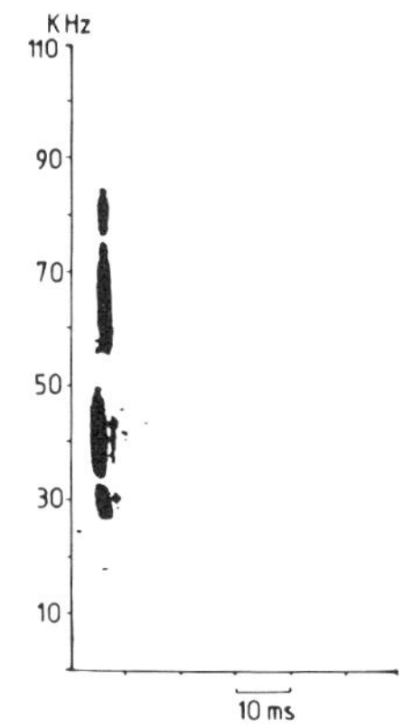

Graues Langohr

Plecotus austriacus (Fischer, 1829)
E Grey long-eared bat, F Oreillard méridional

Körpermaße: KRL 41–58 (60) mm, SL 37–55 (57) mm, UL (35) 37–44,5 mm, SF 255–292 mm, G 5–13 g.
Auffällige Merkmale: Mittelgroße Art. Sehr ähnlich Braunem Langohr (erst 1960 als Art für Mitteleuropa wiederentdeckt). Auffällig lange Ohren. Schnauze länger und spitzer. Fell lang, meist grauer. Daumen nicht länger als 6 mm (im Unterschied zum Braunen Langohr).
Fortpflanzung: Tz nicht bekannt, J 1 (2), Gg nicht bekannt.
Lebensablauf: Ew nicht bekannt, Gr nicht bekannt, Ld Höchstalter 14,5 Jahre.
Nahrung: Vorwiegend Nachtfalter, Zweiflügler, kleine Käfer.
Feinde: Mensch.
Lebensweise und Lebensraum: Wärmeliebend. Mehr in Kulturlandschaften und an menschliche Siedlungen gebunden. Hausfledermaus. Meidet größere Waldgebiete. Sommerquartiere (Wochenstuben) in Gebäuden, wie Braunes Langohr in Spalten (Balkenkehlen, Dachunterzüge u.a.), Wochenstuben meist nur 10–30 Weibchen, bisher nie in Baumhöhlen oder Fledermauskästen nachgewiesen, Einzeltiere auch in Höhlen und Fledermauskästen; Sommerquartiere z.T. im gleichen Gebäudequartier wie Großes Mausohr und Kleine Hufeisennase. Winterquartiere in Höhlen, Stollen, Kellern, z.T. mit Braunem Langohr (Temp. 2–9 °C, bis 12 °C), in Spalten

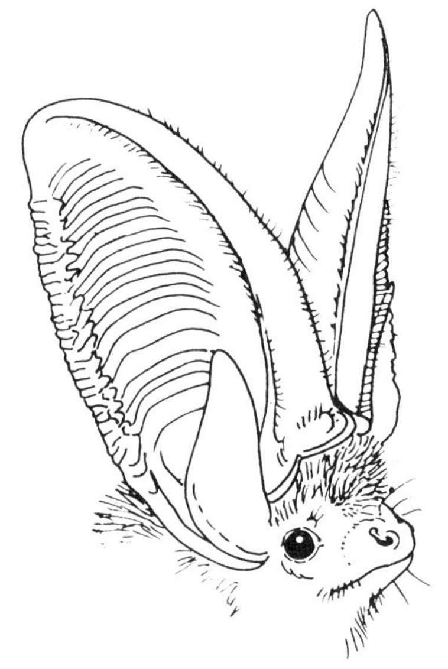

und frei an Wänden. Ortstreu. Ausflug bei Dunkelheit. Fliegt wie Braunes Langohr. Jagt häufig in freiem Luftraum und um Straßenlaternen. Absammeln der Beute vom Substrat noch nicht sicher belegt, Aufsuchen von Fraßplätzen.
Häufigkeit/Gefährdung: In Mitteleuropa nur kleine Populationen, seltener als Braunes Langohr. Gefährdet durch Quartiervernichtung und Einsatz giftiger Holzschutzmittel.
Schutz: Erhaltung und Gestaltung von Gebäudequartieren. Schutz der Winterquartiere. Biotopschutz.
Farbfotos auf den Seiten 9, 27, 67.

Mopsfledermaus

Barbastella barbastellus (Schreber, 1774)

E Barbastelle, F Barbastelle

Körpermaße: KRL 45–58 mm, SL (36) 38–52 mm, UL 36,5–43,5 mm, SF 262–292 mm, G 6–13,5 g.
Auffällige Merkmale: Mittelgroße Art. Schnauze mopsartig gedrungen, Gesicht unverwechselbar. Fell lang, seidig, Haarbasis schwarz, Oberseite wirkt schwarzbraun mit weißlichen oder gelblichweißen

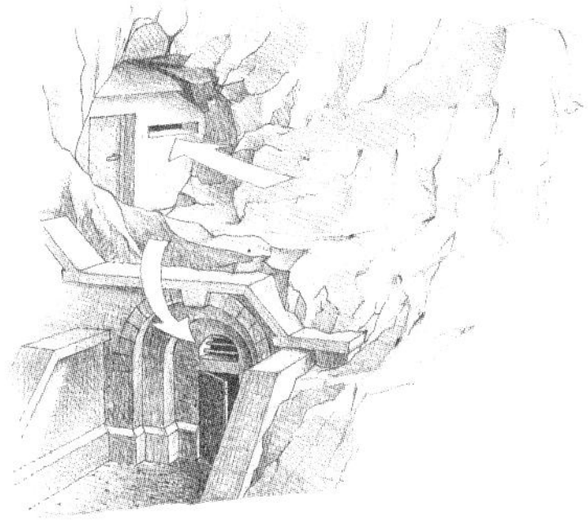

An Stollen, frostsicheren Kellern und Höhlen sollten Einflugmöglichkeiten für Winterschläfer geschaffen werden.

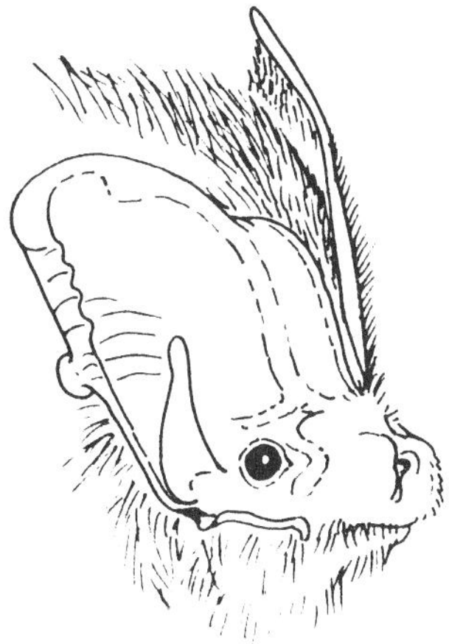

Spitzen, wie bereift, Unterseite dunkelgrau, nackte Teile des Gesichts und der Ohren schwarz, Flughäute graubraun bis schwarzbraun; flugfähige Jungtiere etwas dunkler, schon mit weißlichen Rückenhaarspitzen. Flügel lang und schmal.
Fortpflanzung: Tz nicht bekannt, J 2, Gg nicht bekannt.
Lebensablauf: Ew mit etwa 6 Wochen, Gr Weibchen im 2. Jahr, Ld Höchstalter 23 Jahre.
Nahrung: Kleine, zarte Insekten (Nachtfalter, Zweiflügler, kleine Käfer).
Feinde: Mensch.
Lebensweise und Lebensraum: Bevorzugt waldreiche Vorgebirgs- und Gebirgsregionen, auch in Ortschaften. Sommerquartiere (Wochenstuben) in Spalten an Gebäuden, hinter Fensterläden, Wochenstuben meist nur 10–20 Weibchen, Männchen getrennt, in kleinen Gruppen, sehr störempfindlich. Einzeltiere auch in Baumhöhlen, Nistkästen und Eingangsbereichen von Höhlen. Winterquartiere in Höhlen, Stollen, Kellern, kältehart (Temp. 2–5 °C, seltener bis –3 °C), in Spalten und frei an Wänden, z. T. in großen Clustern. Wanderfähig. Ausflug in früher Dämmerung. Fliegt schnell, gewandt. Jagt in Höhe von Baumkronen, entlang von Waldrändern, Alleen, in Gärten.
Häufigkeit/Gefährdung: Sehr selten. Sehr starker Rückgang in Mitteleuropa, in verschiedenen Gebieten bereits ausgestorben. Gefährdet durch Quartierverluste und -störungen (im Winterquartier), Habitatveränderungen (Nahrungsrückgang).
Schutz: Gezielter Quartier- und Biotopschutz, vor allem von bekannten Wochenstuben- und Winterquartieren.
Farbfotos auf den Seiten 16, 130, 143.

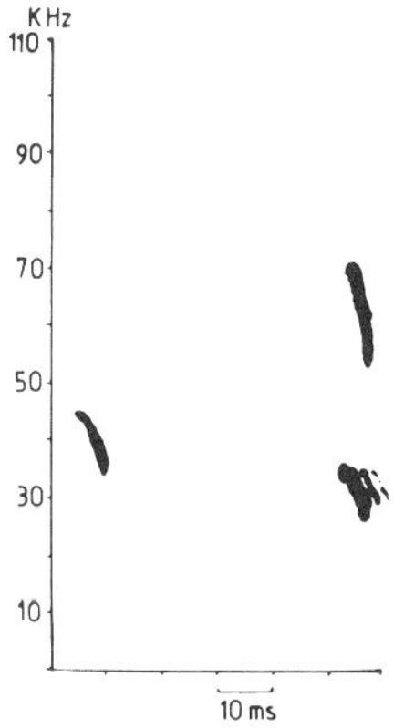

Langflügelfledermaus
Miniopterus schreibersi (Kuhl, 1819)
E Schreiber's bat, F Minioptère

Körpermaße: KRL (48) 50 - 62 mm, SL (47) 56 - 64 mm, UL (44) 45,4 - 48 mm, SF 305 - 342 mm, G 9 - 16 g.
Auffällige Merkmale: Mittelgroße Art. Sehr kurze Schnauze, gewölbte Stirn. Ohren kurz, dreieckig. Flügel lang und spitz. Fell am Kopf kurz, aufrechtstehend. Oberseite graubraun bis aschgrau, z. T. mit leichtem lila Schimmer; Jungtiere grauer.
Fortpflanzung: Tz in Europa ab Herbst (nach Begattung - im Gegensatz zu allen anderen europäischen Fledermausarten - sofort Befruchtung, Embryonalentwicklung ruht während Winterschlaf und setzt im Frühjahr wieder ein), J 1 (2), Weibchen sollen auch fremde Junge säugen, Gg nicht bekannt.
Lebensablauf: Ew mit etwa 7 - 8 Wochen, Gr Weibchen im 2. Jahr, Ld Höchstalter 16 Jahre.
Nahrung: Mittelgroße Insekten (Nachtfalter, Mücken, Käfer).
Feinde: Mensch.
Lebensweise und Lebensraum: In offenem, klimatisch begünstigtem Gelände der Ebene und des Berglandes. Höhlenfledermaus. Sehr gesellig. Sommerquartiere (Wochenstuben) in warmen und geräumigen Höhlen, Stollen und Kasematten, selten auch (im nördlichen Verbreitungsgebiet) in großen Dachräumen alter Gebäude, Wochenstuben oft mehr als 1000 Weibchen. Winterquartiere in Höhlen (Temp. 7 - 12 °C), frei an Decke oder Wand, z. T. in Clustern. Im Norden wandernde Art. Ausflug kurz nach Sonnenuntergang. Flug sehr schnell, an Schwalben oder Segler erinnernd. Jagt in freiem Luftraum oft weitab vom Quartier.

Häufigkeit/Gefährdung: Viele große Kolonien in Mitteleuropa sind stark zurückgegangen oder ausgestorben. Gefährdet durch Habitatveränderungen, Quartierstörungen und -vernichtungen.
Schutz: Gezielter Quartierschutz.
Farbfotos auf den Seiten 102, 103, 143.

Europäische Bulldogg-Fledermaus

Tadarida teniotis (Rafinesque, 1814)

E European free-tailed bat, F Molosse de Cestoni

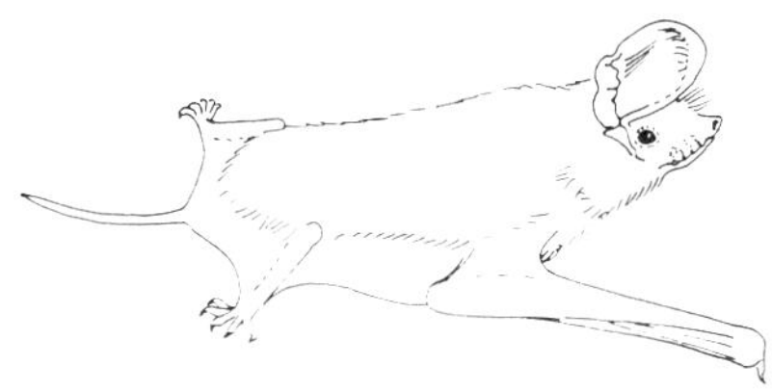

Körpermaße: KRL 81 – 92 mm, SL 44 – 57 mm, UL 57 – 64 mm, SF um 410 mm, G 25 – 50 g.
Auffällige Merkmale: Große Art. Schnauze lang. Lange und breite Ohren, die nach vorn Augen und Gesicht überragen und sich vorn an der Basis berühren. Schwanz ragt zu $^1/_3$ bis $^1/_2$ aus Flughaut frei

hervor. Flügel sehr schmal und lang. Fell kurz, fein weich, maulwurfsartig. Oberseite schwarz- bis rauchgrau mit bräunlichem Schimmer, Unterseite heller grau, Ohren, Schnauze und Flughäute schwarzgrau; Jungtiere insgesamt grauer.
Fortpflanzung: Tz etwa 77 – 84 Tage, J 1, Gg nicht bekannt.
Lebensablauf: Ew mit 6 – 7 Wochen selbständig, Gr mit 1 Jahr, Ld nicht genau bekannt, Höchstalter über 10 Jahre.
Nahrung: Große Fluginsekten.
Feinde: Wenig bekannt.
Lebensweise und Lebensraum: Südeuropa, Mittelmeerraum. Felsfledermaus. Klimatisch warme Gebiete mit hohen Felswänden (Gebirge) oder hohe Gebäude, Brücken. Sommerquartiere in Spalten an Felswänden, Mauern, Gebäuden, in großen Höhlen, auch in Spalten von Uferfelsen. Winterquartiere nicht bekannt. Unklar, ob längerer Winterschlaf. Wahrscheinlich wanderfähig oder wandernd. Nördlichster Einzelfund in Basel. Ausflug z. T. schon in früher Dämmerung. Fliegt hoch, schnell und geradlinig, gelegentlich in Gesellschaft mit Seglern und Schwalben. Jagt im freien Luftraum, z. T. im Kreis über Wasserstellen. Ruft laut und weit hörbar mit scharfen „tsick"-Lauten oder Pfeiftönen. Bildet nur kleine Kolonien.
Häufigkeit/Gefährdung: Wenig bekannt.
Schutz: Keine detaillierten Hinweise möglich.
Die Bulldogg-Fledermaus erreicht in den Walliser Alpen (Südwestschweiz) ihre nördlichsten Vorposten in Mitteleuropa. Während man die ersten Tiere für herumirrende Exemplare hielt, konnte der Schweizer Zoologe RAPHAËL ARLETTAZ (1990) zeigen, daß *Tadarida teniotis* ganzjährig im Wallis zu Hause ist, in senkrechten Felsspalten Quartier bezieht und gezielt durchziehende Insekten auf den Pässen Bretolet und Balme bejagt.
Farbfoto auf der Seite 143.

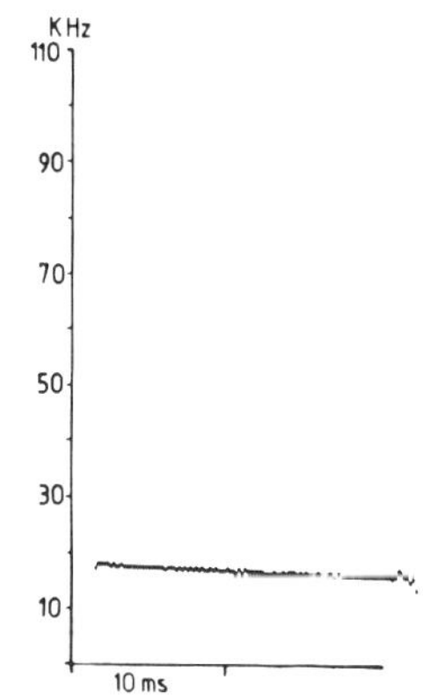

FLEDERTIERE DER WELT – DIE WELT DER FLEDERTIERE

Alle Fledertierarten vorzustellen wäre nicht nur sehr umfangreich, sondern schlichtweg unmöglich. Die Lebensweise vieler tropischer Arten liegt für uns noch völlig im dunkeln. Von etlichen kennt man bisher nicht mehr als einige wenige, oft sogar nur ein einziges Museumsexemplar. Auch wird der eine oder andere dieser Heimlichtuer völlig unentdeckt – und damit namenlos – durch seine tropische Welt flattern, solange diese überhaupt noch existiert. Gerade bei dem ungeheuren Raubbau an den tropischen Regenwäldern ist davon auszugehen, daß mit ihrer endgültigen Vernichtung auch Fledertierarten von der Erde verschwinden, deren Existenz wir gar nicht kennen. Das gilt sowohl für die Unterordnung der Fledermäuse (Microchiroptera, Beschreibungen der Familien auf Seite 172 bis 186), wie auch für die der Flughunde (Megachiroptera, Seite 171).
Letztere sind eine „Sache für sich". Nachdem sich die Flughunde anatomisch und in ihren Sinnesleistungen (Augentiere) doch ganz erheblich von den Fledermäusen (Echoorter) unterscheiden, denken einige Forscher an einen unterschiedlichen (diphyletischen) Ursprung dieser beiden Formengruppen. Alles, was sie an Gemeinsamkeiten zeigen (Fliegen, nächtliche Lebensweise), hätte sich durch eine ähnliche Lebensweise und Ressourcennutzung gleichartig (konvergent) entwickelt.
Während die Systematiker alle Flughunde, die sämtlich auf die Altwelttropen beschränkt sind, in eine einzige zoologische Familie packen (Pteropodidae), kennt man derzeit 17 Fledermausfamilien. Davon sind zehn ausgesprochene Kleinfamilien mit nur einem bis acht Artangehörigen. Welche Überraschung uns manche dieser Kobolde bereithalten, zeigt die Entdeckung der winzigen Hummelfledermaus. Erst 1973 gefunden, mußte man für diesen Zwerg wegen seiner vielen Besonderheiten gleich eine neue Familie aufmachen.

Mögen die einzelnen Fledertierarten in Aussehen oder Lebensweise noch so unbekannt, exotisch oder auch grotesk anmuten, unsere Welt wird ärmer mit dem Verlust jeder einzelnen Lebensform dieser liebenswerten Geschöpfe.

In den Beschreibungen der einzelnen Familien (Seite 171 bis 186) werden folgende Abkürzungen verwendet:

E Englisch
F Französisch

Körpermaße:
KRL Kopf-Rumpflänge
SL Schwanzlänge
UL Unterarmlänge
SF Spannweite der Flügel
G Gewicht

Fortpflanzung:
Tz Tragzeit
J Zahl der Jungen pro Geburt
Gg Geburtsgewicht

Lebensablauf:
Ew Entwöhnung
Gr Geschlechtsreife
Ld Lebensdauer

Flughunde, Flederhunde

Familie Pteropodidae mit 42 Gattungen und 174 Arten

E Flying foxes, Old World fruit bats, F Mégachiroptères, Roussettes

Körpermaße: KRL 50–400 mm, UL 37–230 mm, SF 24–170 cm, G 11–1500 g.
Auffällige Merkmale: Kopf hundeartig, Augen groß und leistungsfähig für Dämmerungssehen, Ohren an der Basis mit vollständiger Rundung, kein Nasenaufsatz oder Ohrdeckel. Am 2. Finger meist eine Kralle, große, gut bewegliche Daumen. Flügel einfach, Schwanzflughaut schmal, Schwanz sehr kurz oder fehlend, wenn vorhanden, nicht ganz in Membran eingebunden. Färbung meist bräunlich, vereinzelt auffällige Farbmuster. Echoortung nur bei Gattung *Rousettus*. Kleinste Arten: 3 Arten von *Syconycteris* aus Australien und Neuguinea (1 Art mit 5 cm KRL).
Fortpflanzung: Tz 100–150 Tage, J 1, selten 2, Gg 13–17 Prozent des Erwachsenengewichtes.
Lebensablauf: Ew mit 4–5 Monaten (mittelgroße bis große Arten), Gr bis 2 Jahre, Ld bis 30 Jahre.
Nahrung: Früchte, Blüten, Blätter, Nektar, Pollen, ausnahmsweise auch Insekten.
Feinde: Mensch. Tag- und Nachtraubvögel, Parasiten.
Lebensweise und Lebensraum: Die meisten Flughundarten beziehen Quartier in Bäumen und anderem Laubwerk, wenige sind Höhlenbewohner. In tropischen und subtropischen Waldgebieten, auch im Kulturland, verschiedentlich sogar in Städten (Parks). Die Familie umfaßt einige der wenigen Arten, die Inseln im mittleren Pazifischen Ozean besiedeln (bis östlich zur Cook-Insel). Manche Arten der Gattung

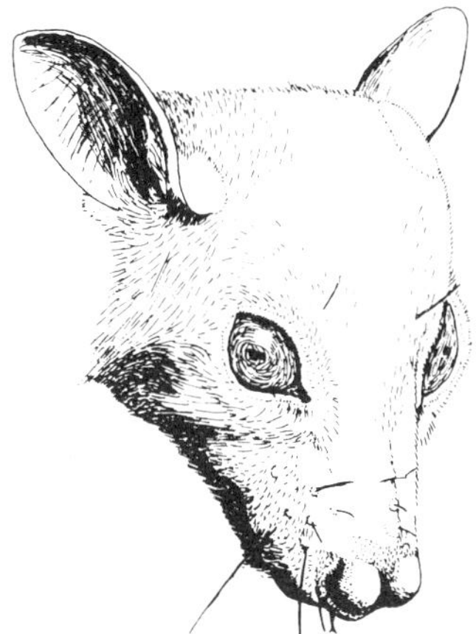

Micropteropus

Hypsignathus

Macroglossus

Pteropus sind besonders gesellig und bilden große Gruppen.
Häufigkeit/Gefährdung: In den meisten Ländern rückläufige Bestände. Verfolgung als Konkurrenten und Fleischlieferanten.

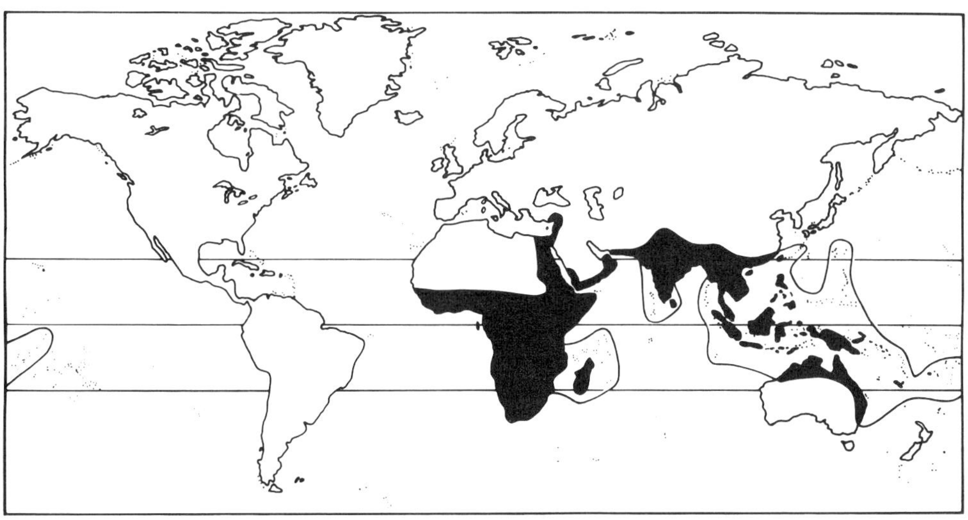

Mausschwanz-Fledermäuse

Familie Rhinopomatidae mit 1 Gattung und 3 Arten

E Mouse-tailed bats, Long-tailed bats, F Rhinopômes

Körpermaße: KRL 50–80 mm, SL bis 60 mm, UL 55–70 mm, G 10–25 g.
Auffällige Merkmale: Schwanz fast körperlang, nicht in Flughaut eingeschlossen. Ohren über der Stirn durch Hautband verbunden, senkrechtes Nasenblatt („Rüssel“), Längsfurche am Nasenrücken, Nasenlöcher können durch Nasenblatt gegen Sand und Staub geschlossen werden, Schweiß- und Talgdrüsenfelder im Gesichtsbereich. Ortungslaute kurz, Aussendung durch den Mund.
Fortpflanzung: Tz etwa 3 Monate, J meist 1, Gg nicht bekannt.
Lebensablauf: Ew nicht bekannt, Gr nicht bekannt, Ld mehrere Jahre.
Nahrung: Kleine Insekten.
Feinde: Mensch.
Lebensweise und Lebensraum: Tagesquartiere in Höhlen und Felsspalten, seit Jahrtausenden in ägyptischen Gräbern und Pyramiden. Gesellig lebend in Kolonien. Vorzugsweise in trockenen Gebieten. In Teilen ihres Verbreitungsgebietes fallen Mausschwanz-Fledermäuse längere Perioden in Torpor.
Häufigkeit/Gefährdung: Starker Rückgang in Israel und Ägypten. Habitatveränderungen.

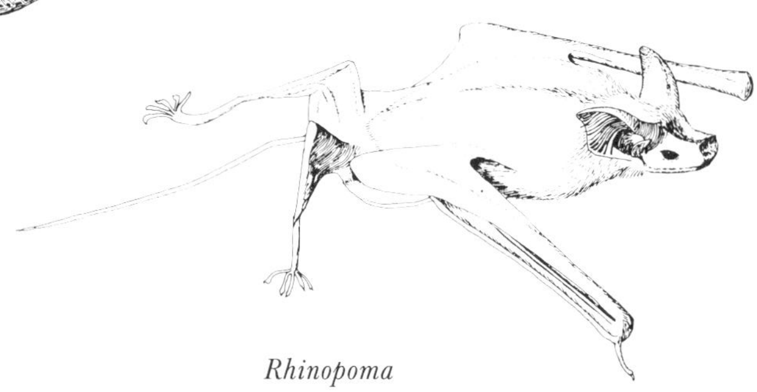

Rhinopoma

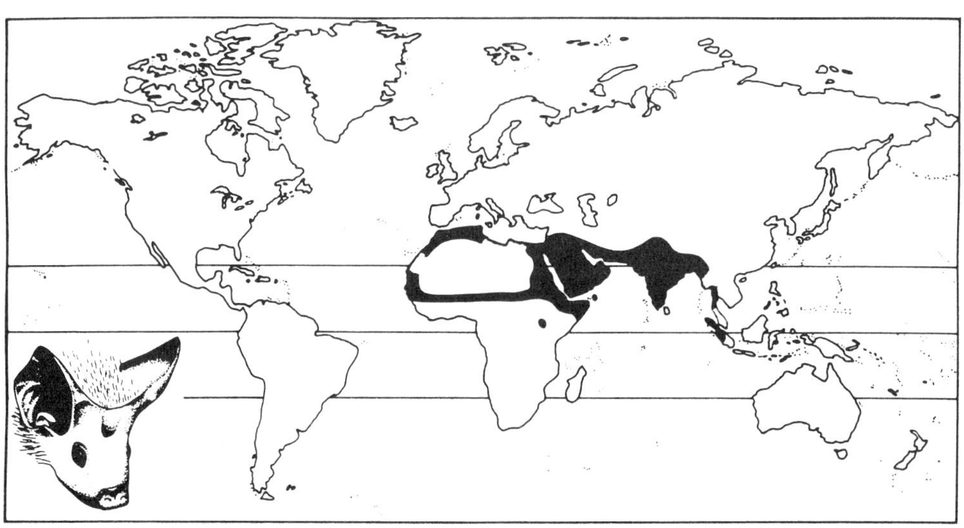

Glattnasen-Freischwänze

Familie Emballonuridae mit 13 Gattungen und 51 Arten

E Sheath-tailed bats, Sac-winged bats, F Emballonuridés

Körpermaße: KRL 37–100 mm, SL 6–30 mm, UL 55–70 mm, G 3–30 g.
Auffällige Merkmale: Schwanz stets kurz, Anfangsteil in Schwanzflughaut eingeschlossen, Ende ragt frei auf der Oberseite der Flughaut hervor. Schwanzhaut nur lose befestigt, kann leicht die Schwanzwirbel hinauf und hinab gleiten, Schwanzflughaut stark entwickelt, kann durch Strecken der Beine wie ein Segel verbreitert werden. Schmale, lange Flügel. Nasengegend glatt. Ohren auf der Stirn oft miteinander verbunden, Ohrdeckel. Meist grau, braun oder schwarz, bei einigen Arten Farbmuster (Tarnung), Gespensterfledermäuse (Gattung *Diclidurus*, 4 Arten) aus dem tropischen Amerika sind einschließlich ihrer Flügel völlig weiß. Besonderheit der Freischwänze beim Einfalten der Flügel in Ruhe: Zurückbiegen des 3. Fingers im Gelenk zwischen 1. Fingerglied und Mittelhandknochen. Viele der Freischwanzarten der Neuen Welt haben kleine Taschen oder Säckchen in der Antebrachialflughaut zwischen Schulter und Ellenbogen, diese Armtaschen sind bei Männchen immer größer als bei Weibchen und im Inneren mit Drüsen besetzt, wahrscheinlich spielt das Drüsensekret bei der Fortpflanzung eine Rolle (Territorialmarkierung). Ortungslaute kurz, Aussendung durch den Mund.
Fortpflanzung: Tz etwa 3–4 Monate, J 1, Gg nicht bekannt.
Lebensablauf: Ew mit etwa 1–4 Monaten, Gr nicht bekannt, Ld in Menschenobhut mehrere Jahre.

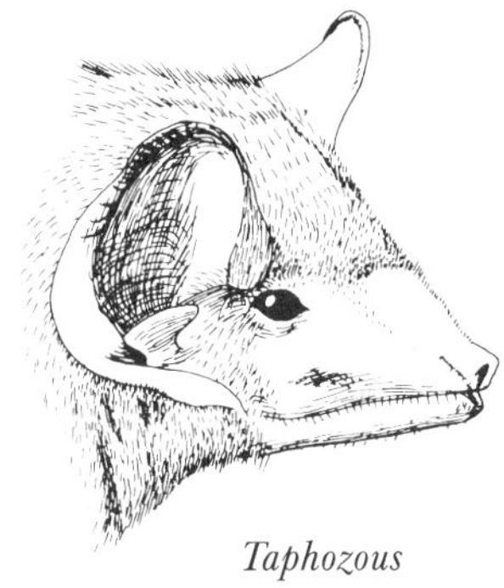

Taphozous

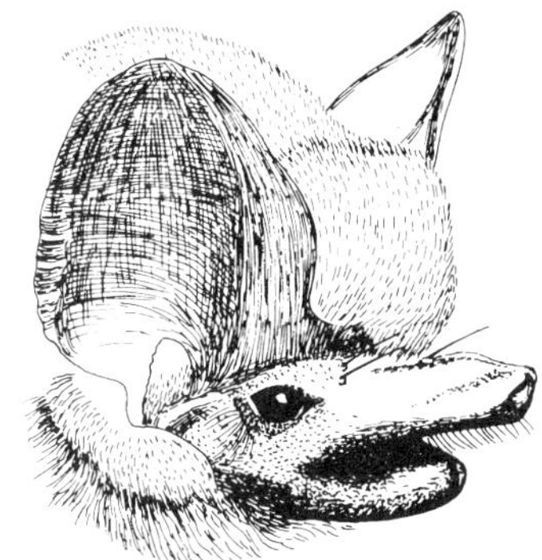

Peropteryx

Nahrung: Insekten (Schmetterlinge), selten Früchte (nach unbestätigten Berichten).
Feinde: Mensch.
Lebensweise und Lebensraum: Tagesquartiere in Höhlen, Felsspalten, Blattwerk, hohlen Bäumen und Gebäuden. Die Arten der Gattungen *Rhynchonycteris* und *Saccopteryx* aus den Tropen der Neuen Welt rasten offen an Baumstämmen, unter Brücken, unter Wedeln von Palmen und anderem Blattwerk; dabei bilden sie keine Klumpen, sondern wahren stets einen gewissen Abstand zu ihrem Schlafnachbarn. Männchen bilden Harems, verteidigen Quartiere und Nahrungsreviere. Einige Arten in großen Kolonien, andere in kleinen Gruppen oder einzeln.
Häufigkeit/Gefährdung: Im Bereich von Stadtentwicklungsgebieten rückläufig. Habitatveränderungen.

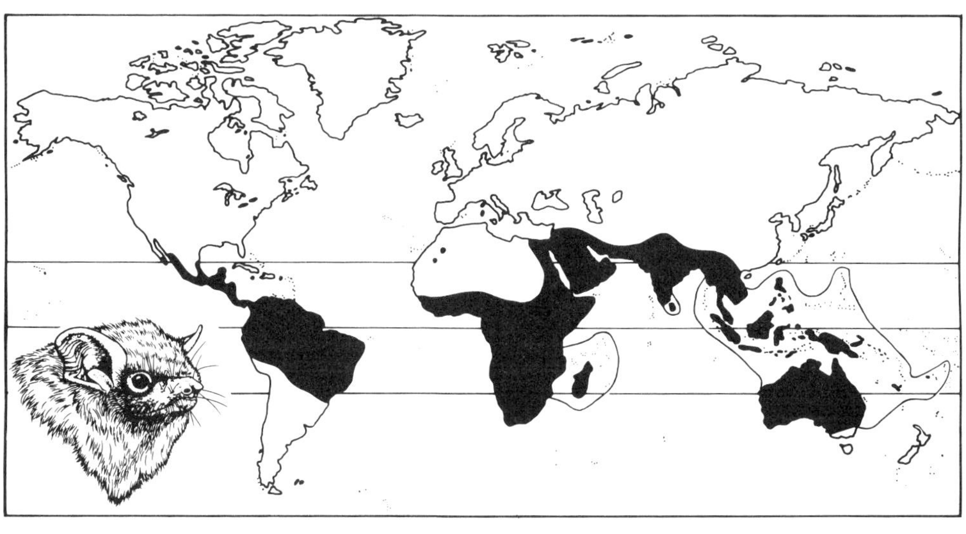

Schweinsnasen-Fledermäuse

Familie Craseonycteridae mit 1 Gattung und 1 Art
E Hog-nosed bat, Butterfly bat, Bumblebee bat, F Craséonyctéridés

Körpermaße: KRL 29–33 mm, UL 21–26 mm, SF 15–17 mm, G 1,5–3 g.
Auffällige Merkmale: Kleinste Fledermaus. Nase rüsselartig, ähnlich Schweineschnäuzchen. Große Ohren mit Ohrdeckel. Flügel vergleichsweise lang und breit, geeignet zum Rüttelflug. Ortungslaute kurz.
Fortpflanzung und Lebensablauf: Nicht bekannt.
Nahrung: Sehr kleine Insekten (kleine Käfer, andere kleine Insekten sowie eine kleine Spinne wurden nachgewiesen).
Feinde: Mensch.
Lebensweise und Lebensraum: Quartiere in Kalksteinhöhlen am River Kwai, Thailand (bisher nur wenige Fundorte), dort in hinteren Höhlenteilen an den Decken kleiner Kammern. Im Tagesschlafquartier in kleinen Gruppen. Jagdflug zwischen Bambusstangen und dem Laub der Bäume. Nahrungstiere werden auch vom Blattwerk abgesammelt (im Rüttelflug).
Häufigkeit/Gefährdung: Äußerst selten, Gesamtbestand etwa 200 Tiere. Habitatveränderungen, touristische Erschließung des Verbreitungsgebietes.

Schlitznasen-Fledermäuse

Familie Nycteridae mit 1 Gattung und 12 Arten
E Slit-faced bats, Hollow-faced bats, F Nyctères

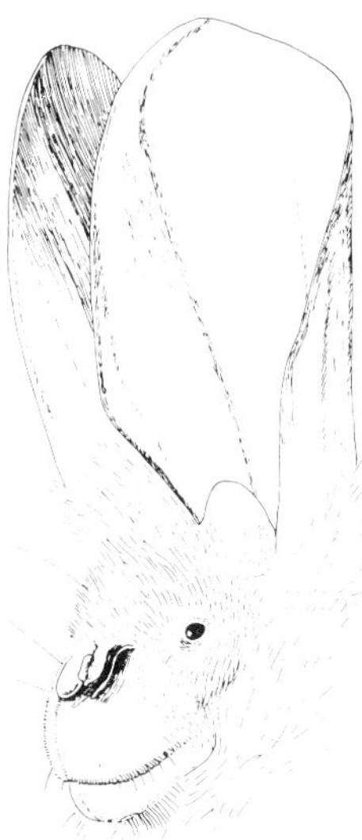

Körpermaße: KRL 45–75 mm, SL 43–75 mm, UL 36–60 mm, G 10–30 g.
Auffällige Merkmale: Häutiger Nasenaufsatz, Nasenrücken durch Längsfurche geteilt, Nasenlöcher am vorderen Ende der Furche, die durch seitliche Nasenblätter begrenzt wird. Riesige Ohren, in Stirnmitte miteinander verwachsen. Flügel breit. Schwanz lang und ganz in die Flughaut eingeschlossen, letztes Glied der Schwanzwirbelsäule T-förmig, den Rand der Flughaut stützend. Ortungslaute sehr kurz, Aussendung durch Nase.
Fortpflanzung: Tz nicht bekannt, J 1, Gg nicht bekannt.
Lebensablauf: Ew mit 45–60 Tagen, Gr und Ld nicht bekannt.
Nahrung: Kleine bis große Insekten, Spinnen. Skorpione (Ägyptische Schlitznase).
Feinde: Mensch.
Lebensweise und Lebensraum: In kleinen Gruppen oder einzeln. In Höhlen, Ruinen und Gebäuden, auch an schattigen Zweigen und Ästen, sogar in Erdferkel- und Stachelschweinbauen. Im Bereich tropischer Wälder, auch in halbtrockenen Gebieten in Afrika, Arabien und Palästina. Eine Art lebt in Indonesien.
Häufigkeit/Gefährdung: Lebensraumeinschränkung und Habitatveränderungen.

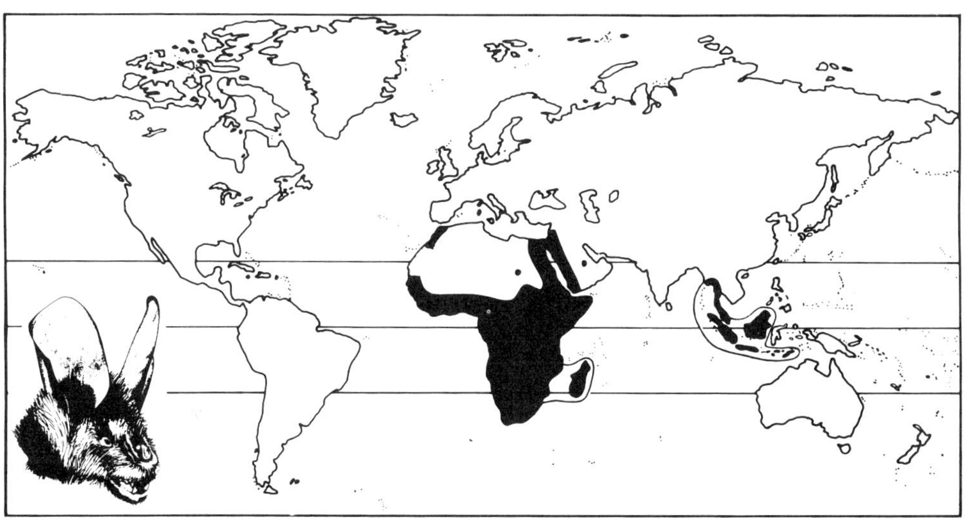

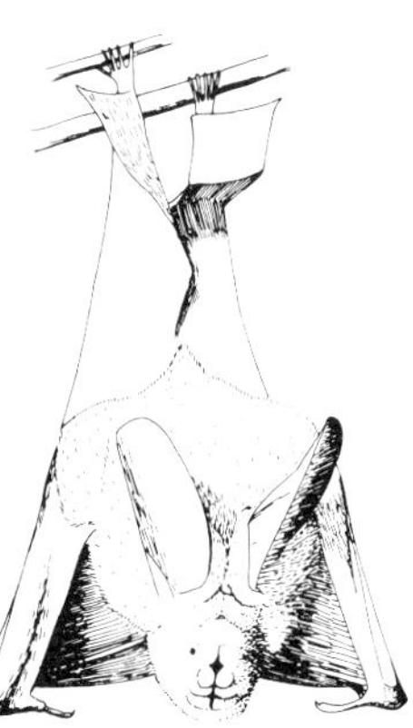

Nycteris

Großblattnasen

Familie Megadermatidae mit 4 Gattungen und 5 Arten

E False vampire bats, Yellow-winged bats, F Mégadermes

Körpermaße: KRL 65–140 mm, SL 0, UL 50–120 mm, G 20–200 g.
Auffällige Merkmale: Größte Fledermausarten. Riesige Ohren, über der Stirn durch Hautsaum verbunden. Großes, aufrichtbares Nasenblatt. Die Gattungen unterscheiden sich vor allem durch ihre Körpergröße. Färbung variabel (weißlich bis blaugrau oder blaßgraubraun). Die Gelbflügelfledermaus *(Lavia frons)* ist wegen ihrer auffälligen Färbung – Fell hellblaugrau oder blaubraun, die Hautpartien gelb – sicher eine der „hübschesten" Fledermäuse. Flug mit geschlossenem Mund. Ortungslaute sehr kurz, Aussendung durch die Nase.
Fortpflanzung: Tz etwa 5 Monate, J 1 (2), Gg nicht bekannt.
Lebensablauf: Ew mit etwa 45 Tagen, Gr mit etwa 2 Jahren, Ld in Menschenobhut mindestens 18 Jahre.
Nahrung: Insekten und kleine Wirbeltiere (Mäuse, Vögel, Eidechsen, Frösche, kleinere Fledermausarten und Fische).
Feinde: Mensch.
Lebensweise und Lebensraum: Gattungen *Megaderma* und *Macroderma* in Höhlen, Tunnels, Stollen, Felsspalten und hohlen Baumen, *Lavia* bevorzugt hohle Baume oder Gebüsch. In kleinen Gruppen oder einzeln. Dicht über Boden und in der Nähe von Bäumen und Büschen jagend. Die Herznasenfledermaus *(Cardioderma cor)* fliegt gewöhnlich zu einem festen Jagdplatz, wo sie sich hinhängt, um vorbeifliegende Insekten zu orten. Großblattnasen bringen ihre Beute meist zu einem bevorzugten Verzehrplatz.
Häufigkeit/Gefährdung: Habitatveränderungen, gebietsweise gefährdet durch Siedlungstätigkeit. Die Australische Großblattnase ist im Hauptverbreitungsgebiet gefährdet durch Lebensraumzerstörung infolge von Kalksteinabbau.

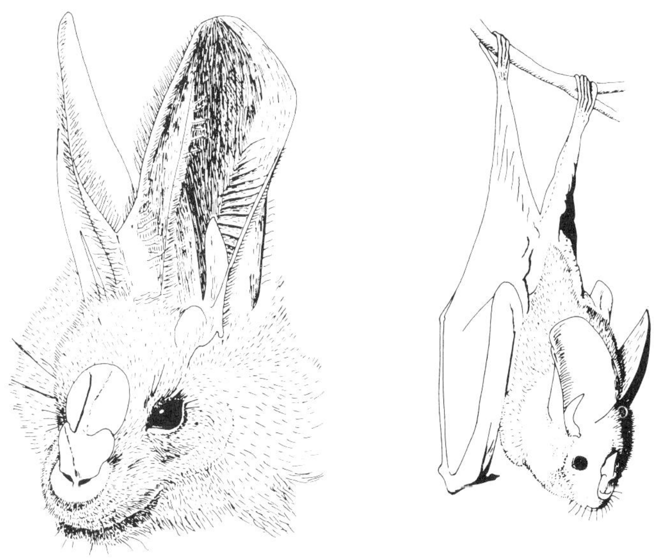

Megaderma

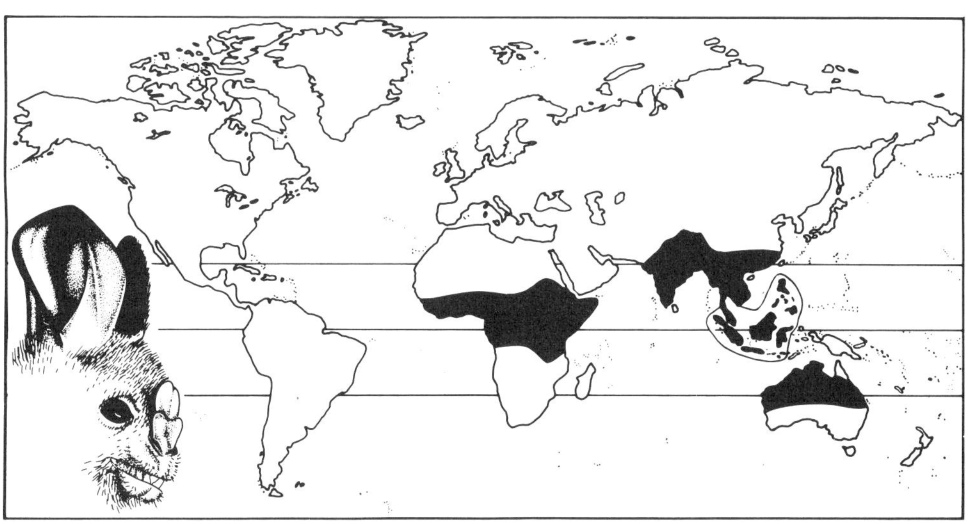

Hufeisennasen

Familie Rhinolophidae mit 1 Gattung und 69 Arten
E Horseshoe bats, F Rhinolophidés

Körpermaße: KRL 35–110 mm, SL 25–45 mm, UL 35–70 mm, G 4–40 g.
Auffällige Merkmale: Auffälliges Nasenblatt, hufeisenförmiger unterer Teil bedeckt die Oberlippe und umgibt die Nasenlöcher, darüber aufrechte Lanzette, Längskamm zwischen Hufeisen und Lanzette. Ohren ziemlich groß, sehr beweglich, ohne Deckel. Augen verhältnismäßig klein. Meist braun oder rotbraun gefärbt. Weibchen mit Haftzitzen (wie Megadermatiden) am hinteren Bauch, an denen sich die Jungen beim Transport festhalten. Schwanz kurz, in Ruhe auf den Rücken geschlagen. Ortungslaute lang, Aussendung durch Nasenlöcher.
Fortpflanzung: Tz 60–75 Tage, J 1 (2), Gg etwa 2–3 g.
Lebensablauf: Ew mit etwa 2 Monaten, Gr mit etwa 2–3 Jahren, Ld über 18 Jahre (Rekordalter Große Hufeisennase: 30 Jahre).
Nahrung: Insekten.
Feinde: Mensch. Parasiten.
Lebensweise und Lebensraum: Tagesquartiere in Höhlen, Tunnels, Stollen, hohlen Bäumen. Frei hängend an der Decke. Viele Arten gesellig. Winterschlaf in frostsicheren Höhlen. Jagt zwischen Blattwerk von Bäumen und Sträuchern, oft auch in Bodennähe. Sammeln Nahrungstiere vom Substrat ab, machen Ansitzjagd und können im Flug Insekten mit den Flügeln fangen und zum Mund führen.
Häufigkeit/Gefährdung: Habitatveränderungen. In allen europäischen Ländern des Verbreitungsgebietes stark rückläufig durch Verlust der Lebensräume (Quartiere und/oder Jagdgebiete).

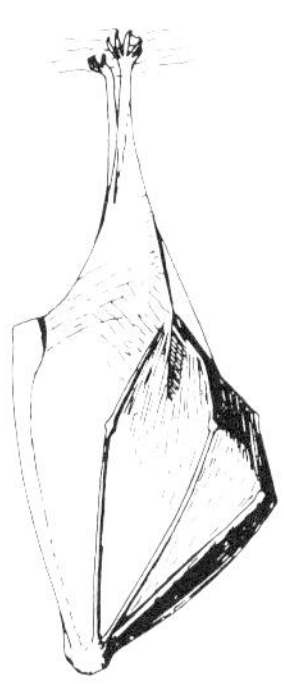

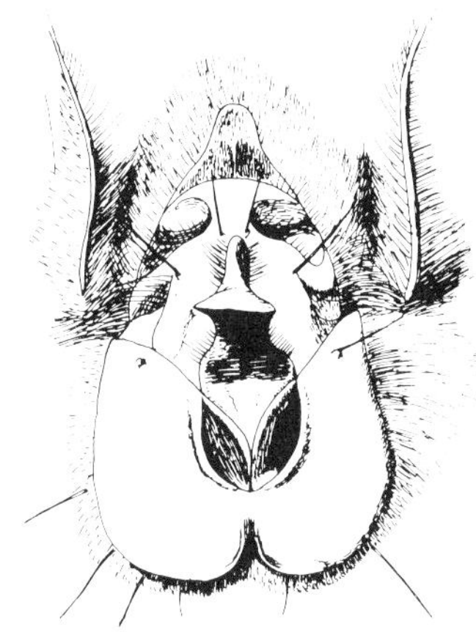

Rhinolophus

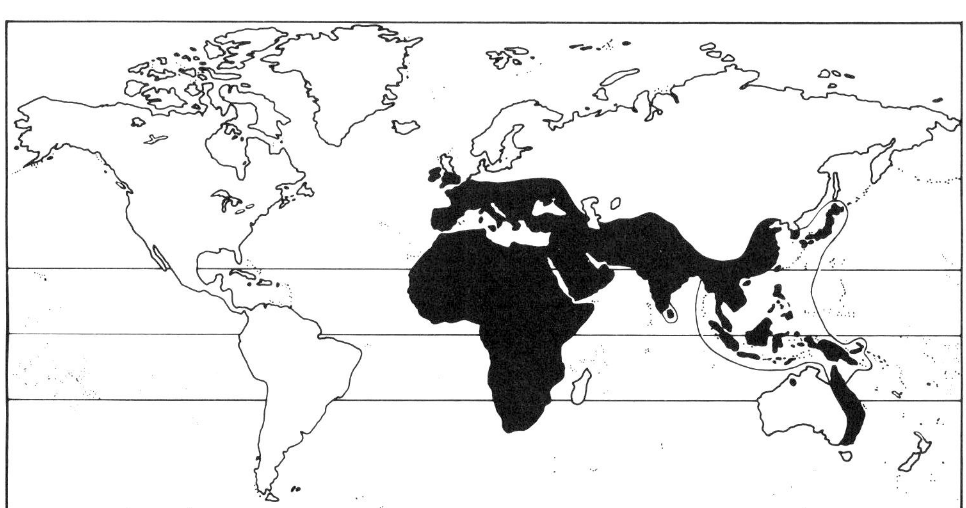

Rundblattnasen

Familie Hipposideridae mit 9 Gattungen und 60 Arten

E Leaf-nosed bats, Trident bats, F Hipposideridés

Körpermaße: KRL 25–140 mm, SL 0–60 mm, UL 30–110 mm, G 4–120 g.
Auffällige Merkmale: Nasenblatt vorn hufeisenartig, oft mit zusätzlichen Hautfalten, nach hinten gerichtet, Lanzette oft mehrfach unterteilt und mit speerförmigen Spitzen. Ohren gut entwickelt, keine Ohrdeckel. Meist dunkelbraun oder rotbraun gefärbt, aber auch ausgebleichte, rötliche oder rötlichorange Individuen. Die in Australien vorkommende Orange-Rundblattnase *(Rhinonycteris aurantius)* ist goldgelb gefärbt. Ortungslaute lang, Aussendung durch Nasenlöcher.
Fortpflanzung: Tz nicht bekannt, J 1 (2), Gg nicht bekannt.

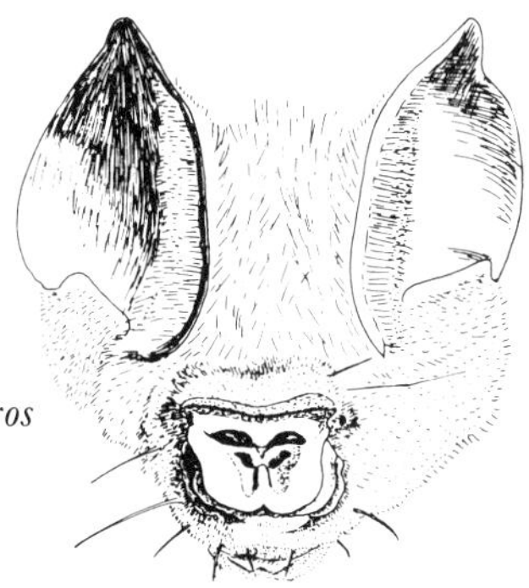

Hipposideros

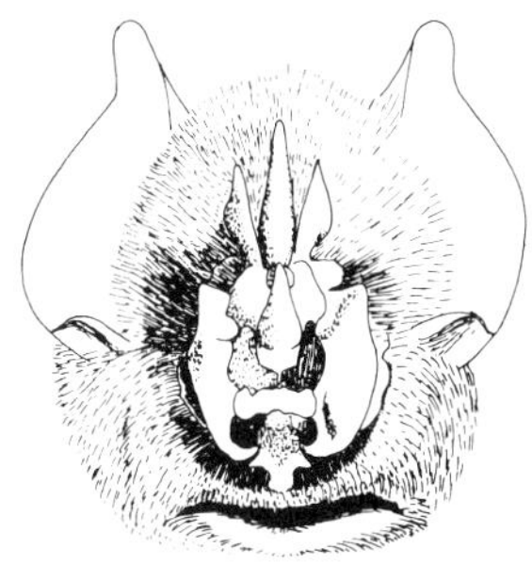

Triaenops

Asellia

Lebensablauf: Ew nicht bekannt, Gr nicht bekannt, Ld über 12 Jahre.
Nahrung: Insekten, auch kleine Wirbeltiere.
Feinde: Mensch.
Lebensweise und Lebensraum: In Baum- und Felshöhlen, auch in menschlichen Behausungen, gelegentlich in unterirdischen Tierbauen. In großen Kolonien oder einzeln lebend. Insektenfang im Flug.
Häufigkeit/Gefährdung: Habitatveränderungen. Im Bereich menschlicher Siedlungen Verringerung der Quartiermöglichkeiten.

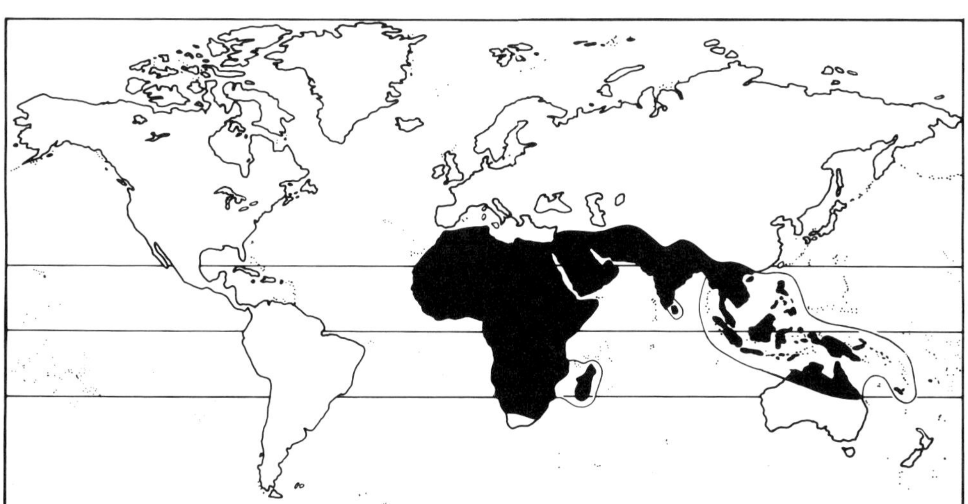

Hasenmaul-Fledermäuse

Familie Noctilionidae mit 1 Gattung und 2 Arten

E Fisherman bats, Bulldog bats, F Noctilions

Körpermaße: KRL 70–132 mm, SL 17–23 mm, UL 54–92 mm, G 15–70 g.
Auffällige Merkmale: Oberlippe durch senkrechte Hautfalte geteilt. Nase röhrenförmig mit abwärts gerichteten Nasenlöchern. Ohren lang und schlank, Ohrdeckel. Flügel lang und schmal, Armflughaut reicht nur bis zum Knie und nicht, wie bei Fledermäusen üblich, bis zur Ferse. Sehr lange Hinterbeine. Sehr große Zehenkrallen. Geschlechtsspezifische Färbungsunterschiede: Männchen auf Rücken rötlich oder schwach orange, Weibchen einheitlich braun oder gräulich. Ortungslaute kurz, Aussendung durch den Mund.

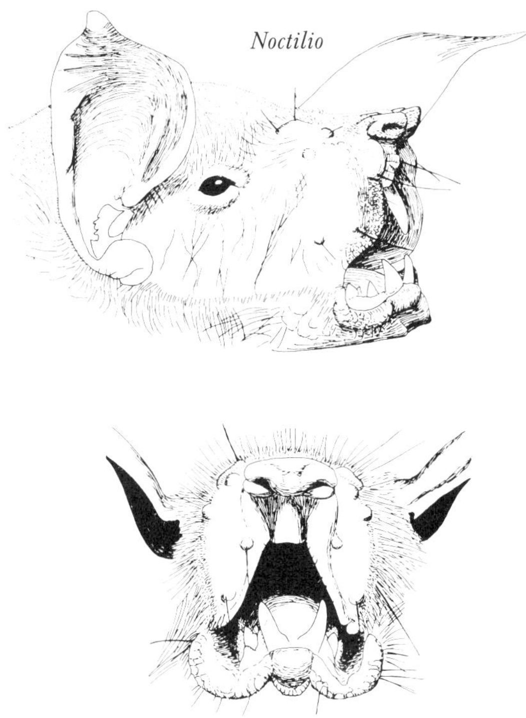

Fortpflanzung: Tz nicht bekannt, J 1, Gg nicht bekannt.
Lebensablauf: Nicht bekannt.
Nahrung: Fische, kleine Krebse und Insekten.
Feinde: Mensch.
Lebensweise und Lebensraum: *Noctilio leporinus,* die größere Art, lebt hauptsächlich von Fischen, die sie im Jagdflug über der Wasseroberfläche erbeutet, wobei die großen Füße wie zwei Enterhaken durchs Wasser gezogen werden; erbeutet werden Fische bis 100 mm Länge und bis zu 25 mm unter Wasser, daneben werden auch Krebstiere und Wasserinsekten bejagt, die auf dem Wasser treiben. *Noctilio labialis (albiventris),* die Miniaturausgabe von *N. leporinus,* lebt hauptsächlich von erbeuteten Insekten. Beide Arten beziehen Quartier in Höhlen, Felsspalten, hohlen Bäumen, gelegentlich auch in Gebäuden. In kleinen Gruppen lebend, *N. labialis* auch im Blattwerk.
Häufigkeit/Gefährdung: Habitatveränderungen. Möglicherweise durch Lebensraumzerstörungen gefährdet.

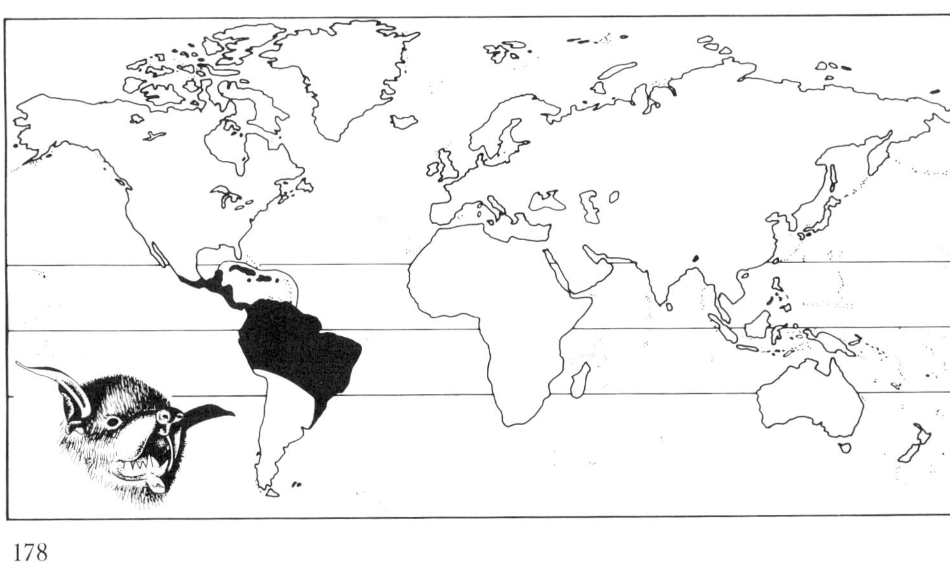

Nacktrücken-Fledermäuse, Kinnblatt-Fledermäuse

Familie Mormoopidae mit 2 Gattungen und 8 Arten

E Leaf-chinned bats, Naked-backed bats, F Mormoopidés

Körpermaße: KRL 40 – 77 mm, SL 15 – 34 mm, UL 35 – 65 mm, G 7 – 25 g.
Auffällige Merkmale: Durch Blattbildungen an den Lippen bekommt der Mund eine trichterartige Form. Ansatz der Flughäute weit oberhalb der Flanken, bei 2 Arten treffen sich die Flughäute auf der Rückenmitte, dadurch erscheint der Rücken nackt.

Mormoops

Ohren klein, mit Deckel. Schwanz überragt knapp die Flughaut. Ungewöhnlich lange und schmale Flügel. Rücken unter den verbundenen Flughäuten gewöhnlich mit Fell. Im allgemeinen braun oder rotbraun gefärbt, ausgebleichtes Fell wird leuchtend rotorange. Ortungslaute lang oder kurz, Aussendung durch den Mund.

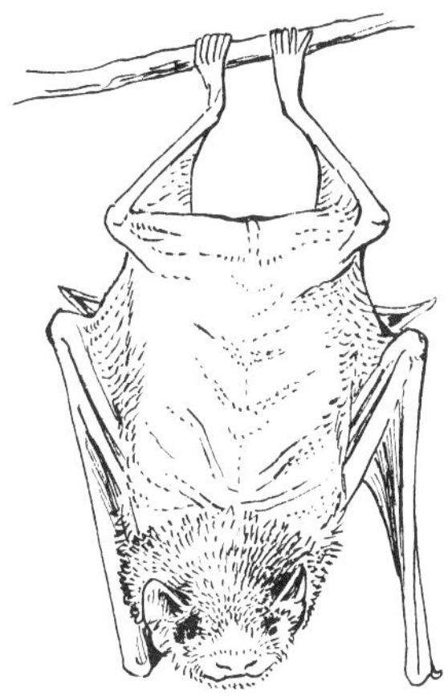

Pteronotus

Fortpflanzung: Tz nicht bekannt, J 1, Gg nicht bekannt.
Lebensablauf: Nicht bekannt.
Nahrung: Insekten.
Feinde: Nicht bekannt.
Lebensweise und Lebensraum: Aufenthalt oft in der Nähe von Seen und Flüssen. Tagesquartiere fast immer in Höhlen oder Tunnels, gelegentlich auch in Gebäuden und in dichtem Gebüsch. Gesellig lebend in mittleren bis großen Kolonien. Große ökologische Breite, von feuchtheißen tropischen Wäldern bis Trockenzonen. Als schnelle Flieger dicht über dem Boden jagend.
Häufigkeit/Gefährdung: Nicht bekannt.

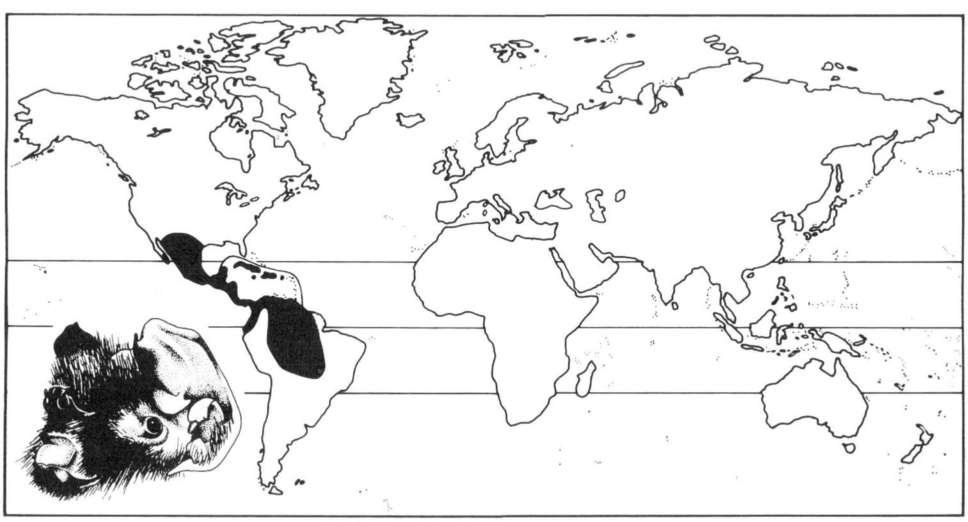

Phyllostomus

Neuwelt-Blattnasen, Lanzennasen

Familie Phyllostomidae mit 50 Gattungen und etwa 148 Arten

E New World leaf-nosed bats, Spearnosed bats, F Phyllostomes

Körpermaße: KRL 40–135 mm, SL 0–55 mm, UL 30–110 mm, G 7–200 g.
Auffällige Merkmale: Viele Arten mit relativ einfachem, speerförmigen Nasenblatt, bei wenigen Arten Nasenblatt klein und reduziert, bei Vampirfledermäusen extrem rudimentär. Ohren meist einfach, über der Stirn miteinander verbunden, Ohrdeckel. Fellfärbung variabel, einige Arten mit Fellstreifen. Schwanzlänge und Ausdehnung der Schwanzflughaut variieren sehr stark. Unterfamilie Glossophaginae mit sehr langer Schnauze und langer Zunge. Ortungslaute kurz bis sehr kurz, Aussendung durch Mund oder Nase.
Fortpflanzung: Tz (längste unter den Fledertieren!) 220 Tage (Gemeiner Vampir), J 1 (2), Gg bis 14 Prozent des Erwachsenengewichtes (Gemeiner Vampir).
Lebensablauf: Ew spätestens mit 9 Monaten (Gemeiner Vampir), Gr mit 1–2 Jahren, Ld 20 Jahre.
Nahrung: Phyllostominae: kleine Wirbeltiere wie Vögel, andere Fledermäuse, Nagetiere, Eidechsen und Frösche; zusätzlich Insekten und andere Gliedertiere, gelegentlich auch Früchte. Glossophaginae: hoch spezialisiert auf Früchtebrei, Nektar und Pollen. Carolliinae: Früchte. Stenodermatinae: hauptsächlich Früchte, zu bestimmten Jahreszeiten auch Insekten. Brachyphyllinae: Früchte und Nektar. Desmodontinae: Blut (von Warmblütern).
Feinde: Mensch. Tag- und Nachtgreifvögel.
Lebensweise und Lebensraum: Entsprechend der Größe der Familie besetzen die Arten eine Vielzahl von Lebensräumen. Tagesquartiere in Höhlen, Stollen, Baumhöhlen, Tierbauen, dichtem Blattwerk und menschlichen Behausungen. Jagdräume in heißen tropischen Niederwäldern oder in feuchtkühlen Bergwäldern bis zu Trockensavannen und Halbwüsten. Einige Arten „bauen" aus (Palm)blättern Zelte. Große Kolonien bildend bis einzeln lebend.
Häufigkeit/Gefährdung: Habitatzerstörung, aktive Bekämpfung. Einengung/Vernichtung der Lebensräume durch Rodung, Stadt- und Landentwicklung. Vernichtung vieler Quartiere durch Gesundheitsmaßnahmen.

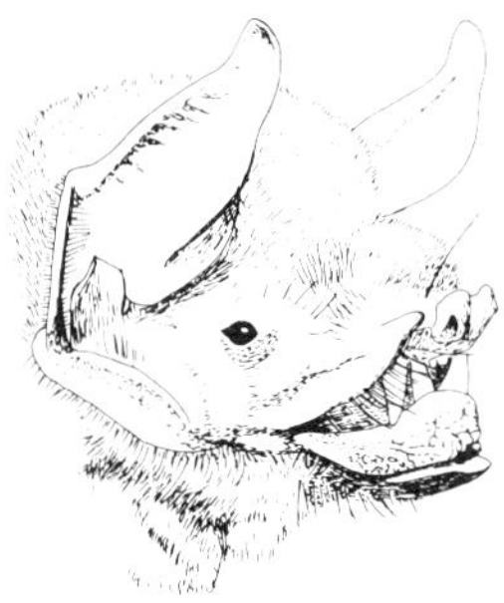

Pteronotus

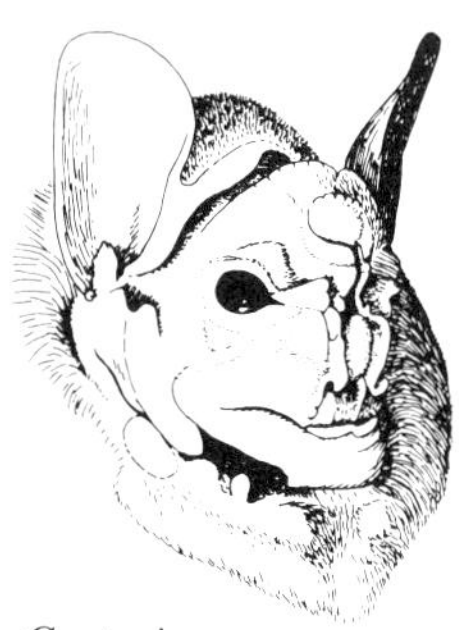

Centurio

Diphylla

Anoura

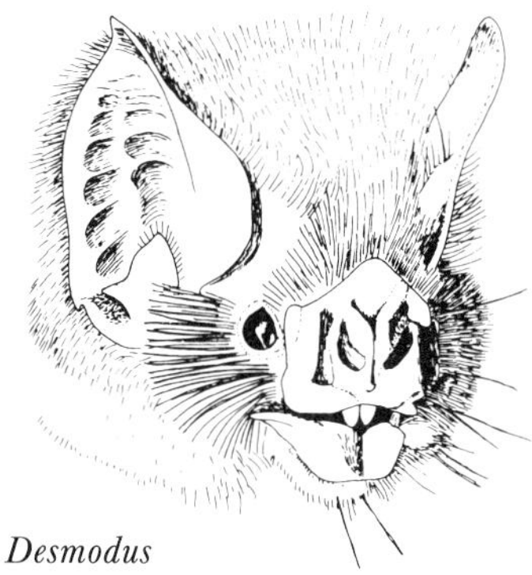

Desmodus

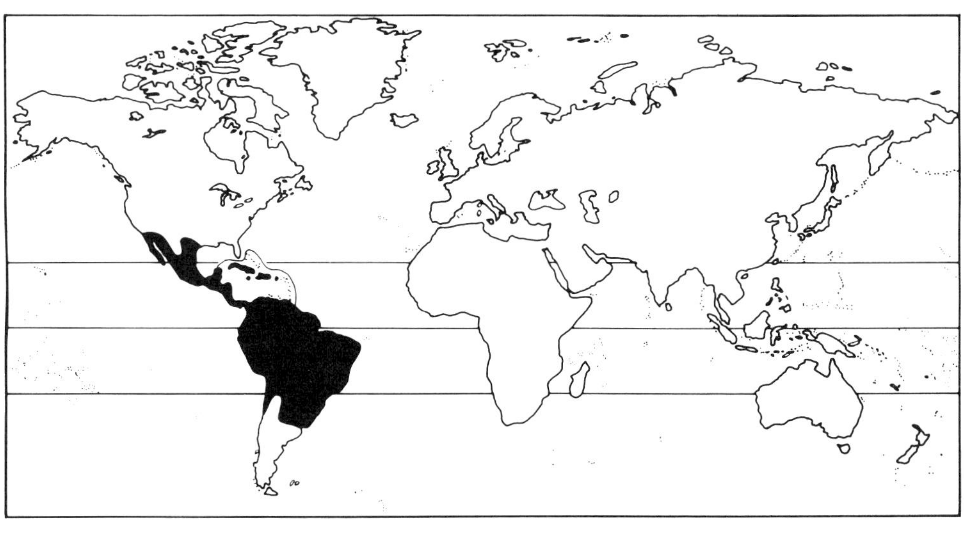

Trichterohren-Fledermäuse

Familie Natalidae mit 1 Gattung und 4 Arten

E Funnel-eared bats, Longlegged bats, F Natalidés

Körpermaße: KRL 35–55 mm, SL 30–60 mm, UL 27–41 mm, G 4–10 g.
Auffällige Merkmale: Schädel hinter dem Vorderkopf erhöht, erwachsene Männchen mit Sinnes- oder Drüsenzellengruppen unter der Haut am Vorderkopf („Natalidenorgan", Funktion unbekannt). Schnauze lang, ohne Nasenblatt. Trichter-

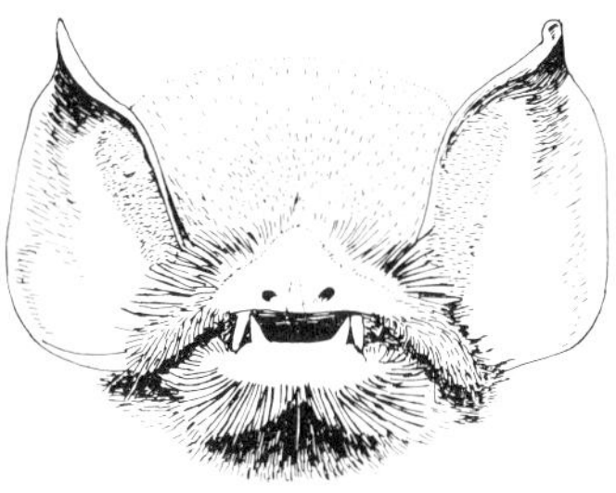

Natalus

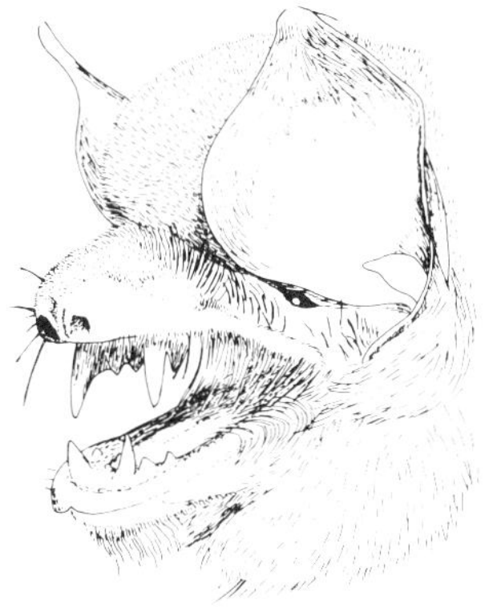

ohren sehr groß und weit auseinanderstehend, sehr kleine Ohrdeckel. Flügel lang und schmal. Kurze Daumen mit eigener Flughaut, starke Krallen. Fell lang und locker, von grau oder gelblich bis rotbraun oder kastanienbraun variierend, Ortungslaute kurz, Aussendung durch den Mund.
Fortpflanzung: Nicht bekannt.
Lebensablauf: Nicht bekannt.
Nahrung: Insekten.
Feinde: Nicht bekannt.
Lebensweise und Lebensraum: Meist in Höhlen, Minen und Stollen, dort in den dunkleren Teilen oft zusammen mit anderen Fledermausarten, gelegentlich in Baumhöhlen und unter Felsgesims. Bildung kleiner und großer Kolonien. In tropischen Niederungen. Flatterhafter, nachtfalterartiger Flug. Jagd auf kleine Insekten.
Häufigkeit/Gefährdung: Nicht bekannt.

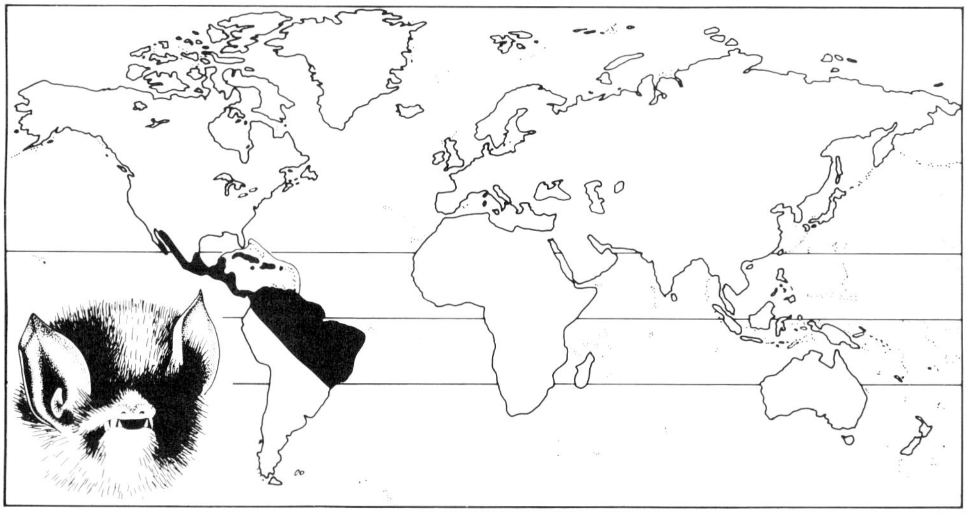

Stummeldaumen-Fledermäuse

Familie Furipteridae mit 2 Gattungen und 2 Arten
E Thumbless bats, Smoky bats, F Furipteridés

Körpermaße: KRL 37–58 mm, SL 24–36 mm, UL 30–40 mm, G 3–5 g.
Auffällige Merkmale: Stirnbereich stark erhöht. Trichterförmige Ohren getrennt, Ohrdeckel. Nasenlöcher oval, nach unten gerichtet, kein Nasenblatt. Schnauze scheibenförmig. Sehr kleiner Daumen, bis auf die Kralle in Flughaut eingeschlossen. Flügel verhältnismäßig lang. Recht lange Beine und kurze Füße. Fell ziemlich grob, grau oder graubraun gefärbt.
Fortpflanzung: Nicht bekannt.
Lebensablauf: Nicht bekannt.
Nahrung: Insekten.
Feinde: Nicht bekannt.

Lebensweise und Lebensraum: Kaum etwas bekannt. 1 Art *(Furipterus)* wurde in einer Höhle in Panama gefunden; mehrere Individuen hingen dort in einer großen, hohen, gut beleuchteten Kammer mit anderen Blattnasen zusammen. Die 2. Art *(Amorphochilus)* wurde in einer stillgelegten Zuckermühle, einem dunklen Lagerhaus und einem Bewässerungsstollen gefunden. Sie ist eine der wenigen Fledermausarten, die in den trockenen Niederungen zwischen den Anden und der Westküste Südamerikas nachgewiesen wurde.
Häufigkeit/Gefährdung: Nicht bekannt.

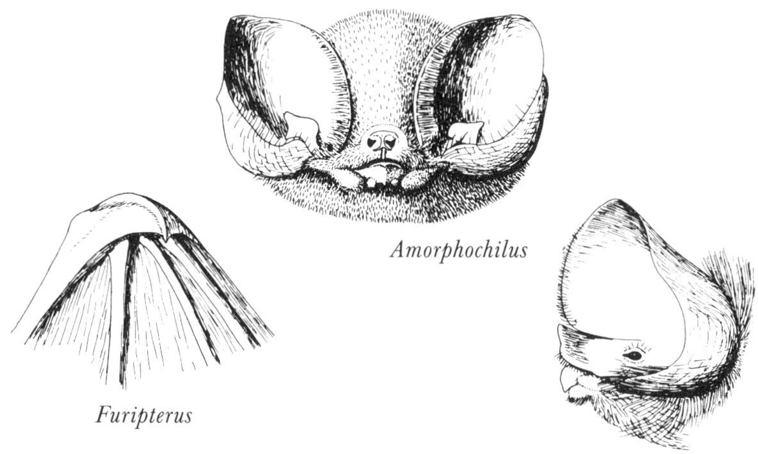

Amorphochilus

Furipterus

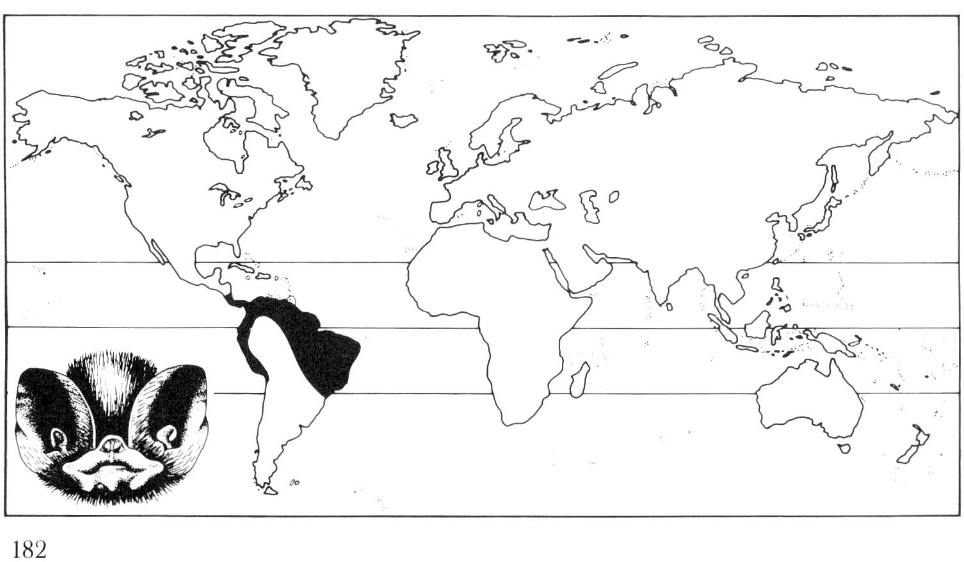

Thyroptera

Amerikanische Haftscheiben-Fledermäuse

Familie Thyropteridae mit 1 Gattung und 2 Arten
E Disk-winged bats, New World sucker-footed bats, F Thyropteridés

Körpermaße: KRL 34–52 mm, SL 25–33 mm, UL 27–38 mm, G 4–5 g.
Auffällige Merkmale: Schnauze lang und schmal, mit kleinen Warzen über den Nasenlöchern, kein Nasenblatt. Tütenförmige Ohren voneinander getrennt, Ohrdeckel. Schwanzspitze überragt die Flughaut. Daumen mit gut ausgebildeten Krallen, an der Daumenbasis und an der Fußwurzel ziemlich große Saugscheiben auf kurzen Stielen. Tiere hängen mit dem Kopf nach oben und heften sich dabei mit den Saugscheiben an das Substrat an. Fell rot- oder hellbraun. Unterseite weißlich oder bräunlich.
Fortpflanzung: Tz nicht bekannt, J 1, Gg nicht bekannt.
Lebensablauf: Nicht bekannt.
Nahrung: Insekten.
Feinde: Nicht bekannt.
Lebensweise und Lebensraum: Im tropischen Regenwald. Tagesquartiere in eingerollten Blättern. Einzeln oder in kleinen Gruppen.
Häufigkeit/Gefährdung: Nicht bekannt.

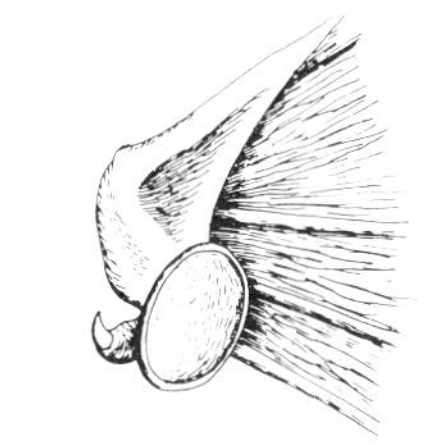

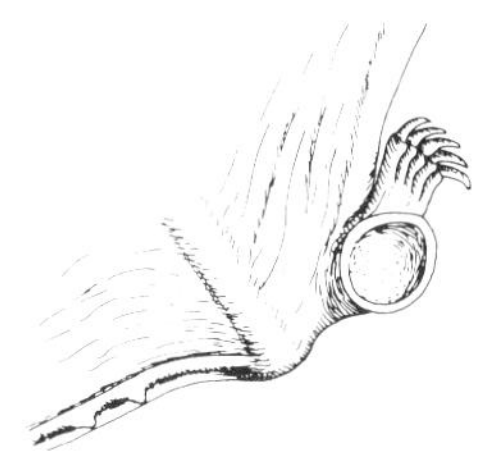

Madagassische Haftscheiben-Fledermäuse

Familie Myzopodidae mit 1 Gattung und 1 Art
E Old World sucker-footed bats, F Myzopodidés

Körpermaße: KRL 57 mm, SL 48 mm, UL 46 mm, G nicht bekannt.
Auffällige Merkmale: Sehr große, lange Ohren mit Ohrdeckel. Oberlippe überragt die Unterlippe. Daumen mit verkümmerten Krallen, ungestielte Haftscheiben oder -polster an Daumenbasis und Fußwurzel. Schwanz überragt die Flughaut.
Fortpflanzung: Nicht bekannt.
Lebensablauf: Nicht bekannt.
Nahrung: Insekten.
Feinde: Nicht bekannt.
Lebensweise und Lebensraum: Über Lebensweise nichts Genaueres bekannt. Kommt in Palmenwäldern vor. Ein Tier wurde in einem eingerollten Blatt, ein anderes in der Blattachse einer Palme Der Reisenden (*Ravenala*) gefunden. Quartiertypen wohl ähnlich der Amerikanischen Haftscheiben-Fledermäuse.
Häufigkeit/Gefährdung: Sehr selten. Wahrscheinlich durch Lebensraumvernichtung/-verringerung gefährdet.

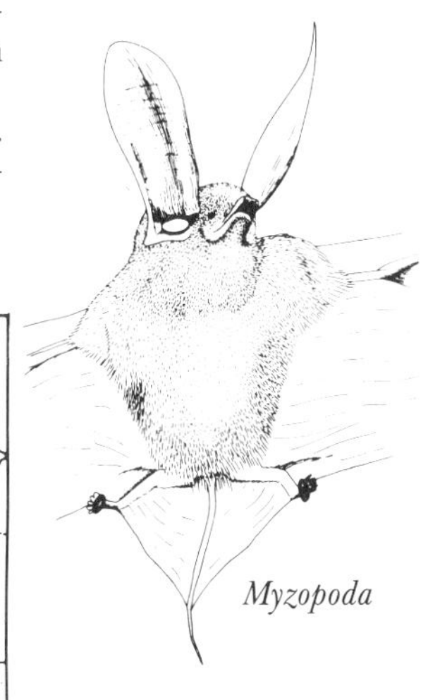
Myzopoda

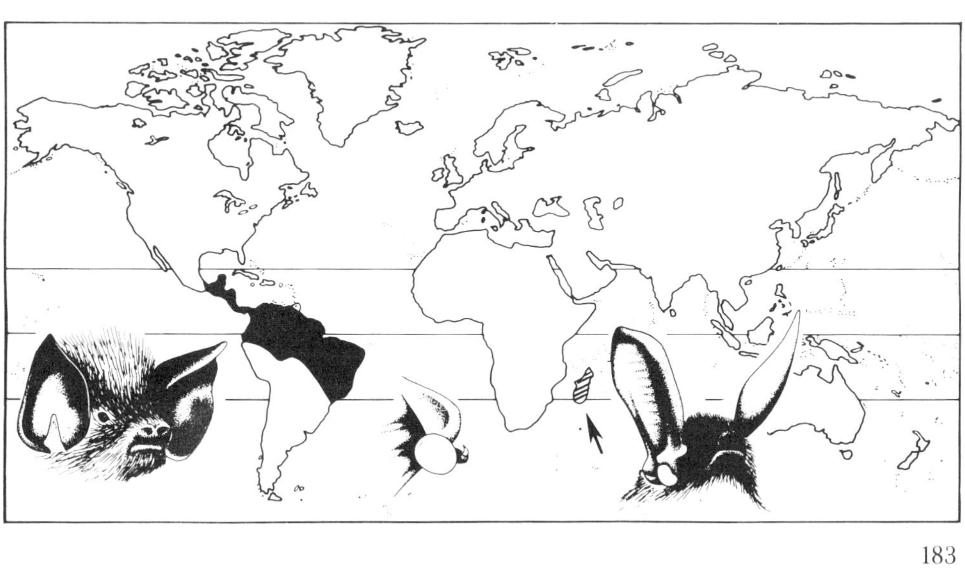

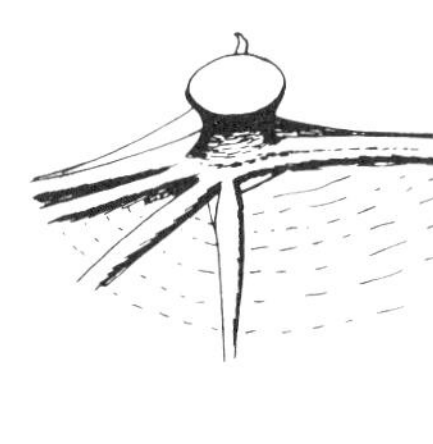

Glattnasen-Fledermäuse

Familie Vespertilionidae mit etwa 40 Gattungen und über 300 Arten
E Common bats, Vesper bats, Evening bats, F Vespertilionidés

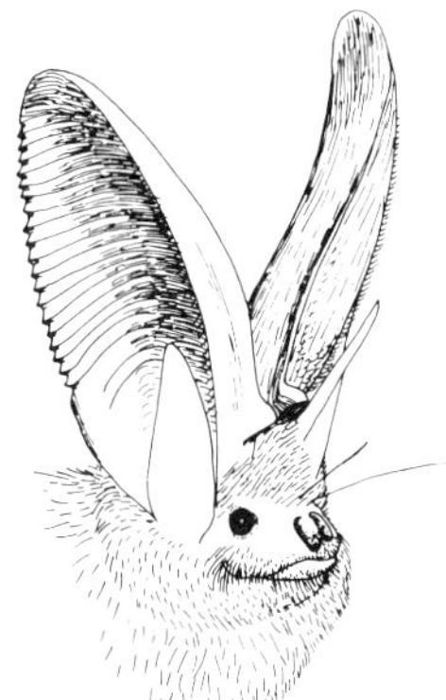

Plecotus

Scotophilus

Miniopterus

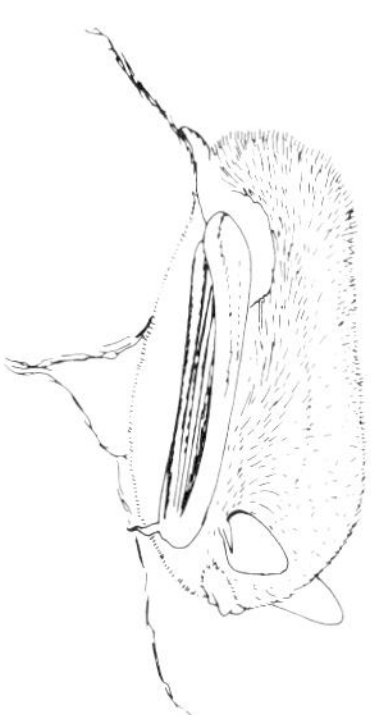

Körpermaße: KRL 32–105 mm, SL 25–75 mm, UL 22–75 mm, G 4–50 g.
Auffällige Merkmale: Massiger Schädel, Kiefer verkürzt. Durchwegs ohne Nasenblätter. Im Gesicht große Drüsenfelder. Bei einigen Formen kleine, lappenartige Gebilde am Mund. Ohren gewöhnlich getrennt und mit Deckel, bei einigen Arten sehr groß. Schwanz bis Flughautrand oder darüber hinaus. In einigen Gattungen kleine Haftscheiben an Sohlen und Gelenken. Fellfärbung meist einheitlich braun, grau oder schwarzbraun, Tendenz bei allen Arten zu einer helleren Unterseite, wenige Arten bunt gefärbt (orange, orangerot, leuchtendrot, weiße Flecken u. a.), Färbung meist bei Arten, die frei in Bäumen Tagesquartier beziehen (Tarnfunktion). Vielfältige Formen der Temperaturregulation, in gemäßigten Zonen Winterschlaf, teils auch Tagesschlaflethargie. Ortungslaute kurz, meist Aussendung durch den Mund.
Fortpflanzung: Tz 40–70, vereinzelt über 100 Tage, J 1–2, ausnahmsweise 4, Gg bis zu 15 Prozent des Erwachsenengewichtes (nur in ganz wenigen Fällen bekannt).
Lebensablauf: Ew mit 1–2 Monaten, Gr mit 1–3 Jahren, Ld 4–21 Jahre.
Nahrung: Vorwiegend Insekten. Wenige Arten fressen kleine Fische, Skorpione und andere Gliedertiere.
Feinde: Mensch. Parasiten. Eulen, Taggreife, Schlangen, Marder, Wiesel.
Lebensweise und Lebensraum: In Höhlen, Tunnels, Stollen, Felsspalten, Gesteinsschutt, Baumhöhlen, Blattwerk, Vogelnestern, Gebäuden usw. Vom tropischen Regenwald bis zu Trockenwüsten, Hochlagen und fernen Inseln. Oft große Kolonien bildend, aber auch solitäre Arten. Unterschiedliche Jagdstrategien beim Beutefang.
Häufigkeit/Gefährdung: In allen Industrieländern durch Habitatveränderungen infolge Lebensraumzerstörung, Nahrungsentzug, Giftstoffe (über Nahrungskette und Kontaminierung mit imprägnierten Baumaterialien) stark gefährdet.

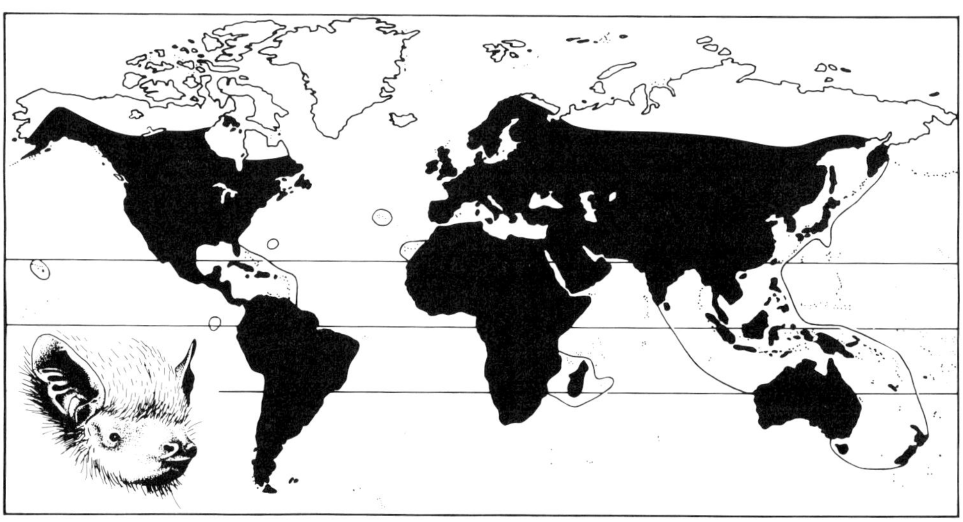

Neuseeland-Fledermäuse

Familie Mystacinidae mit 1 Gattung und 2 Arten

E New Zealand short-tailed bats, F Mystacinidés

Körpermaße: KRL etwa 60 mm, SL 18 mm, UL 43 mm, G 12–35 g.
Auffällige Merkmale: Rüsselartiges Schnauzenende. Kleine Nasenscheibe mit steifen Haaren. Ohren getrennt, lange Ohrdeckel, Kralle am Daumen sehr lang und mit Krallenferse, auch Zehenkrallen mit Fersen. Fußsohlen weich und tief gefurcht.

Feinde: Ratten, Nachtgreifvögel (Schwalme). Parasiten.
Lebensweise und Lebensraum: Tagesquartiere in hohlen Baumstämmen, in Ästen oder Höhlen in kleinen Gruppen (7–10 Tiere). Für Fledermäuse ungewöhnlich stark ans Bodenleben angepaßt, dort auch sehr beweglich.

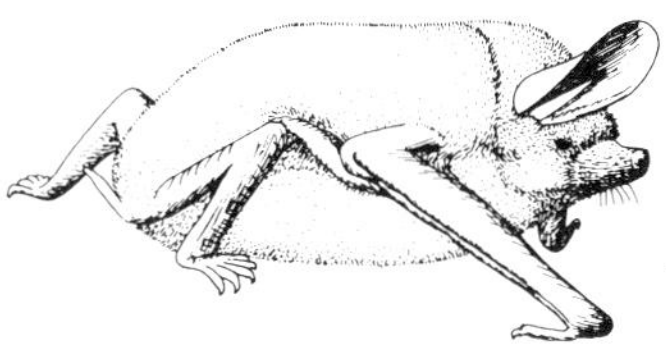

Mystacina

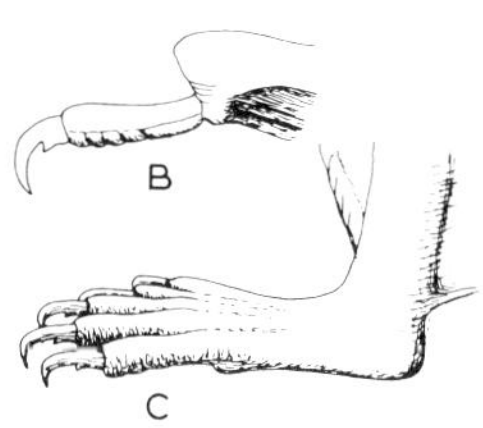

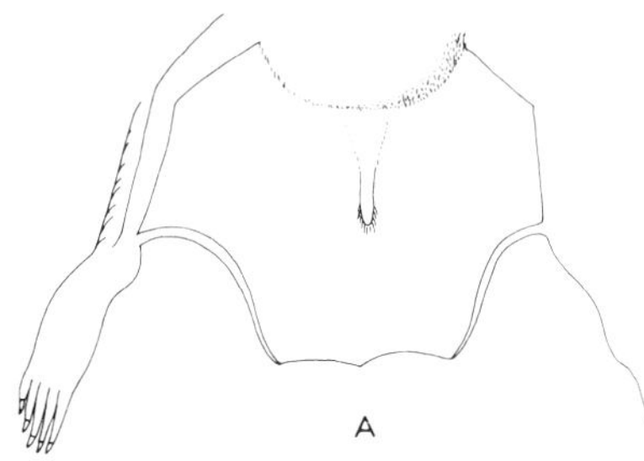

A *Schwanzflughaut,*
B *Daumenkralle,*
C *Zehenkrallen*

Flughaut dick und teilweise lederartig, Schwanz durchbricht die Flughaut zur Oberseite. Fell samtig graubraun, braun oder schwarzbraun mit leicht grauem Anflug.
Fortpflanzung: Nicht bekannt.
Lebensablauf: Nicht bekannt.
Nahrung: Insekten. Früchte, Pollen, Nektar.

Häufigkeit/Gefährdung: 1 Art ausgestorben. 1 Art im Bestand stark gefährdet evtl. durch Faunenverfälschung (Ratten).

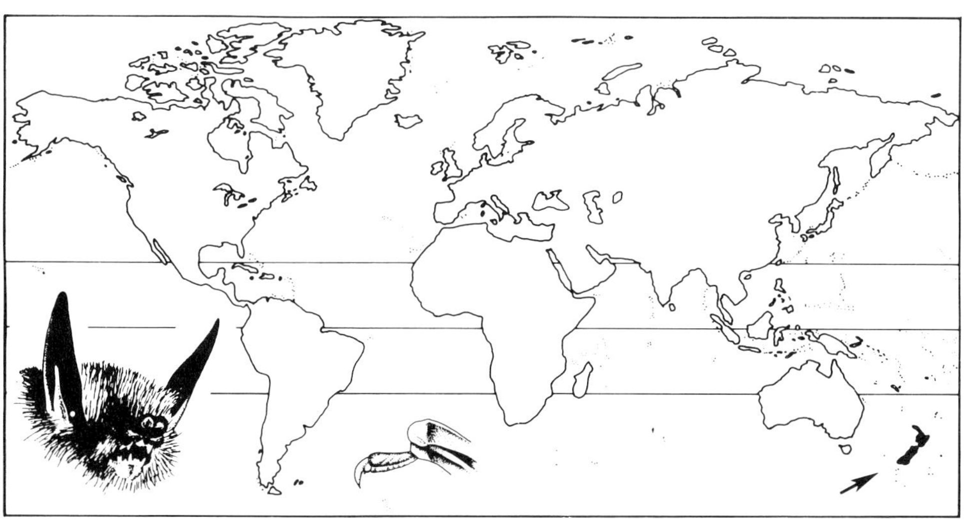

Bulldogg-Fledermäuse

Familie Molossidae mit 12 Gattungen und 88 Arten
E Free-tailed bats, Mastiff bats, F Molossidés

Tadarida

Körpermaße: KRL 40–130 mm, SL 14–80 mm, UL 27–85 mm, G 8–170 g.
Auffällige Merkmale: Kopf meist dick und breit, gefurchte Lippen, im Gesicht mehrere steife Haare mit löffelartigen Spitzen. Ohren lederartig verdickt, nach vorn gerichtet und in Stirnmitte miteinander verbunden, Ohrdeckel. Nasenlöcher auf Nasenvorsprung, gelegentlich mit hornartigen Fortsätzen (kein Nasenblatt). Ledrige Flügel lang und schmal, Schwanz ragt weit über schmale Flughaut hinaus. Kurze, starke Beine mit steifen Haaren an Zehen. Männchen oft mit Kehl- und Brustdrüsen. Sehr kurzes Haarkleid, 2 Arten bis auf einzelne, verstreute Haare völlig nackt. Fell samtig und braun oder schwarzbraun gefärbt. Ortungslaute kurz, Aussendung durch den Mund.
Fortpflanzung: Tz etwa 70–90 Tage, J 1 (2), Gg 3–4 g (bis zu 22 Prozent des Erwachsenengewichtes).
Lebensablauf: Ew mit etwa 7–8 Wochen, Gr mit 1–2 Jahren, Ld 8–20 Jahre.
Nahrung: Insekten.
Feinde: Mensch. Tag- und Nachtgreifvögel. Parasiten.
Lebensweise und Lebensraum: In Höhlen, Tunnels, Stollen, Gebäuden, Laub, Felsspalten (z.T. in sehr engen Spalten) usw. Einzeln oder in großen Kolonien (Tausende bis Millionen Individuen umfassend). Höhlen werden oft über lange Zeiträume als Tagesquartier genutzt (Anfall großer Guanomengen, z.T. industrieller Guanoabbau). Starker Geruch in größeren Koloniequartieren. Erbeutung von Insekten hauptsächlich im Flug. Einige Arten tolerieren oder bevorzugen sogar extrem hohe Temperaturen im Tagesquartier.
Häufigkeit/Gefährdung: In den Tropen häufig. Die großen Kolonien im Süden der USA sind stark rückläufig. Gefährdung durch Habitatveränderungen und Pestizideinsatz.

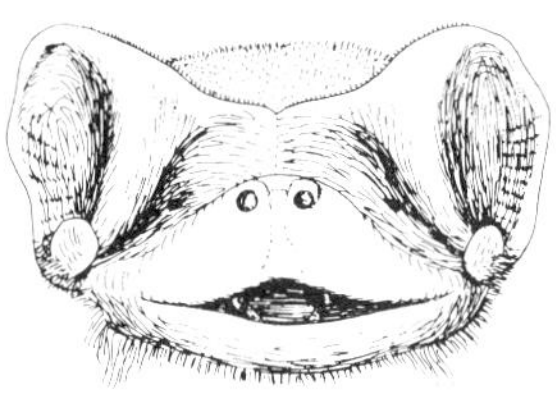

Molossus

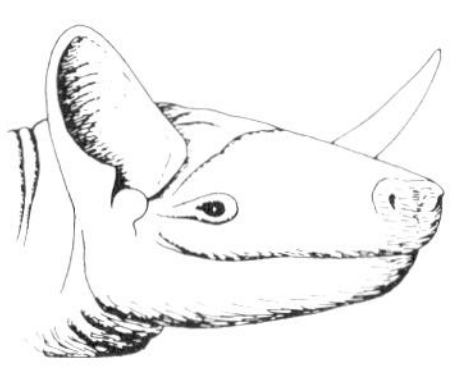

Chiromeles

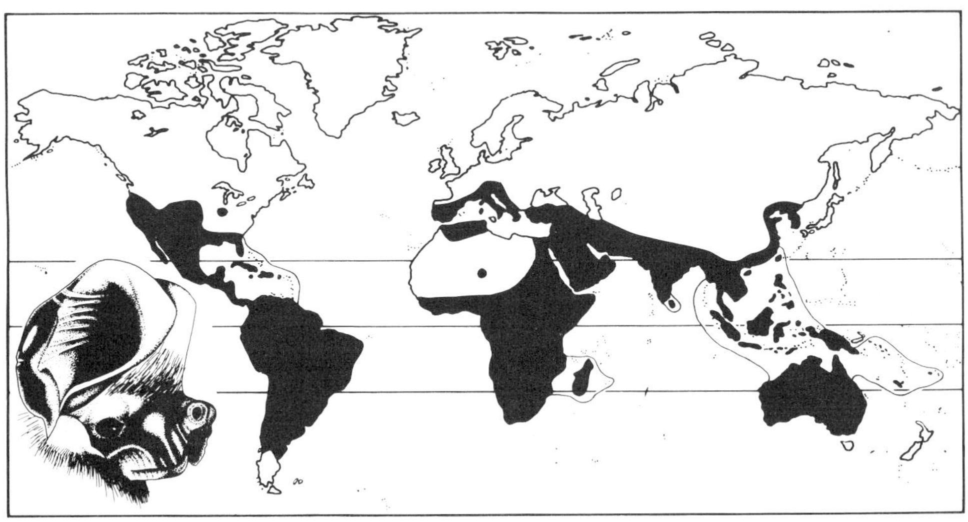

LITERATUR

ARLETTAZ, R.: Contribution à l'éco-éthologie du Molosse de Cestoni, *Tadarida teniotis* (Chiroptera), dans les Alpes valaisannes (sud-ouest de la Suisse). Z. Säugetierkunde **55**, 28–42, 1990

BECK, A.: Qualitative und quantitative Nahrungsanalysen an ausgewählten einheimischen Fledermausarten (Mammalia, Chiroptera). Diplomarbeit Universität Zürich, 1987

BEKIERZ, F. W. & H. BRASSELER: Bibliographie über Fledermaus-Bibliographien Chiroptera. Cour. Forsch.-Inst. Senckenberg **77**, 1–139, Frankfurt a. M., 1985

BERG, J.: Die Bedeutung der Fledermäuse in Religion, Mythos und Aberglaube und sich daraus ergebende Gefahren für das Leben der Fledertiere. Nyctalus (N.F.) **2**,2, 147–170, 1985

BLAB, J.: Grundlagen für ein Fledermaushilfsprogramm. Kilda-Verlag, Greven 1980

BRADBURY, J. W.: Social Organization and Communication. In: WIMMSATT, W. A.: Biology of Bats Vol. 3, Academic Press, New York, San Francisco, London 1977

BRAUN, M.: Rückstandsanalysen bei Fledermäusen. Z. Säugetierkunde **51**, 212–217, 1986

DAAN, S. & H. J. WICHERS: Habitat selection of bats hibernating in a limestone cave. Z. Säugetierkunde **33**, 267–287, 1968

DELPIETRO, H. A. & G. SIMON: Vampirfledermäuse, *Desmodus rotundus rotundus* (GEOFFREY), als Beute des Langohr-Scheinvampirs, *Chrotopterus auritus australis* (THOMAS). Nyctalus (N. F.) **2**, 3/4, 325–333, 1987

DOBAT, K. & T. PEIKERT-HOLLE: Blüten und Fledermäuse (Chiropterophilie). Verlag Waldemar Kramer, Frankfurt 1985

EHLERS, J.: Untersuchungen an Fledermäusen in einem Winterquartier in Deister unter besonderer Berücksichtigung der Flugaktivität in Abhängigkeit von exogenen Faktoren. Dissertation an der Tierärztlichen Hochschule Hannover, 1983

EISENTRAUT, M.: Aus dem Leben der Fledermäuse und Flughunde. VEB Gustav Fischer Verlag, Jena 1957

FELTEN, H. (ed.): Contributions to the knowledge of the bats of Thailand. Cour. Forsch.-Inst. Senckenberg **87**, 1–112, 1986

FENTON, M. B./RACEY, P. & J. M. V. RAYNER (eds.): Recent advances in the study of bats. Cambridge University Press, Cambridge 1987

FLEMING, T. H.: The Short-tailed Fruit Bat – A Study in Plant – Animal Interactions. The University of Chicago Press Chicago, London 1988

GABRISCH, K. & P. ZWART (eds.): Krankheiten der Wildtiere – Exotische und heimische Tiere in der Tierarztpraxis. Schlütersche Verlagsanstalt und Druckerei, Hannover 1987

GEBHARD, J.: Unsere Fledermäuse. Naturhist. Museum Basel 1985

GEBHARD, J.: Die Forschungsstation „Hofmatt" – Ein künstliches Fledermausquartier mit zahmen, in Gefangenschaft geborenen, freifliegenden und wilden, zugeflogenen Abendseglern *(Nyctalus noctula)*. Myotis **26**, 5–21, 1988

GEBHARD, J. & K. HIRSCHI: Analyse des Kotes aus einer Wochenstube von *Myotis myotis*. Mitteilungen der Naturforschenden Gesellschaft in Bern, N. F. 42. Band 1985

GÖRNER, M. & H. HACKETHAL: Säugetiere Europas. dtv, München 1988

GREENAWAY, F. & A. M. HUTSON: A Field Guide to British Bats. Bruce Coleman Books, Uxbridge, Middlesex 1990

GRIFFIN, D. R.: Listening in the Dark – The Acoustic Orientation of Bats and Men. Cornell University Press Ithaca, London 1986

GRIMMBERGER, E. & H. BORK: Untersuchungen und Populationsdynamik der Zwergfledermaus, *Pipistrellus p. pipistrellus* (SCHREBER 1774), in einer großen Population im Norden der DDR Teil 1. Nyctalus (N. F.) **1**, 1, 55–73 (1978)

GRIMMBERGER, E./HACKETHAL, H. & Z. URBANCZYK: Beitrag zum Paarungsverhalten der Wasserfledermaus, *Myotis daubentoni* (KUHL 1819), im Winterquartier. Z. Säugetierkunde **52**, 133–140, 1987

HAFFNER, M. & H.-P. B. STUTZ: Die Zwergfledermaus *(Pipistrellus pipistrellus)* klein, wendig und schnell. Fledermaus-Anzeiger **16**, 4, 1988

HAFFNER, M. & H.-P. B. STUTZ: Die Wasserfledermaus *(Myotis daubentoni)* Tiefflieger über stillen Wassern. Fledermaus-Anzeiger **16**, 6, 1988

HALL, L. S. & G. C. RICHARDS: Bats of Eastern Australia. Queensland Museum booklet No. 12, 1979

HANSBAUER, G.: Bestandssituation und Schutzmaßnahmen für in Felshöhlen und Stollen überwinternde Fledermausarten in den Bayerischen Alpen. Diplomarbeit FH Weihenstephan, 1987

HEIDECKE, D. & M. STUBBE: Populationsökologie von Fledermausarten Teil I + II. Martin-Luther-Universität Halle-Wittenberg, Wissenschaftliche Beiträge 1989/20 (P36), Halle (Saale) 1989

HEIDINGER, F.: Untersuchungen zum thermoregulativen Verhalten des Großen Mausohrs *(Myotis myotis)* in einem Sommerquartier. Diplomarbeit Ludwig-Maximilians-Universität München, 1988

HEINICKE, W. & A. KRAUSS: Zum Beutespektrum des Braunen Langohrs, *Plecotus auritus* L. Nyctalus (N. F.) **1**, 1, 49–52, 1978

HEISE, G.: Zu Vorkommen, Biologie und Ökologie der Rauhhautfledermaus *(Pipistrellus nathusii)* in der Umgebung von Prenzlau (Uckermark), Bezirk Neubrandenburg. Nyctalus (N. F.) **1**, 4/5, 281–300, 1982

HEISE, G.: Zur Fortpflanzungsbiologie der Rauhhautfledermaus *(Pipistrellus nathusii)*. Nyctalus (N. F.) **2**, 1, 1–15, 1984

HEISE, G.: Bemerkungen zur sozialen Körperpflege bei einheimischen Fledermäusen. Nyctalus (N. F.) **2**, 3/4, 258–260, 1987

HEISE, G.: Zum Transport von Fledermauswanzen (Cimicidae) durch ihre Wirte. Nyctalus (N. F.) **2**, 5, 469–473, 1988

HEISE, G. & A. SCHMIDT: Beiträge zur sozialen Organisation und Ökologie des Braunen Langohrs *(Plecotus auritus)*. Nyctalus (N. F.) **2**, 5, 445–465, 1988

HELMER, W. & H. J. G. A. LIMPENS: Echos in der Landschaft. Dendrocopos **18**, 3–8, 1991

HELVERSEN, O. v.: Bestimmungsschlüssel für die Europäischen Fledermäuse nach äußeren Merkmalen. Myotis **27**, 41–60, 1989

HELVERSEN, O. v.: New records of bats (Chiroptera) from Turkey. Zoology in the Middle East **3**, 5–18, 1989

HELVERSEN, O. v./ESCHE, M./KRETZSCHMAR, F. & M. BOSCHERT: Die Fledermäuse Südbadens. Mitt. bad. Landesver. Naturkd. u. Naturschutz (N. F.) **14**, 409–475, 1987

HELVERSEN, O. v. & R. WEID: Die Verbreitung einiger Fledermausarten in Griechenland. Bonn. zool. Beitr. 41, **1**, 9–22, 1990

HIEBSCH, H.: Faunistische Kartierung der Fledermäuse in der DDR Teil 1. Nyctalus (N. F.) **1**, 6, 489–503, 1983

HIEBSCH, H. & D. HEIDECKE: Faunistische Kartierung der Fledermäuse in der DDR, Teil 2. Nyctalus (N. F.) **2**, 3/4, 213–246, 1987

HILL, J. E. & J. D. SMITH: Bats: A Natural History. British Museum (Natural History), Publication No. 887, London 1984

HORÁČEK, J.: Population Ecology of *Myotis myotis* in Central Bohemia (Mammalia; Chiroptera). Acta Universitas Carolinae – Biologica **1981**, 161–267, 1985

IUCN, 1990 IUCN Red List of Threatened Animals. IUCN, Gland, Switzerland and Cambridge, U. K. 1990

JÜDES, U. (O. J.): Fledermäuse und ihr Schutz. AG Fledermausschutz, Dorfstr. 15A, 2419 Kulpin.

JÜDES, U.: Zur Problematik eines Artenhilfsprogrammes „Fledermäuse". Natur und Landschaft **61**, 215–219, 1986

KALKO, E. K. V.: Jagd- und Echoortungsverhalten der Wasserfledermaus *Myotis daubentoni* (KUHL 1819) im Freiland. Diplomarbeit Universität Tübingen, 1987

KOCK, D.: Der spezifische Parasit *Phthiridium biarticulatum* (Diptera: Nycteribiidae) der Hufeisennasen (Rhinolophidae) in der DDR und Bemerkungen zur Nordgrenze des Vorkommens. Nyctalus (N. F.) **2**, 5, 368–388, 1988

KOEPCKE, J.: „Blattzelte" als Schlafplätze der Fledermaus *Ectophylla macconnelli* (THOMAS 1901) (Phyllostomidae) im tropischen Regenwald von Peru. Säugetierkundliche Mitteilungen **31**, 123–126, 1984

KRONWITTER, F.: Population Structure, Habitat Use and Activity Patterns of the Noctule Bat, *Nyctalus noctula* SCHREBER 1774 (Chiroptera: Vespertilionidae), revealed by Radio-tracking. Myotis **26**, 23–85, 1988

KRULL, D.: Untersuchungen zu Quartieransprüchen und Jagdverhalten von *Myotis emarginatus* (GEOFFROY 1806) im Rosenheimer Becken. Diplomarbeit Ludwig-Maximilians-Universität München, 1988
KRULL, D./SCHUMM, A./METZNER, W. & G. NEUWEILER: Foraging areas and foraging behavior in the notch-eared bat, *Myotis emarginatus* (Vespertilionidae)! Behav. Ecol. Sociobiol. **28**, 247–253, 1991
KULZER, E.: Winterschlaf. Stuttgarter Beiträge zur Naturkunde Serie C, Heft 14, 1981
KULZER, E.: Fledertiere. In: Grzimeks Enzyklopädie Säugetiere Bd. 1 (einschl. Unterkapitel von E. THENIUS, unter Mitarbeit von U. SCHMIDT), 532–631. Kindler Verlag, München 1988
KULZER, E./BASTIAN, H. V. & M. FIEDLER: Fledermäuse in Baden-Württemberg – Ergebnisse einer Kartierung in den Jahren 1980–1986 der Arbeitsgemeinschaft Fledermausschutz Baden-Württemberg. Beih. Veröff. Naturschutz Landschaftspflege Bad.-Württ. **50**, 1987
KUNZ, T. H. (ed.): Ecology of Bats. Plenum Press New York, London 1982
KUNZ, T. H. (ed.): Ecological and Behavioral Methods for the Study of Bats. Smithsonian Institution Press Washington, D. C., London 1988
LABES, R. & N. MESSAL: Fledermaus als Symbol eines militärischen Blutspendedienstes. Nyctalus (N. F.) **3**, 1, 59–60, 1989
MATTHEWS, L. H.: Das Leben der Säugetiere I. Die Enzyklopädie der Natur. Editions Rencontre, Lausanne 1972
MAYWALD, A. & B. POTT: Fledermäuse – Leben, Gefährdung, Schutz. Otto Maier, Ravensburg 1988
METZNER, W.: Ultraschallorientierung Fledermäuse. In: Naturmagazin draußen **41**, Deutsch-Luxemburgischer Naturpark, 48–59, HB Verlags- und Vertriebs GmbH 1985
MITCHELL-JONES, A. J. (ed.): The bat worker's manual. Nature Conservancy Council 1987
NABHITABHATA, J./SITTILERT, S./YENBUTRA, S. & H. FELTEN: Ein Zwerg unter den Säugetieren – Die Fledermaus *Craseonycteris thonglongyai* aus Thailand. Natur und Museum **112** (3), 81–84, 1982
NACHTIGALL, W. (ed.): Bat Flight – Fledermausflug. BIONA report 5, Gustav Fischer, Stuttgart, New York 1986
NAGEL, A. & J. DISSER: Rückstände von Chlorkohlenwasserstoff-Pestiziden in einer Wochenstube der Zwergfledermaus *(Pipistrellus pipistrellus)*. Z. Säugetierkunde **55**, 217–225, 1990
NEUWEILER, G.: Zum Sozialverhalten von Flughunden *(Pteropus g. giganteus)*. Lynx **10**, 61–64, 1969
NEUWEILER, G.: Die Ultraschall-Jäger. GEO **1**, 98–113, 1981
NEUWEILER, G.: Akustische Abbildungsprobleme bei Fledermäusen. Eröffnungsvortrag 6. Wiss. Tagung des Forschungsrates Rauchen und Gesundheit 26.–28. Feb. Titisee 1989
NEUWEILER, G.: Echoortende Fledermäuse – Jagdbiotope, Jagdstrategien und Anpassung des Echohörens. Biologie in unserer Zeit **3**, 169–176, 1990
NEUWEILER, G./METZNER, W./HEILMANN, U./RÜBSAMEN, R./ECKRICH, M. & H. H. COSTA: Foraging behaviour and echolocation in the rufous horseshoe bat of Sri Lanka. Behav. Ecol. Sociobiol. **20**, 53–67, 1987
OLDENBURG, W.: Winterschlaf vom Braunen Langohr, *Plecotus auritus* L., im Bodengeröll. Nyctalus (N. F.) **3**, 1, 1–4, 1989
PATZELT, E.: Fauna del Ecuador. Banco Central del Ecuador, Quito 1989
PERRIN, L. A.: Zur Biologie des Abendseglers *Nyctalus noctula* (SCHREBER 1774) in der Regio Basiliensis. Inauguraldissertation Universität Basel, 1988
RACEY, P. A. & A. M. HUTSON: Chiroptera Specialist Group, Species. Newsletter of the Species Survival Commission IUCN – The World Conservation Union **15**, 50–51, 1990
RANSOME, R.: The Natural History of Hibernating Bats. Christopher Helm, London 1990
REARDON, T. B. & S. C. FLAVEL: A Guide to the Bats of South Australia. South Australian Museum, North Terrace, Adelaide 1987
RICHARDSON, P.: Bats. Whittet Books, London 1985
RICHARZ, K.: Bedrohung und Schutz der Gebäudefledermäuse. Schriftenreihe Bayer. Landesamt für Umweltschutz **73**, 15–35, 1986
RICHARZ, K.: Ein neuer Wochenstubennachweis der Mopsfledermaus *Barbastella barbastellus* (SCHREBER 1774) in Bayern mit Bemerkungen zu Wochenstubenfunden in der BRD und DDR sowie zu Wintervorkommen und Schutzmöglichkeiten. Myotis **27**, 71–80, 1989
RICHARZ, K.: Report of the successful transplantation of an nursery colony of the Lesser Horseshoe Bat *(Rhinolophus hipposideros)* and remarks about the actual status of this species in Bavaria. In: HANÁK, V./HORÁČEK, J. & J. GAISLER (eds.), European Bat Research 1987, Charles Univ. Press, Praha 659–670, 1989
RICHARZ, K.: Wir tun was für unsere Fledermäuse. Franckh-Kosmos, Stuttgart 1991
RICHARZ, K./LIMMBRUNNER, H. & F. KRONWITTER: Nachweise von Sommerkolonien der Zweifarbfledermaus *Vespertilio murinus* Linnaeus, 1758 in Oberbayern mit einer Übersicht aktueller Funde in Südbayern. Myotis **27**, 61–70, 1989
ROBERTSON, J.: The Complete Bat. Chatto & Windus, London 1990
ROER, H.: Gefährdung und Schutz mitteleuropäischer Wanderfledermäuse. In: Schutz wandernder Tierarten. Naturschutz-aktuell Nr. 5, Kilda-Verlag, Greven 1981
ROER, H.: Zur Heimkehrfähigkeit der Zwergfledermaus *(Pipistrellus pipistrellus* SCHREBER 1774) (Mammalia: Chiroptera). Bonn. Zool. Beitr. **32**, 13–30, 1981
ROER, H. & W. EGSBAEK: Über die Balz der Wasserfledermaus *(Myotis daubentoni)* (Chiroptera) im Winterquartier. Lynx **10**, 85–91, 1969
SCHMIDT, U.: Vampirfledermäuse. Die Neue Brehm-Bücherei Nr. 515, A. Ziemsen Verlag, Wittenberg Lutherstadt 1978
SCHOBER, W.: Mit Echolot und Ultraschall. Herder, Freiburg 1983
SCHOBER, W. & E. GRIMMBERGER: Die Fledermäuse Europas. Franckh-Kosmos, Stuttgart 1987
SCHUMM, A.: Echoortungsoptimierung bei *Myotis emarginatus*: Die Anpassung der Ultraschallaute an verschiedene Jagdhabitate und -strategien. Eine Feldstudie an Wimperfledermäusen in Oberbayern. Diplomarbeit Ludwig-Maximilians Universität, München 1988
STEBBINGS, R. E. & F. GRIFFITH: Distribution and Status of Bats in Europe. Inst. of Terrestrial Ecology Monks Wood Experimental Station, Abbots Ripton Huntington 1986
STEBBINGS, R. E.: Conservation of European Bats. Christopher Helm, London 1988
STRATMANN, B.: Faunistisch-ökologische Beobachtungen an einer Population von *Nyctalus noctula* im Revier Ecktannen des StFB Waren (Müritz). Nyctalus (N. F.) **1**, 1, 2–22, 1978
STRAHAN, R. (ed.): The Australian Museum Complete Book of Australian Mammals. Angus & Robertson Publishers London, Sydney, Melbourne 1983
STUTZ, H.-P. B.: Der Große Abendsegler *(Nyctalus noctula)* rasanter Riese am freien Himmel. Fledermaus-Anzeiger **16**, 3, 1988
STUTZ, H.-P. B.: Die Rauhhautfledermaus *(Pipistrellus nathusii)*, bedächtiger und strukturgebundener Patrouillenjäger. Fledermaus-Anzeiger **16**, 5, 1988
STUTZ, H.-P. B. & M. HAFFNER: Aktiver Fledermausschutz Band 2, Richtlinien für die Erhaltung und Neuschaffung von Fledermausquartieren in und an Bäumen, in Höhlen und Stollen. FEBEX Haffner & Stutz, Zürich 1986
TUPINIER, D.: La Chauve – souris et l'homme. L'Harmattan, Paris 1989
TURNER, D. C.: The Vampire Bat – A Field Study in Behavior and Ecology. The John Hopkins University Press Baltimore, London 1975
TUTTLE, M. D.: America's Neighborhood Bats. University of Texas Press, Austin 1988
VOGEL, S.: Etho-ökologische Untersuchungen an zwei Mausohrkolonien *(Myotis myotis)* im Rosenheimer Becken. Diplomarbeit Universität Gießen 1988
VOUTE, A. M. & C. SMEENK: Vleermuizen. Waanders Uitgervers, Zwolle 1991
WIRTH, R. & M. RIFFEL: Bedrohte Flughunde. Zoologische Gesellschaft für Arten- und Populationsschutz e.V. – Mitgliederinformation 11–15, 1989
WOLZ, J.: Wochenstuben-Quartierwechsel bei der Bechsteinfledermaus. Z. Säugetierkunde **51**, 65–74, 1986
YALDEN, B. W. & P. A. MORRIS: The lives of bats. David & Charles, London 1975
Wichtige Beiträge zum Fledermausschutz in den Heften **73** (1980), **81** (1988) und **92** (1989) der Schriftenreihe des Bayerischen Landesamtes für Umweltschutz, Rosenkavalierplatz 3, 8000 München 81.

Kinderbücher

HAFFNER, M. & H.-P. B. STUTZ: Fledermäuse – Die geheimnisvollen Flugakrobaten. Kinderbuchverlag, Luzern 1988
KASPAR-LOCHER, U. & H. KASPAR: Die Fledermaus fliegt ein und aus. Speer-Verlag Zürich, München 1983
KÜFFNER, E.: Herr Mausohr und seine Verwandten – Allerlei über Fledermäuse. Verlag Ludwig Auer, Donauwörth 1984
WINSEMUIS, D.: Die Fledermaus braucht Freunde. Erika Klopp Verlag Berlin, München 1990

Mitteilungsblätter und Zeitschriften für Fledermaus-Freunde

Bat News:
A. M. HUTSON (ed.) Winkfield
Station Road Plumpton Green
East Sussex BN7 3BU, UK
Bats:
Bat Conservation International
P.O. Box 162603
Austin, Texas 78716, USA
Der „Flattermann" – Informationen zum Fledermausschutz:
Koordinationsstelle für Fledermausschutz Nordbaden
Staatl. Museum für Naturkunde
Erbprinzenstr. 13, Postfach 6209
D-7500 Karlsruhe 1
Fledermaus-Anzeiger:
Off. Mitteilungsorgan der Koordinationsstelle Ost für Fledermausschutz
Benedikt-Fontana-Weg 15
CH-8049 Zürich
„Myotis" (jährlich) über:
Zoologisches Forschungsinstitut und Museum Alexander Koenig
Adenauerallee 150–164
5300 Bonn 1
„Nyctalus", Neue Folge
über: Dr. Joachim Haensel
Naturschutzbund Deutschland e.V.
Büro Berlin
Eichwalder Str. 100, O-1251 Gosen

ADRESSEN

Bezugsquellen

Fledermausziegel

Arbeitsgemeinschaft Ziegeldach e.V.
Schaumburg-Lippe-Str. 4
D-5300 Bonn

Heißluftverfahren

RUHO-Bautenschutz GmbH
Holtfeld 101–111
D-4807 Borgholzhausen

Fledermauskästen (Holzbeton)

Natur- und Vogelschutzbedarf
Gerhard Strobel
Tulpenstr. 10
7031 Weil 3/Breitenstein

Karl Grund Vogelschutzgeräte
8425 Neustadt/Donau

PURUS – Dr. Reichle
Postfach 31
6800 Mannheim

SCHWEGLER-Vogelschutzgeräte GmbH
Heinkelstr. 35
7060 Schorndorf

Fledermaus-Detektoren

Jüdes-Ultraschall
Dorfstr. 15a
2419 Kulpin

Experten:

Baden-Württemberg

Landesanstalt für Umweltschutz
(LFU) Institut für Ökologie und Naturschutz
Bannwaldallee 32
7500 Karlsruhe 21
Tel. 0721/84061

Prof. Dr. Erwin Kulzer
Institut für Biologie III
Auf der Morgenstelle 28
7400 Tübingen
Tel. 07071/292623

Monika Braun
Koordinationsstelle für Fledermausschutz Nordbaden
Staatl. Museum für Naturkunde Karlsruhe
Erbprinzenstr. 13
7500 Karlsruhe 1
Tel. 0721/175165

Arbeitsgemeinschaft Fledermausschutz
Institut für Biologie I
Universität Freiburg
Albertstr. 21a
7800 Freiburg i. Br.
Tel. 0761/700508

Bayern

Landesamt für Umweltschutz
Rosenkavalierplatz 3
8000 München 81
Tel. 089/92141

Fledermauskoordinationsstelle Südbayern: Alois Liegl, Alfred Schumm
Regierung von Oberbayern
Höhere Naturschutzbehörde
Maximilianstr. 39
8000 München 22
Tel. 089/2176302

Fledermauskoordinationsstelle Nordbayern:
Prof. Dr. Otto v. Helversen
Zoologisches Institut II
Universität Erlangen
Staudtstr. 5
8520 Erlangen
Tel. 09131/858051

Berlin

Senator für Stadtentwicklung und Landschaftspflege
Lindenstr. 20–25
1000 Berlin 61

Jürgen Klawitter
Marschnerstr. 22
1000 Berlin 45
Tel. 030/8345860

Bremen

Der Senator für Umwelt und Gesundheit
Birkenweg 34
2800 Bremen 1

Hamburg

Naturschutzamt Hamburg
Steinsdamm 22
2000 Hamburg 1
Tel. 040/248251

Rainald Hoffmann
c/o DBV-Geschäftsstelle
Habichtstr. 125
2000 Hamburg 60
Tel. 040/616664

Hessen

Dr. Klaus Richarz
(Geschäftsführer AGFH)
Staatliche Vogelschutzwarte für Hessen, Rheinland-Pfalz und Saarland –
Institut für angewandte Vogelkunde
Steinauer Str. 44
6000 Frankfurt/M. 60
Tel. 069/411532 und 418348

Dr. Dieter Kock
Senckenberginstitut
Senckenberganlage 25
6000 Frankfurt/M.
Tel. 069/7542-343/333

Niedersachsen

Niedersächsisches Landesverwaltungsamt
Fachbehörde für Naturschutz
Scharnhorststr. 1
3000 Hannover 1

Alfred Benk
Peperfeld 10
3000 Hannover 91
Tel. 0511/468347

Friedel Knolle
Thilingstr. 38
3380 Goslar
Tel. 05321/85101

Nordrhein-Westfalen

Landesanstalt für Ökologie, Landschaftsentwicklung und Forstplanung (LÖLF)
Leipnitzstr. 10
4350 Recklinghausen
Tel. 02361/3051

AK Fledertierschutz
c/o Matthias Vetten
Schloßstr. 78
4000 Düsseldorf
Tel. 0211/487334

Dr. Henning Vierhaus
Teichstr. 13
4772 Bad Sassendorf-Lohne
Tel. 02921/55623

Rheinland-Pfalz

Landesamt für Umweltschutz Rheinland-Pfalz
Amtsgerichtsplatz 1
6504 Oppenheim

Michael Veith
Universität Mainz
Institut für Zoologie
Saarstr. 21
6500 Mainz
Tel. 06131/392718

Manfred Weishaar
Im Hainbruch 3
5501 Gusterath
Tel. 06588/515

Saarland

Landesamt für Umweltschutz
Don-Bosco-Str. 1
6600 Saarbrücken 6

Christine Harbusch
Am Schwalbacher Berg 155
6631 Emsdorf
Tel. 06831/59886

Schleswig-Holstein

Landesamt für Naturschutz und Landschaftspflege Schleswig-Holstein
Hansaring 1
2300 Kiel 1

AG Fledermausschutz
c/o Dr. Ulrich Jüdes
Dorfstr. 15A
2419 Kulpin
Tel. 04541/3781

Neue Länder

Die Adressen der in den neuen Ländern zuständigen Ansprechpartner können über
Dr. Joachim Haensel
Naturschutzbund Deutschland e.V., Büro Berlin
Eichwalder Str. 100
O-1251 Gosen
erfragt werden.

Schweiz

Jürgen Gebhard
Naturhistorisches Museum
Augustinergasse 2
CH-4001 Basel

Dr. Marianne Haffner
Dr. Hans-Peter Stutz
Benedikt-Fontana-Weg 15
CH-8049 Zürich

Österreich

Dr. Kurt Bauer
Dr. Friederike Spitzenberger
Säugetiersammlung des Naturhistorischen Museums in Wien
Postfach 417
A-1014 Wien

Niederlande

Peter Lina
E. De Boer
Van Rijk Straat 13
2331 H H Leiden

Fledermausschutz international

Bat Conservation International
P.O. Box 162603
Austin,
Texas 78716
USA

REGISTER

Kursiv gedruckte Zeilen weisen auf Abbildungen hin.

Danksagung

Der Textautor dankt allen im Buch genannten Fledermausforschern und -schützern. Ohne ihre Arbeiten und Einsätze wäre eine solche Zusammenschau nicht möglich. Mit vielen „rezenten“ Kolleginnen und Kollegen wurden über das gemeinschaftliche Interessengebiet freundschaftliche Beziehungen geknüpft, die dem Entstehen des Buches zugute kamen. Besonders hilfreich waren die Kontakte zu Monika Braun (Karlsruhe), Jürgen Gebhard (Basel), Dr. Marianne Haffner (Zürich), Prof. Dr. Otto von Helversen (Erlangen), Dr. John Edwards Hill (Edenbridge), Prof. Dr. Erwin Kulzer (Tübingen), Dr. Walter Metzner (San Diego), Prof. Dr. Gerhard Neuweiler (München), Dr. Hubert Roer (Bonn), Dr. Wilfried Schober (Leipzig) und Dr. Hans-Peter Stutz (Zürich). Für fachlichen Rat bei der Aktualisierung der Verbreitungskarten weltweit danke ich Dr. Dieter Kock (Frankfurt), bei den Europakarten Jürgen Gebhard (Basel), Prof. Dr. Otto von Helversen (Erlangen), Dr. Dieter Kock (Frankfurt), Dr. Hubert Roer (Bonn) und Frau Dr. Friederike Spitzenberger (Wien). Vieles aus den Arbeiten der von mir mitbetreuten „Auer-Fledermausgruppe“ floß in das Buch ein. Die mitreißende Begeisterung von Bärbel Oftring (Stuttgart) als Lektorin zusammen mit der ebenso einfühlsamen wie künstlerischen Art von Marianne Golte-Bechtle (Stuttgart) als Zeichnerin halfen mir über manche „Hängepartie“ in der letzten Phase des Buchprojektes hinweg. Meiner Familie bin ich zutiefst Dank schuldig für ihr Verständnis und das Verzichten auf viele gemeinsame Stunden.
Ein ganz besonderer Dank von Bild- und Textautor gilt Dr. Brigitte und Dr. Willi Issel (Augsburg). Erst die herzliche und immer hilfsbereite Art dieses großartigen Fledermausforscher-Ehepaares lehrte uns beiden Freunden das Flattern!

Bildnachweis

151 Farbfotos von Ph. Coffey (1; 126 o.), S. Dalton/NHPA (1; S. 4/5), G. & H. Denzau (6; S. 62, 66 u., 67 o., 110, 111 o.), K. H. Gleixner (1; S. 143 o.li.), E. Haupt, Senckenberg-Museum (1; S. 18 u.), D. Krull (2; S. 47), E. Kulzer (1; S. 49 u.), H. Limbrunner (11; S. 39, 106, 107, 117, 125 o., 139 M.li., 139 M.re., 139 u.li., 143 M.re.), E. Patzelt (2; S. 23 u., 60), K. Richarz (9; S. 78 o., 131, 134, 135 o.), A. Steinhauser (1; S. 111 u.), M. Tuttle (23; S. 6, 7, 8, 12, 14/15, 49 o., 51, 52, 53, 54, 55, 59, 63, 82 o., 83, 113, 127, 128), A. Limbrunner (alle übrigen) und 3 SW-Fotos vom Deutschen Museum München (1; S. 108), von K. Richarz (1; S. 100 u.) und A. Triller (1; S. 100 o.).
9 Farbzeichnungen von M. Golte-Bechtle (7; S. 19 o., 47, 56, 57), H. Seehausen (1; S. 126) und B. Zwickel-Noelle (1; S. 119) sowie 116 SW-Zeichnungen aus dem Archiv (19; S. 36, 65, 80, 81), von M. Golte-Bechtle (66; S. 12, 18, 20, 21, 24, 25, 28/29, 32, 33, 37, 40, 41, 43, 44, 45, 46, 48 li., 59, 61, 62, 63, 68, 69, 73, 77, 84, 85, 88, 89 o.re., 92, 93, 97, 124, 129, 133, 136, 137, 138 re., 140 re., 141 re., 144 re., 145 re., 147 li., 153 re., 157 re., 179 li., 179 re.), O. v. Helversen (27; S. 141 li., 142 o., 145 li., 146 re., 148 re., 149 li., 150 re., 151 li., 152 re., 154 re., 155 re., 156 re., 157 li., 158 re., 159 li., 159 re., 160 re., 161 o., 162 re., 163 li., 164 re., 165 o., 166 re., 167 li., 168 re., 169 li., 169 re.), J.-C. Rost (3; S. 89 o.li., 89 u., 167 re.) und T. Schneehagen (1; S. 163 re.). Alle Verbreitungskarten der europäischen Arten von B. Zwickel-Noelle nach Vorlagen von K. Richarz.

Der Verlag dankt den Nachstehenden für die Genehmigung, urheberrechtlich geschütztes Material zu verwenden: Carl Hanser Verlag München Wien (1979) für Günter Kunert, Die Schreie der Fledermäuse. Geschichten, Gedichte, Aufsätze (S. 9); Kindler Verlag (1988) für Erwin Kulzer, Heutige Fledertiere, in Grzimeks Enzyklopädie Säugetiere Bd. 1 (S. 50, 94, 95); Verlag Paul Parey (1987) für E. Grimmberger, H. Hackethal, Z. Urbanczyk in Zeitschrift für Säugetierkunde 52 (S. 68); HB Verlags- und Vertriebs GmbH für Walter Metzner, Ultraschall, in Naturmagazin draußen **41** (S. 22/23); dem Badischen Landesverein für Naturkunde und Naturschutz e.V. für O. v. Helversen et. al., Die Fledermäuse Südbadens, in Mitt. bad. Landesver. Naturkunde und Naturschutz **14**, 2, 1987 (S. 69/70); Ná Rondí Muzeum-Praha für Gerhard Neuweiler in Lynx **10**, 1969 (S. 68/69, 73); Verlag Dr. Waldemar Kramer für Abbildungen aus K. Dobat und T. Peikert-Holle, Blüten und Fledermäuse (3; S. 57 u., 58, 105); Gustav Fischer Verlag für Abbildungen aus W. Nachtigall, Bat Flight, Biona Report 5 (2; S. 109); Forschungsinstitut Senckenberg für Zeichnungen von E. Junqueira (2; S. 174 o.li.) aus „Natur und Museum“ Bd. 112, Heft 3; John E. Hill and James D. Smith (1984) für Abbildungen aus ihrem Buch „Bats“ (19; S. 48 re., 72, 101, 171 u., 172 u., 173 u., 174 u., 175 u., 176 u., 177 u., 178 u., 179 u., 180 u., 181 u., 182 u., 183 u.li., 184 u., 185 u., 186 u. – Karten leicht verändert); David & Charles Publishers (1975) für Abbildungen aus D. W. Yalden und P. A. Morris, „The lives of bats“ (50; S. 19 u., 171 o., 172 o., 173 o., 174 u.li., 175 o., 176 o., 177 o., 178 o., 180 li., 180 o., 181 o., 182 o., 183 re., 184 o., 185 o., 186 o.); W. Schober und E. Grimmberger für die Sonagramme einheimischer Fledermäuse aus ihrem Buch „Die Fledermäuse Europas“ (20; S. 140, 141, 142, 146, 147, 149, 151, 152, 153, 155, 158, 159, 160, 161, 162, 165, 167, 169).

Vorsatz:

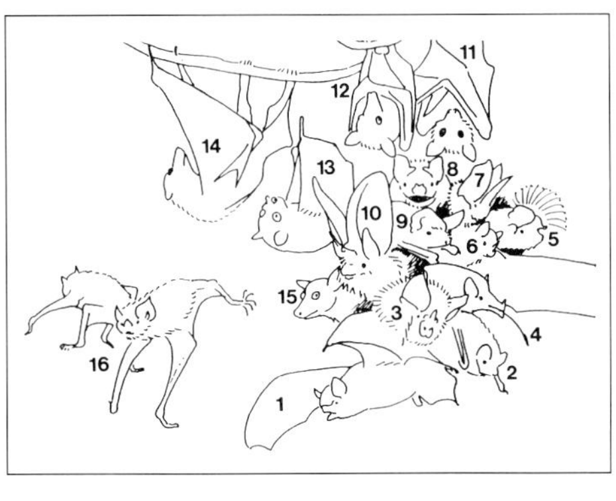

Who is who?

1 Breitflügelfledermaus *(Eptesicus serotinus)*, 2 Zweifarbfledermaus *(Vespertilio murinus)*, 3 Hufeisennase *(Rhinolophus)*, 4 Langnasen-Fledermaus *(Choeronycteris mexicana)*, 5 Freischwanzfledermaus *(Tadarida chapini)*, 6 Blattnase *(Ectophylla macconnelli)*, 7 Schwertnase *(Lonchorhina aurita)*, 8 Blattnase *(Centurio senex)*, 9 Ägyptische Bulldogg-Fledermaus *(Tadarida aegyptiaca)*, 10 Braunes Langohr *(Plecotus auritus)*, 11 Nilflughund *(Rousettus aegyptiacus)*, 12 Flughund *(Syconycteris australis)*, 13 Röhrennase *(Nyctimene)*, 14 Flughund *(Pteropus neohibernicus)*, 15 Flughund, 16 Gemeiner Vampir *(Desmodus rotundus)*.